BIM 技术应用丛书

那个叫 BIM 的东西究竟是什么

何关培　李刚（Elvis）

中国建筑工业出版社

图书在版编目（CIP）数据

那个叫 BIM 的东西究竟是什么/何关培，李刚（Elvis）.—北京：中国建筑工业出版社，2011.2
（BIM 技术应用丛书）
ISBN 978-7-112-12869-3

Ⅰ.①那… Ⅱ.①何… ②李… Ⅲ.①建筑制图-制图程序 Ⅳ.①TU204-39

中国版本图书馆 CIP 数据核字（2011）第 007550 号

BIM 技术应用丛书
那个叫 BIM 的东西究竟是什么
何关培　李刚（Elvis）
*
中国建筑工业出版社出版、发行（北京西郊百万庄）
各地新华书店、建筑书店经销
北京红光制版公司制版
廊坊市海涛印刷有限公司印刷
*
开本：787×1092 毫米　1/16　印张：17¼　字数：420 千字
2011 年 2 月第一版　　2017 年 11 月第七次印刷
定价：**49.00** 元（含光盘）
ISBN 978-7-112-12869-3
（20128）

版权所有　翻印必究
如有印装质量问题，可寄本社退换
（邮政编码 100037）

BIM 给工程建设行业带来的影响和价值将超过目前普遍使用的 CAD，这是发展的趋势。本书以浅显易懂的语言讲述了 BIM 究竟是什么，是关于 BIM 的通俗读本。

本书包括三部分，第一部分取自作者博客，从不同角度对 BIM 本身以及国内外 BIM 研究应用现状和趋势作了介绍，按"话说 BIM、BIM 与商业地产、BIM 与应用实施、BIM 与相关技术方法、BIM 他山之石、BIM 名词和术语、BIM 与信息"这样七个栏目进行分类。第二部分为中国商业地产 BIM 应用研究报告 2010，该报告通过问卷调查的形式，呈现了当前以业主和房地产开发商为主要对象的建筑业主要参与方对建设项目在设计、施工招投标、施工和运营维护阶段存在的主要问题、BIM 的潜在价值和目前应用现状等的反馈情况，以及他们的 BIM 应用计划和期望。第三部分为作者所作的远程讲座"BIM 大讲堂"的视频录像，共计十讲。

本书供工程建设企业和项目决策管理者以及技术主管了解 BIM 知识学习参考。

责任编辑：封　毅
责任设计：陈　旭
责任校对：陈晶晶　马　赛

丛 书 前 言

时间跨入 2011 年，对中国工程建设行业的从业人员来说，BIM 已经不再是一个陌生的名词和术语，北京奥运会部分场馆、上海世博会部分场馆以及目前国内在建第一高楼——632 米的上海中心在设计、施工过程中都能在不同程度上看到 BIM 的身影。

但是对服务于建设项目不同阶段的不同参与方来说，如何能够把 BIM 和自己的专业职责结合起来，从而提高工作质量和效率？对负责于建设项目全生命周期的业主或开发商来说，如何能够通过集成和协调所有项目参与方的努力和贡献使 BIM 能够帮助提升项目的总体质量和效率？目前都还有待通过进一步的理论研究和工程实践去逐步解决。

同任何一种新技术新方法的发展成熟和普及应用过程一样，要研究、实践并最终回答跟 BIM 有关的上述问题，足够数量和种类的跟 BIM 有关的图书资料不可或缺。

目前国内能够看到的 BIM 图书基本上分两类：一类是学校和科研机构撰写的教材类书籍，如中国建筑工业出版社 2005 年初版的《建设工程信息化—BLM 理论与实践丛书》，2007 年初版的《建筑数字技术系列教材》等，其主要读者是学校师生；另一类是软件厂商和用户撰写的各种软件使用手册和指南，主要读者是不同软件的实际操作者。

而作为行业中坚力量的政府、业主、设计、施工、运营等各类机构的战略制定者、技术负责人、项目负责人和专业负责人来说，却很难找到适合他们阅读和参考的 BIM 及相关技术图书，这个人群真正关心的重点既不是纯粹的 BIM 理论问题，也不是具体软件的操作问题，他们需要了解的是 BIM 能够为其服务的机构、项目和专业带来一些什么价值，以及如何实现这些价值？

本丛书旨在填补这方面资料的缺失，丛书的撰写人员主要来自于政府主管部门、开发商、设计、施工、BIM 咨询服务和软件机构的一线技术负责岗位，都具有丰富的 BIM 实际工程应用经验。相信以这些经验为基础编就的本套丛书能够对其他同行即将开展的 BIM 认识和实践有所参考。

阅读本丛书并不需要太多的计算机和软件操作经验，但需要对建设工程的设计、施工、运营过程生命周期有一定的认识和理解。

本丛书共计五册，分别为：

第一册：《那个叫 BIM 的东西究竟是什么》

第二册：《BIM 总论》

第三册：《BIM 第一维度——项目不同阶段的 BIM 应用》

第四册：《BIM第二维度——项目不同参与方的BIM应用》

第五册：《BIM第三维度——不同层次和深度的BIM应用》

其中第一册与后四册相比，从文字风格、体例编排和内容上都相对独立，可以看成是后四册的一个引子或者准备读物；后四册是一个比较完整的系列，分别从整体角度和三个不同维度对BIM技术的应用进行了深入讨论。

值此丛书付印之际，首先要感谢中国建筑工业出版社责任编辑范业庶先生和封毅女士，没有他们二位的精心策划和积极推动，就不会有这套丛书的出版。此外我要借这个机会对全体丛书编委在极其繁忙的日常工作中抽时间投入撰写工作表示崇高的敬意，正是由于你们的积极努力和勤奋工作才有了本丛书的问世！

何关培

2011年1月

前　言

业内人士普遍同意行业分析家 Jerry Laiserin 发表于 2002 年 12 月 16 日的文章 "Comparing Pommes and Naranjas" 是 BIM 作为一个专门术语被工程建设行业广泛使用的开始，尽管类似技术的研究可以追溯到 20 世纪 70 年代，BIM 这个名词本身的出现也是一个同行之间不断讨论和碰撞的结果。

BIM（Building Information Modeling，建筑信息模型）对一部分国内同行来说已经不再陌生，我们在奥运和世博项目中都能看到 BIM 的身影，特别是 2010 年 5 月 632 米的中国第一高楼上海中心大厦宣布全面应用 BIM 技术打造绿色、人文都市标志性建筑，使 BIM 的知名度又产生了某种质的飞跃。

越来越多的业内人士认识到，BIM 将给工程建设行业带来的影响和价值将超过目前普遍使用的 CAD，但尝试过 BIM 的企业和个人大都有这样的体会，要把 BIM 用起来以提升企业的竞争力和盈利能力并不是一件容易的事情，涉及技术、经济、法律、合同、流程等多个方面，难度也比应用 CAD 要大。

如果当年 CAD 的普及应用更多的是一种自底向上的过程的话，那么，BIM 的推广普及将更多地表现为一种从上而下的过程。国内外成功应用 BIM 的经验表明，企业管理层的支持和参与是其中不可或缺的关键因素之一。支持来源于对 BIM 的理解，而理解则需要合适的平台和资源。

目前国内市场上关于 BIM 的图书资料主要有两类，其一是科研院校撰写的教材类图书，其二是软件供应商以及软件用户编撰的软件操作使用类图书，这两类书的主要目标读者都是软件的实际使用者，而为企业和项目决策管理者以及技术主管制定企业和项目整体 BIM 实施战略和计划服务的图书资料还不多见，本书以企业和项目决策管理者、技术主管作为主要目标读者，不要求读者具备软件使用和操作知识，只要求读者具备一定的工程建设行业知识和从业经验，希望可以在这方面起到一点作用。

本书包括以下三个部分的内容：

- 第一部分：作者于 2009 年 9 月至 2010 年 9 月期间在 http://blog.sina.com.cn/heguanpei 上发布的近百篇博客文章，从不同角度对 BIM 本身以及国内外 BIM 研究应用现状和趋势记录了作者的观点、认识和实践。
- 第二部分：由中国房地产业协会商业地产专业委员会主持发布、作者牵头负责的《中国商业地产 BIM 应用研究报告 2010》，该报告通过问卷调查的形式，呈现了当前以业主和房地产开发商为主要对象的建筑业主要参与方对建设项目在设计、施工招投标、施工和运营维护阶段存在的主要问题、BIM 的潜在价值和目前应用现状等的反馈情况，以及他们的 BIM 应用计划和期望。

● 第三部分：作者在 2010 年 5 月至 9 月期间为 Autodesk 合作伙伴门户网站所作的远程讲座"BIM 大讲堂"的视频录像，共计十讲，每个视频包含 40 分钟左右的讲座和 10 分钟左右的在线讨论和问答。

几点说明：

● 为了更好地帮助同行对 BIM 的理解，我们把部分网友如"无月夜""ZFBIM"等对博文的评论以及作者的回复放在了相应文章的后面，在此请网友们谅解并对各位网友的支持表示感谢！

● 所有文章按"话说 BIM、BIM 与商业地产、BIM 与应用实施、BIM 与相关技术方法、BIM 他山之石、BIM 名词和术语、BIM 与信息"这样七个栏目进行分类排版，栏目内的文章以内容的连续性排序，内容没有连续性的文章遵从其发布时间顺序。

● 在学习研究 BIM 和撰写博文的过程中，作者参阅了大量文献资料，有些在文章中间作了说明，本书结尾也列出了主要的参考资料。但由于时间跨度和资料数量都比较大，可能会存在某些遗漏，对此作者在发现后会在再版中进行说明和更新。

本书得以付梓，首先要感谢中国房地产业协会商业地产专业委员会蔡云秘书长、李雪先生；博文撰写过程中得到罗力实、何波、张家立、王轶群、谢宜、黄锰钢、靳金等专家朋友的大力支持，BIM 大讲堂的播出过程得到严朱莲、王耀钧、王建敏等专业人士的悉心帮助，在此表示由衷的谢意！

目　录

第一部分　BIM 博文 ·· 1

1　话说 BIM ·· 2
　　1.1　那个叫 BIM 的东西究竟是什么 ··· 3
　　1.2　BIM 和 CAD 到底有些什么不一样 ·· 10
　　1.3　换一种方式说说到底什么是业主的 BIM ······································· 14
　　1.4　检验 BIM 的五大标准 ·· 19
　　1.5　设计院的 BIM 不是业主的 BIM ··· 24
　　1.6　算一算，您的那个 BIM 到底能得多少分 ····································· 30
　　1.7　理一理，BIM 究竟处在建筑业的什么位置 ··································· 35
　　1.8　看一看，BIM 需要在哪几个方面投资 ··· 37
　　1.9　听一听，广州深圳同行都关心 BIM 的一些什么问题 ····················· 39
　　1.10　再理一理，BIM 处在这个世界的什么位置 ································· 41
　　1.11　BIM 佳绝处，毕竟在性能 ··· 42
　　1.12　BIM 思考——集成化、自动化还是平台化、系统化 ···················· 49
　　1.13　那个叫 BIM 的东西究竟是什么（续） ······································· 51
　　1.14　香港 BIM 战略研讨班——大家面临的 BIM 应用问题有哪些 ········· 56

2　BIM 与商业地产 ··· 58
　　2.1　BIM 与商业地产——商业地产项目的特点 ··································· 59
　　2.2　BIM 与商业地产——百年不变的"3-2-3"工作模式 ······················ 60
　　2.3　BIM 与商业地产——建筑业的困境 ·· 62
　　2.4　BIM 与商业地产——什么东西能帮助建筑业解困 ························· 64
　　2.5　BIM 与商业地产——BIM 能给建筑业带来什么价值 ····················· 65
　　2.6　BIM 与商业地产——我给 BIM 下定义 ······································· 67
　　2.7　BIM 与商业地产——BIM 与 uBIM ·· 69
　　2.8　BIM 与商业地产——uBIM 与项目策划和可研 ····························· 70
　　2.9　BIM 与商业地产——uBIM 与项目设计 ······································ 73
　　2.10　BIM 与商业地产——uBIM 与项目招投标 ································· 76
　　2.11　BIM 与商业地产——uBIM 与项目施工 ····································· 79
　　2.12　BIM 与商业地产——uBIM 与项目租售 ····································· 80

2.13	BIM 与商业地产——uBIM 与项目运维和改造	82
2.14	BIM 与商业地产——业主建一栋得两栋	83
2.15	BIM 与商业地产——BIM 是如何起作用的	85

3 BIM 与应用实施 ... 86

3.1	BIM 应用乾坤大挪移之序曲	87
3.2	BIM 应用乾坤大挪移之第 1 层——回归 3D	88
3.3	BIM 应用乾坤大挪移之第 2 层——协调综合	90
3.4	BIM 应用乾坤大挪移之第 3 层——4D/5D	91
3.5	BIM 应用乾坤大挪移之第 4 层——团队改造	93
3.6	BIM 应用乾坤大挪移之第 5 层——整合现场	95
3.7	BIM 应用乾坤大挪移之第 6 层——工业化自动化	97
3.8	BIM 应用乾坤大挪移之第 7 层——打通产业链	99
3.9	BIM 应用乾坤大挪移之尾声	102
3.10	BIM 实施指南——孤立 BIM 还是集成 BIM	103
3.11	BIM 实施指南——制定 BIM 规划	105
3.12	BIM 实施指南——定义 BIM 目标和应用	107
3.13	BIM 实施指南——设计 BIM 流程	110
3.14	BIM 实施指南——确定 BIM 信息交换	113
3.15	BIM 实施指南——落实 BIM 基础设施	115
3.16	BIM 实施指南——BIM 模型详细等级	119
3.17	BIM 实施指南——从专家 BIM 到全员 BIM	122

4 BIM 与相关技术方法 ... 124

4.1	BIM 与相关技术方法——前言	125
4.2	BIM 与相关技术方法——BIM 和 CAD	126
4.3	BIM 与相关技术方法——BIM 和可视化	127
4.4	BIM 与相关技术方法——BIM 和参数化建模	129
4.5	BIM 与相关技术方法——BIM 和 CAE	132
4.6	BIM 与相关技术方法——BIM 和 GIS	133
4.7	BIM 与相关技术方法——BIM 和 Collaboration	135
4.8	BIM 与相关技术方法——BIM 和 Interoperability	137
4.9	BIM 与相关技术方法——BIM 和 BLM	139
4.10	BIM 与相关技术方法——BIM 和 IPD	141
4.11	BIM 与相关技术方法——BIM 和 VDC	144
4.12	BIM 与相关技术方法——BIM 和精益施工	146
4.13	BIM 与相关技术方法——BIM 和流程	148
4.14	BIM 与相关技术方法——BIM 和互联网	151
4.15	BIM 与相关技术方法——BIM 和虚拟现实	153

4.16	BIM 与相关技术方法——BIM 和住宅产业化	155
4.17	BIM 与相关技术方法——BIM 和 RFID	157
4.18	BIM 与相关技术方法——BIM 和造价管理	159
4.19	BIM 与相关技术方法——小结	161

5 BIM 他山之石 ... 164

5.1	BIM2020——美国陆军工程兵的 15 年 BIM 规划	165
5.2	BIM2020——六大 BIM 战略目标	166
5.3	BIM2020——建立 BIM 衡量指标和初始操作能力	167
5.4	BIM2020——数据互用、电子商务、运营维护、自动化	169
5.5	BIM2020——USACE 为什么要 BIM	170
5.6	BIM2020——实施 BIM 的困惑	172
5.7	BIM2020——USACE 的 BIM 实施计划指导方针	173
5.8	BIM2020——BIM 团队组织	175
5.9	BIM2020——BIM 提交要求	178
5.10	BIM2020——BIM 经理职位描述	180
5.11	BIM2020——对国内建筑业同行实施 BIM 的启发	182

6 BIM 名词和术语 ... 185

6.1	BIM 名词和术语——序言	186
6.2	BIM 名词和术语——BIM/BIM 模型/BIM 建模软件	187
6.3	BIM 名词和术语——NBIMS/NCS	189
6.4	BIM 名词和术语——IFC/STEP/EXPRESS	190
6.5	BIM 名词和术语——NIBS/bSa	193
6.6	BIM 名词和术语——CIS/XML	195
6.7	BIM 名词和术语——2D/3D/4D/5D/6D/nD	197

7 BIM 与信息 ... 200

7.1	BIM 与信息——缘起	201
7.2	BIM 与信息——信息互用的四种基本方式	202
7.3	BIM 与信息——信息的形式和格式	204
7.4	BIM 与信息——信息的质量要素	206
7.5	BIM 与信息——工程项目及其信息的生命周期	209
7.6	BIM 与信息——工程项目信息应用管理路线图	212
7.7	BIM 与信息——工程项目生命周期信息战略	214
7.8	BIM 与信息——信息的特性	216
7.9	BIM 与信息——企业信息中心的人员构成	218
7.10	BIM 与信息——实施信息提交要考虑的几个关键因素	219
7.11	BIM 与信息——信息提交的方法、责任和质量管理	221
7.12	BIM 与信息——不同形式和格式信息的成本与收益	223

第二部分　中国商业地产 BIM 应用研究报告 2010 ················· 227

第三部分　BIM 大讲堂（见赠送光盘） ························· 263

　　第一讲　BIM 在建筑业的位置
　　第二讲　如何理解 BIM
　　第三讲　BIM 评价体系
　　第四讲　BIM 的 25 种应用
　　第五讲　BIM 应用的第一个维度：项目阶段
　　第六讲　BIM 应用的第二个维度：项目参与方
　　第七讲　BIM 应用的第三个维度：BIM 应用层次
　　第八讲　BIM 应用环境：软件、硬件、网络
　　第九讲　BIM 应用的开局：第一个子
　　第十讲　BIM 应用的发展：中国商业地产 BIM 应用研究报告

参考文献 ··· 264

第一部分

BIM 博文

1 话说 BIM
2 BIM 与商业地产
3 BIM 与应用实施
4 BIM 与相关技术方法
5 BIM 他山之石
6 BIM 名词和术语
7 BIM 与信息

1　话说 BIM

本栏目文章主要涉及有关 BIM 技术的综合性探讨

1.1 那个叫 BIM 的东西究竟是什么

时至今日，大部分干这行的地球人好像都知道 BIM 是什么了，不就是 Building Information Modeling 或者建筑信息模型吗？您说的没错。

BIM 的定义网上都有，查 BIM，Building Information Modeling 或建筑信息模型都能找到，维基百科、百度百科应有尽有，说法五花八门，但都有一个共同的特点，一个字，玄。三个字，相当玄。越看越不知道这个东西能帮您干嘛，可能唯一容易理解的是要用新的软件，诸如 Autodesk Revit，Bentley Architecture，Graphisoft ArchiCAD 和 Digital Project 等。

然后就有人去用了，然后大家又都不用了，道理很简单，好像还不如 AutoCAD 来得快。

但 BIM 却没有因此退出历史舞台，反而越来越热闹，在发源地美国热闹得不亦乐乎，连美国的国家 BIM 标准都弄出来了。而且百尺竿头，同所有山姆大叔好的和不好的东西一样，非得冲出美国，走向世界。

中国香港一直是亚洲的潮流风向标，BIM 也不例外，这几年，用 BIM 的项目大大小小早就超过 100 个了，看样子可以用一句话形容：一发不可收拾。

香港是一国两制的地区，最大的特点是那里的业主们一定是无利不起早的，这么看来，BIM 一定是为香港的业主带来了利益了。

BIM 可能真是个好东西！

这么说来，国内干这行的地球人好像还没完全弄明白这回事，但有一点是尝试过了，BIM 不是简单地换一个软件。

那 BIM 是什么呢？要回答这个问题，咱们得先一起来瞧瞧房子是怎么造出来的。

一、房子是怎么造出来的

人类一发问，上帝就发笑。当然人类是在下，干这行的地球人都是上帝。

- 业主/投资商——出钱
- 设计师——画图
- 发展商——照图卖房
- 工料测量师——照图算钱
- 发展商——照图招投标
- 施工企业——照图砌砖
- 物业管理——照图管理

太简单了！连不干这行的地球人也知道！于是人类也发笑了。

除此之外，大凡跟房子有过亲密接触的干这行和不干这行的地球人还知道另外一些事情：

- 装修的时候总是要钻断电线、打穿水管。
- 豪华酒店、写字楼总有些地方挂着"请勿碰头"、"注意脚下"的牌子。
- 总是有些房间"冻死"，有些房间"热死"。
- 总是看到有些刚造好的地方砸了又重来。
- 水管爆裂总是要大半天以后才能找到阀门把它关上。
- "胡子工程"、"豆腐渣工程、钓鱼工程"的说法又生动又形象。
- "错漏碰缺"听起来很专业，改起来很花钱。
- "设计变更"变一次花一次钱。
- 该留洞口的地方没留，或者留的不够大。怎么办？雇人砸。
- 不可预见费。注意这可不是不可抗力如地震海啸引起的，而是在什么都正常的情况下发生的费用。
- ……

我想大家都看明白了，不是看图的人看错了，就是图纸本身出错了。恭喜您，答对了！

二、您拿到的图纸是错的

说这句话，设计师肯定不会跟我玩命，因为我说的是事实。

也绝对不是设计师不专业、不认真、不敬业，这对绝大部分设计师来说也是事实。

难道是设计师故意的，这句不是我说的，是您说的。

图纸出错的原因很多，大致有几个方面：

首先是各行其是。

设计至少有建筑、结构、给排水、暖通、电气、概预算等专业，还有数据、通信、安全、节能等等，这些专业之间分工是清晰的，合作是模糊的，每个专业的图纸都是对的，合在一起是一定有问题的。没有一个专门的职位负责多专业协调，有的只是专业协调会，开会的时候大家还是盯着自己的图纸，特专业、特认真、特敬业。其结果就是每套项目图纸都有问题，不是不同专业的内容互相打架，就是造好以后等您进来了撞您脑袋。

请记住是每套，不是几乎每套。

其次叫做纸上谈兵。

这个更好理解，设计和施工学校里学的是两个专业，出来干的是两个活，一个是脑力劳动，一个是体力劳动；设计师认为施工人员理论水平欠缺，施工人员认为设计师是纸上谈兵，第一个说法本人没找到有力证据，第二个说法很不幸，是事实。具体表现为，设计师的图纸有些内容在施工的时候是做不出来的，或者即使能做出来也得花吃奶的力气。

这时候就得请设计师改图纸，施工人员告诉设计师应该怎么改，改好了施工人员再按新的图纸施工。

您猜对了，每个项目的图纸都碰到这个问题。

第三称之为变更频繁。

大家都知道大款娶人造美女生出小丑女索赔的事情。所谓变更就是在原始的图纸上整容，整好了必须记住哪里是修正过的，哪里是原装的，否则后果很严重，业主只能很生气。

干这行的地球人都知道，竣工图是怎样练成的。

而物业管理公司是按照竣工图去运行和维护物业的。

剩下的问题大家都会回答了，例如：水管是怎样打穿的？

图纸和实物没对上呗，地球人都知道……

三、我们被电脑效果忽悠了

干电脑效果图这行的专业叫法不少，可视化（Visualization）、CG（Computer Graphics）、虚拟现实（Virtual Reality）等，明白是干什么的了吗？

没错，演戏的。戏说房子。

人类有史以来的绝大部分时间里，绝大多数人是文盲，戏是容易看懂的，所以可以起到教化民众、传承文明的作用。

造房子的过程中，一套项目图纸有十几个甚至几十个专业的成百上千以至上万张图纸，而项目的参与人员也成百上千乃至上万，是不是图盲都力不从心，电脑效果图、动画或虚拟现实可以达到沟通信息、辅助理解的作用。

不同的是，戏中人物与原型有差距也许还可以起到更好的教化作用，但是如果电脑效果中的房子和实际的房子不一样的话，就不是有问题了，而是有很严重的问题。

事实如何呢？

房子是根据图纸造出来的，图纸是不断地在变更的。

问：效果图也在不断变更吗？

答：不是。

结论已经有了。

没错，问题确实很严重！

四、业主是个冤大头

前提一：业主花钱请设计师做设计，设计师把图纸交给业主；

前提二：施工过程中，发现机电和土建打架了。接下来就是：施工暂停，等设计师修改图纸，工料测量师重新计价，业主追加投资，施工重新开始。

设计师损失了什么？图纸、墨水。

承包商损失了什么？没找到。也许可以多挣钱。

业主损失了什么？金钱、工期。

推理：业主是个冤大头。

前提一：业主花了九牛二虎之力，照图招投标，按照质高价低者得的原则确定了项目承包方；

前提二：施工开始，发现有几处地方图纸上忘记画了。接下来：业主请设计师补充图纸，重新计价，追加投资，继续施工。

这个时候，不能再招标了吧？您答对了！

设计师损失了什么？图纸、墨水。

承包商损失了什么？您说呢？

业主损失了什么？金钱、工期、质量……

推理：业主是个冤大头。

……

五、那个叫 BIM 的东西究竟是什么

作为业主，

您想造出来的房子得到市场认可不断升值吗？

您想大大减少追加预算吗？

您想保证项目按时建成吗？

您想把设计图纸的错误在招标以前都找出来修改好吗？

您想把承包商提供的施工方案照实际情况（不是戏说）都模拟出来吗？

您想把不可行或不合理的施工方案都预先侦查出来并且在施工开始前调整修改好吗？

您想快速甚至实时得到任何一个变更对成本的影响吗？

您想动态记录所有变更，得到一个和实际建筑物一致的建筑信息模型用于今后数十年的运营维护吗？

您想对采购、运输、安装过程和和每天的施工计划进行动态集成管理和跟踪吗？

您想在不同阶段随时对投资方和客户进行项目的可视化介绍和分析吗？

您想您看到的效果图、动画、虚拟现实不再是忽悠而是真实情况的真实反映吗？

……

写到这里，是不是地球人可能都知道我要说什么了。

是的是的，对于业主而言，BIM 就是能帮助您实现上述目标的那个东西。

那么，

BIM 是软件吗？

其实您已经知道答案了，软件只是 BIM 的一种工具，例如螺丝刀。当然只有螺丝

刀是造不出汽车的。

BIM 是建筑物的那个信息模型吗？

当然也不是，信息模型只是 BIM 的结果。而且大多数人做出的这个结果还是错的。

估计地球人已经要骂我了，扯那么多干啥，你说 BIM 是什么？

我的答案是：BIM 是 BIM 咨询师。

证明如下：

因为，

BIM ＝ 让业主看见项目未来的水晶球 ＝ 省钱 ＋ 省时间 ＋ 高质量。

要实现上述目标，没有 BIM 工具（软件）很难做到，没有 BIM 专业人士肯定做不到。

所以，

BIM ＝ BIM 专业人士 ＋ BIM 工具。

又因为，

BIM 专业人士肯定会使用 BIM 专业工具。

因此，

BIM ＝ BIM 专业人士。

假设，

我们把 BIM 专业人士称之为 BIM 咨询师。

则，

BIM ＝ BIM 咨询师。

证明完毕。

六、请设计师做 BIM 咨询师行吗

既然 BIM ＝ BIM 咨询师，那什么人可以做 BIM 咨询师呢？

答案很简单：BIM 咨询师 ＝ 懂专业的 ＋ 懂 BIM 的。

不懂 BIM 的人当然做不了 BIM 咨询师，而不懂专业的人会把 BIM 做成可视化，变成戏说建筑。

BIM 可以做 CAD 做的事情，但是 BIM 不是 CAD。

BIM 可以做可视化做的事情，但是 BIM 不是可视化。

估计您看明白一点了：设计师学会 BIM 就可以做 BIM 咨询师了！

非常正确！如果纯粹从技术层面来说的话。但是，设计师不能做 BIM 咨询师。

道理很简单：

因为，BIM 咨询师的其中一个重要工作是找出设计图纸的错误，所以，如果设计师是 BIM 咨询师，后果您自己知道。

就好像会计和审计是一家的情况下会出现的后果一样。

BIM 咨询应该是业主在聘请策划、设计、施工、工料测量、节能、建筑智能、销

售、物业管理等服务以外的另外一个独立的咨询服务供应商。

BIM 咨询的任务就是帮业主从施工垃圾堆里把浪费的钱捡回来，从而保证工期、保证质量、保证性能、保证造出来的房子是客户要的房子。

评论与回复

【无月夜 2009-09-08 23：08：43】
BIM 只是个概念，视乎各大软件供应商都喜欢把自己的产品叫做 BIM 软件，希望各家都能研发出符合 BIM 标准的软件。

【博主回复：2009-09-09 14：43：11】
BIM 是一种技术或者方法，跟 CAD 不同的是，BIM 的价值不能靠一两个软件来实现。

【粟海85 2009-09-10 19：36：22】
BIM 对施工单位的作用大吗？

【博主回复：2009-09-11 08：47：48】
我的理解，从能够获得的经济效益绝对值来说，BIM 最大的受益者是业主，其次是施工单位，然后是设计院。而从提高本身行业水平和竞争力的角度看，今天的开始用 BIM 就和 20 多年前开始用 CAD 有点类似，这是一种技术发展的趋势。

【fuxinjian 2010-01-31 12：56：21】
从项目实施的角度来说，BIM 可以说等于 BIM 咨询师。从产业的角度，显然这是不能画等号的。

【博主回复：2010-01-31 14：21：46】
200%同意！

【cucumber 2010-06-16 15：40：34】
现在很多人说 BIM 是建筑业的，相对于"甩图板"的第二次革命，我周围的很多人则认为是一种工作软件的改进，升级产生的一个结果，并不能称之为是一次革命。而我的个人意见，则更倾向于从施工的角度来看，算一次革命。

以前从手绘图纸，到计算机绘图，是随着电脑及其软件的发明、普及，再到绘图工具上的一次大的变革，但从交付施工方的图纸来看，仍然是二维图纸，都是从建筑师脑中的三维图像，转化成二维图纸，再由施工方转变成三维实体建筑。而 BIM 的运用，在绘图工具上仍然是计算机的一个软件升级，但在图纸交付上就是提供给施工方一个可以任意生成二维图纸的三维施工模型，这样就实现了，建筑师脑中的三维图像，转化为三维施工模型，再由施工方实现三维实体建筑的过程。这就是一次在图纸——施工阶段的一次大变革。

【博主回复：2010-06-16 16：34：58】
您理解的 BIM 对施工领域的变化，对设计领域也是如此，虽然最终交付的仍然是二维图纸，但是工作过程却从"脑袋里的三维→图纸里的二维"变成"脑袋里的三维

→模型中的三维→图纸里的二维"了。

【cucumber 2010-06-16 22：50：37】

就工作过程而言，到目前的应用是"脑袋里的三维→模型中的三维→图纸里的二维→实体中的三维"，这是沿袭下来的工作方式，可是难道施工过程一定要看二维图纸吗？通过BIM搭建的三维模型，直接指导施工，实现一种"脑袋里的三维→模型中的三维→实体中的三维"的工作过程，就像是把一个小模型，等比放大N倍，通过建造手段而成实体建筑。

没准这种摆脱二维图纸的过程能够对建造时间，和建造精度做出一个很大的贡献。如果说目前的三维模型精细度，和可识别度不足以实现建造过程的话，那就是软件的问题了，还要升级，这就是欧特克公司的功课了，在IT的时代，没有什么不可能，既然我们都想到了，那没准过不了几年就要面世了。

【博主回复：2010-06-17 08：26：16】

制造业实现"脑袋里的三维→模型中的三维→实体中的三维"这个过程已经有二三十年的历史了，但前提是机器制造（数控机床等）。而人工制造仍然离不开二维图纸的辅助（图纸上可以是三维的内容如透视图、轴测图等），原因很简单，三维模型如果没有合适的承载工具的话，对于人来说是看不见摸不着的东西，这个承载工具不只软件那么简单，还需要有足够的硬件支持，即使软件也不是一两个软件可以解决这个问题的。

【zfbim 2010-06-19 09：17：49】

个人认为："脑袋里的三维→模型中的三维→实体中的三维"这种方式才是建筑业学习制造业快速实现BIM普及应用的最佳途径，"纸"不就是一传递信息的一种介质一种载体吗？无纸传递信息不是不可以，如果"纸"这种载体依然强势占据主流，信息链被撕裂及残缺就依然是最严重的问题。

制造业的无纸加工有两种方式：1.电子信息直接传入加工中心完成全自动化加工（这点建筑业学不来）；2.电子信息通过掌上电脑的方式来传递信息，知道操作工人完成加工过程（这一种方式才是建筑业应该大力学习及推广的方式）。

看看目前BIM的实施流程："脑袋里的三维→模型中的三维→图纸里的二维→实体中的三维"，其中"模型中的三维→图纸里符合现行规范的二维"这一步实在别扭，也毫无价值！

特在此呼吁：学术界及政府管理机构能够大力提倡及正确引导，早日实现建筑业里以"纸"为主流的信息载体转换为以"电子"为主流的信息载体，只有这样，我们的BIM应用才会真正无障碍普及！

其实就是一个观念上的转变，执行的可行性和成本上的增加都不是大问题，并且符合当前的大形势："低碳、节能、减排、环保"。

【博主回复：2010-06-19 14：39：11】

非常有意思的想法，行业应该需要进行这样的实践和研究。

【新浪网友 2010-07-26 16：27：23】

"脑袋里的三维→模型中的三维→图纸里的二维→实体中的三维"这种模式会永远延续下去，只不过"图纸里的二维"可能将来不是在图纸上，而是通过其他形式展现出来，如显示屏中。但是二维永远不会被三维完全取代，三维固然有很多优势，但是不是万能的！

【博主回复：2010-07-26 22：02：30】
其实这里讨论的三维和二维的核心并不是表达方式和介质，而是产生结果的方法，即最终的二维是由人根据专业知识分别画出来的互相没有关联的表达呢，还是由同一个三维模型自动生成的多个角度视图。

从表现形式来看，诚如网友所言，纸介质将长期存在，因此二维表达也将长期存在，人必须依靠某种介质才能进行信息存储、交流和利用。

1.2　BIM 和 CAD 到底有些什么不一样

正文开始以前，先跟各位专家做个声明，这里的 CAD 和 BIM 既不是单独指某种软件，也不是特别指某种技术，我想用这两个缩写来代表两个时代。

大家知道 CAD 是 Computer Aided Design 的缩写，我打算用她来代表地球人基本上甩掉图板再也看不到手绘图纸的这个年代，也就是当下，应该说已经差不多有十几二十年了吧。

Building Information Modeling 的缩写是 BIM，我想用此表达一个我们正在和即将要进入的那个年代。因为那个年代还没有真正到来，所以我也不知道如何来准确描述，如果非要问那个年代的基本特征，用一句话概括，也许可以说是"业主是最明白的那个人"的时代。

当然，CAD 以前的年代是手工时代，其典型特征是图板和丁字尺，所谓趴图板是也。

之所以要做这么一个声明，原因很简单，不管年代如何变化，我们要做的事情的根本和目标是不变的：用更经济的方式，造更好的房子，让人类更诗意地栖居。

在 CAD 时代，有些手工时代干过的工作仍然要干，例如统计工程量；有些手工时代用过的工具仍然要用，例如设计手册。

同样，当我们进入 BIM 时代的时候，有些在 CAD 时代做过的事情仍然要继续做，比如结构计算；有些 CAD 时代用过的工具仍然要用，比如效果图软件和虚拟现实软件等。

那么，CAD 时代和 BIM 时代到底有些什么不同呢？

一、工具层面：CAD 如 Word，BIM 如 Excel

从两个时代各自使用的主要工具层面来分析，这么比喻可能是一个比较容易理解的方法，如果看官知道Word和Excel比CAD和BIM更多的话，对大部分业内专业人士来说，估计此话大致不差。

同样一张财务报表，放在Word里面和Excel里面看起来是一样一样的，但是如果动起来就不一样了，好像真人和他的蜡像一般，如果推真人一下，真人就会往前走几步；如果推蜡像一下，蜡像只能吧唧摔倒。

如果我们改变了Word里面的某个数字，其他关联数字是不会自动改变的，需要人工逐个逐个去做相应变化。而在Excel里面就不一样了，因为除了我们看到的报表表面以外，报表后面的数据是由不同的公式关联起来的。因此，如果在Excel里面动了某个数据，所有关联数据都会按照预先设定的公式自动变化。

换句话说，Word里面的那个看起来一样一样的报表只是那张Excel表的某一个特定的状态，就好比某个人的正面像一样。但是一个人是可以照很多种像的，除了侧面、背面、上面、下面以外，别忘了还有CT、B超、X光等等，前提是有那个真正的人存在着。

CAD和BIM的不同在某种程度上类似于上面的情况。

人们一般通过不同的视图来表达建筑物，如平面图、立面图和剖面图等。CAD时代，设计师分别画不同的视图；BIM时代，不同的视图从同一个模型中得到。如果我们单独来看两者的平面图或者立面图的时候，她们也是一样一样的；但是当我们改变其中一个门和一堵墙的类型的时候，CAD可能需要逐个修改平、立、剖等图纸，而BIM只要在模型中修改相应的构件就行了。

同时，在设计建造过程中，设计师还要做结构计算、热工计算、节能计算、工程量统计等工作，在CAD时代，每个单项的调整都需要逐个修改不同的计算模型，以反映该单项调整对其他各项建筑指标的影响。当我们进入BIM时代的时候，表达建筑物的模型可以直接用于上述计算，每个单项的调整都只需修改唯一的模型，实现高度自动化。

名人说过，第一个把美人比作鲜花的是天才，第二个是庸才，第三个是蠢才。

本人特别说明：把CAD和BIM比作Word和Excel的，我肯定是第N个，且N≫3。

二、方法层面：CAD是我给我造的您做衣服，BIM是我根据您的身体做衣服

项目建设是多个专业一起参与的活动，专业数量可以从十几个到二三十个。特别是近一百年以来，由于电力、空调、通信、数据、安全、智能等技术在建设领域的广泛应用，建设项目的复杂性呈几何级数增加。

上面这段话有点文质彬彬的感觉，跟其他部分的文风有点不太一致，那是因为我没想好如何用大白话讲清楚这个意思。

简单点说，造今天的房子，即使鲁班他老人家在世，充其量也只能搞定建筑和结构两个专业，要把现在的房子造起来，还需要水道鲁班、暖通鲁班、电气鲁班、节能

鲁班、通信鲁班、效果图鲁班等等。

当然，现在上面这些鲁班我们都有，就是需要再多的鲁班我们也一定会有的。

问题是，这么多鲁班，怎么在一起造房子呢？

果然是行家，问到点子上了！

此处不准备讲造房子的历史，因此，手工时代的陈年旧账咱们就不说了。

咱们还是一起来看看CAD时代的鲁班们是怎么把房子弄出来的吧。

CAD时代的故事：

首先建筑鲁班出场，画好各种平、立、剖图纸，然后交给其他的鲁班们。

这时候效果图鲁班来了，根据建筑鲁班给的图纸鼓捣出一个"效果图模型"，再根据这个模型做出建筑物的效果图、动画、虚拟现实等等的可视化效果，供业主或评委们做决策。

结构鲁班要做结构计算，根据建筑鲁班给的图纸鼓捣出一个"结构计算模型"，然后进行其他鲁班门都没法明白的极其复杂的各种结构计算，配好钢筋，画好结构图。

然后机电鲁班门扛着各种机器和管子来了，在图纸上见板起架，逢墙开洞，再整出好几个"机电计算模型"，在这些机电模型上进行机电各个专业的计算、分析、模拟，开始画机电图纸。

造价鲁班该出场了，在这些图纸基础上建立"算量模型"，统计混凝土的体积、量管子的长度、数设备的数量等等，最终计算出房子的造价。

时髦的绿色鲁班走过来，看着这些图纸，搭起来一个"绿色建筑计算模型"，开始节材、节水、节地、节能的功在当代、利在千秋的绿色建筑计算，甚至还得算算二氧化碳的排放量等等。

房子造好以后呢，物业鲁班来了，赶紧建立"物业管理模型"，并在此基础上建立建筑物的运营维护大业。

怎么这么啰嗦啊！报告看官，咱这可是超级简化版。咱还没考虑机电鲁班发现他要走管子的地方被其他鲁班占了的时候会发生什么呢。毛主席说："死人的事情是经常会发生的"，咱这儿没那么严重，不过鲁班甲挡鲁班乙道的事情确实是经常发生的。

看出门道来了吗？咱这儿总结总结？

第一，鲁班门都很辛苦，自己的活还没练以前，都得自己先鼓捣出一个"×××模型"来。各位业主大人，这些个"×××模型"和您要的那个房子是一码事儿吗？您相信鲁班门都能鼓捣对？退一万步讲，就算第一次都鼓捣对了，后面遇到"设计变更"或"错漏碰缺"的时候，所有鲁班都能步调一致吗？

第二，当然鼓捣"×××模型"是需要时间的，虽然对于业主来说，时间就是金钱。

第三，鲁班门鼓捣出来的这些"×××模型"您在以后的运营、维护、改建、扩建过程中能用得上吗？

如果把造房子比作裁衣服的话，CAD时代每个鲁班都根据自己的擅长做衣服，可您却觉得每件衣服都在某个方面不合适您，都穿不出去。

鲁班当然都是好鲁班，问题在于每个鲁班在给您做衣服以前都得先做一个他理解的您的模型，然后根据这个模型裁衣服。

我们一起来看看即将到来的BIM时代的做法究竟有什么不同呢？

BIM时代的故事：

如果业主在请那些建筑鲁班、结构鲁班、机电鲁班的基础上，再请一个BIM鲁班，专门帮助业主建立、管理、更新一个其他鲁班们都可以用的和实际建筑物的内容一模一样的模型，我们称之为BIM模型，情况会如何呢？

建筑鲁班要出平、立、剖面图，业主吩咐BIM鲁班从BIM模型里找出平、立、剖面图需要的素材给建筑鲁班；

结构鲁班要做结构计算，业主吩咐BIM鲁班从BIM模型里找出结构计算需要的信息给结构鲁班。计算以后如果要进行调整，BIM鲁班就把调整的信息在更新到BIM模型中去；

机电鲁班如此，绿色鲁班如此，造价鲁班统统如此……

BIM鲁班因为帮助业主把所有鲁班的信息都放到同一个BIM模型中去了，所以就可以发现并解决不同鲁班之间互相打架的事情。

招投标开始，BIM鲁班不但可以帮助业主准备一份已经解决掉各种错漏碰缺问题的图纸给投标方，而且还可以把那个设计已经完成的BIM模型给施工鲁班，请施工鲁班把投标方案在BIM模型上表现出来。

不仅如此，施工过程中的工地实际进展可以在BIM模型上表现出来和计划进度做对比，施工中一旦出现问题也可以利用这个BIM模型来解决，新的信息也能同步更新到BIM模型中去。

房子造好以后，这个一直在跟着变更更新的BIM模型就跟实际建筑物一样一样的了，以后市场、销售、运营、改建、扩建，就统统都可以用了。

如果还是用做衣服来比喻，那就叫量体裁衣：您的体，您的衣。

最后一个问题：BIM鲁班 = BIM咨询师。

三、结果层面：CAD是设计师干活更快了，BIM是业主变成最明白的那个人了

问：从手工时代到CAD时代，最受益的那个人是谁？

答：设计师。

问：设计师得到的最大好处是什么？

答：绘图快多了。

问：从CAD时代到BIM时代，最受益的那个人会是谁？

答：业主。

问：业主的最大好处会是什么？

答：省钱。变更少了，返工少了，追加投资的情况少了。

问：还有呢？

答：省时间。有啥问题都立马能解决了。

问：还有呢？

答：房子质量提高了。不用造好再砸了，不用没洞硬凿洞了。

问：还有呢？

答：没有了。

问：真没有了？

答：业主成精了。业主啥事都知道了，业主变成最了解自己房子的那个人了，业主变成最明白的那个人了。

当然，要达到这一步需要一个前提，那就是：当业主需要 BIM 的时候，BIM 无处不在。

1.3 换一种方式说说到底什么是业主的 BIM

维基百科对 BIM 有一个定义：Building Information Modeling (BIM) is the process of generating and managing building data during its life cycle. Typically it uses three-dimensional, real-time, dynamic building modeling software to increase productivity in building design and construction. The process produces the Building Information Model (also abbreviated BIM), which encompasses building geometry, spatial relationships, geographic information, and quantities and properties of building components.

既然 BIM 是舶来货，用原文应该更贴切，BIM 的中文定义可以在维基百科的中文版中找到，这里不再重复。

事实上，英文也好，中文也罢，几乎没有人可以直接从这样的定义中了解什么是 BIM，当然，超人除外。

为了帮助同行更好地理解什么是 BIM，我想换一种方式来说说到底什么是 BIM。

一、BIM 的基础是建筑

建筑物是 BIM 的研究客体，这件事情容易理解。除此之外我还想在另外两个层面上解释"BIM 的基础是建筑"这个命题。

第一个层面，BIM 的信息是按照建筑设计、施工、运营的规则来定义和存放的，例如建筑专业的门窗墙、结构专业的梁板柱、机电专业的空调、水泵、配电箱等。

不像现在普遍使用的 CAD 图纸，是用图层、颜色、线型、属性等抽象信息来表达的。

第二个层面，BIM 的信息是和建筑元素（建筑物的构件或部件）存放在一起的，您想要建筑物某个部分的相关信息，只要找到建筑物的这个部分就能得到，至于找到建筑物的这个部分是否容易，正如 BIM 的定义中所说的，BIM 是以三维、实时、动态的形式存在的，就好像在实际的建筑物中行走一样。

例如，您想要某个电梯的有关资料，只要走到 BIM 建立起来的虚拟建筑物信息模型中的这个电梯就大功告成了，就像资料挂在这个实际的电梯里面那么简单。区别只是您不用事实上跑到那个电梯里面去取，因为有时您是不能这么做的，例如没造好以前、地震、火灾、恐怖袭击等。

二、BIM 的灵魂是信息

Building（建筑）不是新生事物，建筑师使用 Model（模型）的时间也已经是很久很久以前了，这两样东西都是没有灵魂的实物。

当 Information（信息）进入两者之间时，这个建筑和这个模型就都有了生命，这就是 BIM——建筑信息模型，信息是 BIM 的灵魂。

BIM 要做的事情可以简单地描述如下：让项目不同的利益相关方于项目的不同时期在 BIM 模型中插入、抽取、更新或修改信息来支持和思考他们各自的职责和角色，从而实现协同作业。

也就是说，跟一个项目相关的所有各方，在项目生命周期的任何一个阶段，都通过操作信息来完成他们的使命，即策划、设计、施工、管理好目标建筑物。

这个信息是以 BIM 的形式存在的，和以其他形式存在的信息（例如图纸、表格、文字等）有非常大的不同，这个不同就是项目参与方理解、掌握和使用这些信息的效率，当然是在质量、正确、可控前提下的效率。

本文第 1 部分的内容已经基本解释了为什么 BIM 的信息具有高效率这个问题。

三、BIM 的结果是模型

BIM（Building Information Modeling）在维基百科的定义中说得非常清楚：BIM 是在项目生命周期内生产和管理建筑数据的过程。

BIM 的结果是一个模型，一个建筑物的信息模型（或者说是虚拟模型——相对于通常的实物建筑和实物模型而言），一个按照建筑物设计、施工、运营本身规律建立建筑物几何造型和存储建筑物专业信息的模型，这个模型我们称之为 BIM 模型。

由上述说明我们知道 BIM 模型的以下一些特点。

首先，作为建筑物物理和功能特点的一个数字化的代表，BIM 模型一定是 3D（三维）的，看起来和分析研究起来就跟操作实际建筑物一样直观。

其次，由于建筑物的方案、设计、施工、运营是一个过程，因此，BIM 模型是在不断成长的，而不是静止不变的。

例如方案阶段的 BIM 模型需要有房间功能和系统功能信息，设计阶段的 BIM 模型需要有空间布置、房间数量、房间功能、系统信息、产品尺寸等信息，施工阶段的BIM模型需要有竣工资料、产品数据、序列号、标记号、产品保用书、备件、供应商等信息，运营阶段BIM模型需要有操作指南、故障处理流程、开启步骤、关闭步骤、应急操作流程等信息。

第三，我们把施工时间计划和BIM模型集成在一起的模型称之为4D Model（四维模型），此时建筑物的构件或部件可以按照建造顺序进行显示。

最后，如果同时把造价信息和BIM模型集成在一起，就是5D Model（五维模型），这个时候，每个时间段所需要的资金会根据需要施工的内容自动统计出来。

当然，这些模型都是以信息作为他们的灵魂的。

四、BIM的目标是效率

先声明一点，这里所说的效率隐含一个规则：没有质量的效率不是效率，维基百科的定义中叫"productivity"，意思是一样的。

BIM真正在建筑行业产生影响的时间也就十年左右，虽然类似技术的研究可以追溯到20世纪70年代或更早一些。在此之前，我们的前辈已经在世界各地建造了足够多、足够大、足够高、足够复杂的建筑物了，也就是说，没有BIM也是能造房子的。

那么，BIM为什么能在不到十年的时间内发展得如此迅速，给建筑行业带来如此巨大的影响呢（这种影响随着时间的推移将更加广泛和深刻）？

大家知道，造房子是一个集体运动，每个参与者的行事规则可以简化为典型的IPO（Input-Process-Output）三部曲：

- Input 输入：理解项目本身以及其他参与者做的工作。
- Process 处理：根据自己的专业知识和职责进行分析研究。
- Output 输出：做出自己应该干什么和怎么干的决策。

这个典型的程序有个铁的定律：如果输入的是垃圾，那么输出的一定也是垃圾。（声明：该定律对垃圾发电厂不适用）

据美国精益施工学会（Lean Construction Institute）统计，只有50%的周施工计划可以按时完成，导致这个结果的第一个原因就是信息不清晰（Unclear information）。

目前由于图纸（无论是纸质图纸还是CAD电子格式图纸）是承载和传递项目信息的主要载体，因此在"输入"的环节上（即理解项目和其他参与方的工作）下列问题就变得不可避免：

- 时间过长：尽管在图纸的基础上配合三维效果图以及电脑动画可以辅助项目参与人员理解项目和他人的工作，但是仍然不能从本质上解决问题，原因是图纸和效果图之间并没有什么关联，效果图不具备"准确性"层面的可参考性；
- 容易出错：依靠人脑把成百上千张甚至更多的图纸翻译成三维的建筑物，想象各种不同系统之间随着时间变化的空间关系，超人在世也得出错。

BIM借助于BIM模型和相应的模型检查和协调软件，使得"输入"环节的效率大大提高，从而缩短整体工期和减少错误。

五、BIM 的工具是软件

根据 BIM 的定义我们可以知道，BIM 是信息技术支持建设项目生命周期提高生产力的过程，因此 BIM 不仅仅是某一种或几种软件。

但是 BIM 的过程需要软件来实现，也就是说，软件是实现 BIM 的工具。BIM 的实施过程需要用到不同类型的软件工具，大致罗列如下：

- 概念设计软件：进行设计方案以及投资收益研究，例如 SketchUP，BIMStorm 等；
- 设计软件：生产经过协调的施工文件，例如 Autodesk Revit，Bentley Architecture，Graphisoft ArchiCAD，Dassault Digital Project 等；
- 协调软件：合并各类设计和详细设计模型，例如 Navisworks，Solibri 等；
- 详细设计软件：生产制造加工图以及控制加工过程，例如 Xsteel，SDS/2 等；
- 分析软件：进行各类工程分析，例如 ETABS，STAAD 等；
- 进度计划软件：例如 MS Project，P3 等；
- 概预算软件；
- 设施管理软件；
- 可视化软件；
- 虚拟现实软件。

六、BIM 的产出看需求

由于 BIM 的本质是在建筑物没有实际开始建设和建设过程中在电脑中建立和更新维护一个虚拟的建筑物，也就是说，一个房子造两遍，先在电脑里虚拟地造一遍，以期发现和解决实际建造过程可能发生的问题和错误，再根据虚拟建造过程进行实际施工，从而大大增加项目的可控性、减少错误、缩短工期、控制造价、提高质量。

有了 BIM 模型这个虚拟的建筑物，项目在策划、设计、施工和运营的各个阶段所需要的资料和服务都可以在此基础上借助不同的软件工具得以实现，例如：

- 项目投资收益分析：设计和财务数据集成；
- 图纸：施工图、综合管线图、预留空洞图、加工图、竣工图等；
- 工程分析和模拟：结构分析、节能和绿色设计、LEED 认证、异形设计标准化、视线分析、声学分析等；
- 4D 宏观建造过程模拟和微观可建性模拟；
- 5D 工程造价服务；
- 现场施工进度跟踪服务；
- 互动场景物业租售服务；
- 物业运营状态和健康分析。

七、BIM 的关键是无处不在

正如 BIM 定义所言，BIM 的目的是提高建筑物方案、设计、施工、运营等各个阶段的效率。从这个意义上来说，建立建筑物的 BIM 模型只是建立了实现上述目的的基础。

利用 BIM 提高效率的关键是有一整套高效使用 BIM 模型信息为项目不同工作服务的手段和方法，可以简单归纳为"随时、随地、随人"。

"随时"是指在建筑物策划、设计、施工、销售、运营、改建、扩建、拆除整个生命周期过程中的任何阶段。

"随地"是指建筑物的任何部分或全部的资料，例如某台电梯的生产、安装、维护、备品、故障处理等。

"随人"是指项目的所有利益相关方，包括投资、开发、政府、设计、施工、生产、加工、设备、材料、运营各方。

不难理解，BIM 能够服务的时间段越长、资料越完备、参与方越广泛，能够取得的收益或效率就越高。

"无处不在"是 BIM 的关键和奋斗目标。

八、BIM 的实施是专业服务

到此为止，这个命题的成立已经是自然而然的事情了。

BIM 不是简单地换一个软件，BIM 不是某一个或几个人用就行了，BIM 也不是在某一个时间段用了就行了。

BIM 可以为项目的整个生命周期、项目的所有参与方提供这个项目的所有信息，这些信息按照建筑行业本身的规律和建筑构件或部件存放在一起，在这个事实上就是一个虚拟建筑的 BIM 模型上不同参与方能够用最直观的方式找到和获取需要的资料，支持其对该项目的专业操作。

这样的 BIM 和设计、施工、销售、运营一样，是业主需要并且能为业主带来价值的专业服务。

BIM 咨询服务正在被越来越多的业主和项目采用。

评论与回复

【无月夜 2009-09-08 23：02：22】
个人认为 BIM 没有创造什么新东西，只是让建筑的设计、施工、管理各阶段更符合它本来的样子。

【博主回复：2009-09-09 14：41：04】

没错，BIM只是一种工具，尽管这种工具的能力非常强，目前还不清楚能给整个工程建设行业带来什么样的变化。

1.4 检验BIM的五大标准

伟人说过：谁是我们的朋友，谁是我们的敌人，这个问题是革命的首要问题。

同样道理：什么是真正的BIM，什么是滥竽充数或者半吊子的BIM，这个问题是业主使用BIM能否真正产生效益的首要问题。

市场经济条件下，趋利本无可挑剔，但在咱们这个初级阶段的环境下不讲章法的兄弟姐妹还是相当有一些的，君不见有害物质大大超标的"绿色蔬菜"、油光水滑的有毒大米时有报道吗？

BIM对广大的建筑业同仁来说还是一个比较新鲜的东西，而且这个东西要讲明白、用清楚也不是那么简单，虽然BIM能够给用家带来的利益远远大于目前已经普及使用的CAD或者可视化等技术。

有鉴于此，为了避免BIM这种已经被相当数量的美国和香港同行证明对建筑业提高投资回报、控制工期和质量非常有效的技术出师未捷身先死，防止有些沽名钓誉之辈指鹿为马为BIM，把不是BIM的东西说成BIM，从而给使用BIM的人带来各种有形和无形的损失，给BIM技术蒙上阴影，特提供可用于检验BIM的下列五项内容：

- Visualization（可视化）
- Coordination（协调）
- Simulation（模拟）
- Optimization（优化）
- Documentation（出图）

今后碰到以BIM为名的东西，不妨用这五个标准检验一下真伪，也许能帮助业主更好地保护自身的利益。

一、Visualization（可视化）

Visualization在国内工程行业的IT应用中有个专有名词叫可视化，大家常见的电脑效果图、电脑动画都属于这个范畴。

Visualization的本意是形象化地看一样东西，好看、容易看，简单一点说就是"所见即所得"。如果这个东西是房子，那么你看见的就是房子，而不是一堆线条，需要你自己把这堆线条在脑袋里翻译成房子，这就是可视化。

可视化的用处是明显的，容易理解，容易沟通，因为毕竟不是人人都是能把线条翻译成房子的专业人才。即使所有人都有这个本事，当建筑物复杂到一定程度的时候，也没有人能够具备把一个房子都想象清楚的能力。再加上项目团队不同专业、不同背景、不同经验、不同企业的参与人员之间的持续沟通需要，没有可视化手段的帮助，不能说造不出房子来，但是效率会低到什么程度同行们还是心里有数的。

顺便提一句，现在大部分房子的复杂程度都使得只依靠人类本能已经无法在脑袋里想象清楚了。

按照目前的专业分工，设计师画高水平的、专业的、抽象的、不容易看懂的、线条的、二维的图纸，委托专门的效果图制作公司根据图纸做一些可视化的工作，可视化成为一个专门的工种。可视化的结果主要被用于各种汇报和展示，最终完成的项目与可视化的结果有多少区别等汇报展示一结束，还有多少人去关心呢？

形成这种现状的原因是因为设计师用的抽象表达和可视化的形象表达之间没有一种天然的关联，各干各的，虽然大家的工作对象是同一个房子。

对于 BIM 来说，可视化是其中的一个固有特性，BIM 的工作过程和结果就是建筑物的实际形状（几何信息，当然是三维的），加上构件的属性信息（例如门的宽度和高度）和规则信息（例如墙上的门窗移走了，墙就应该自然封闭）。

在 BIM 的工作环境里，由于整个过程是可视化的，所以，可视化的结果不仅可以用来汇报和展示，更重要的是，项目设计、建造、运营过程中的沟通、讨论、决策都在可视化的状态下进行。

剑桥词典对 visualization 的解释是 "to form a picture of someone or something in your mind, in order to imagine or remember them"，真正的 BIM 就能一直让您看到那个 picture。

因此，可视化与否，是检验是否是真正 BIM 的第一个标准。

二、Coordination（协调）

剑桥词典是这样解释 coordination 的，"to make various different things work effectively as a whole"。

Coordination 翻译成中文有"协调、配合"的意思，看到这个意思，甭管是业主的、设计的还是施工的项目经理们，眼睛都该亮了吧？

是啊，咱们天天干的就是协调和配合的买卖，而所有的问题呢又都出在协调和配合上。

当下的做法是，一碰到问题，就得开协调会，查图纸，找问题，讨论修改方案，改图纸，接着再施工。工期是不能等的，所以这样的事情永远是急的；而这样干的工作量是巨大的，安稳觉是没得睡的；而且一不小心就会出现把现在这个问题解决了，又把原来没有问题的地方改出问题来了。

BIM 服务应该是目前能帮项目经理们解决多方协调问题的最有效的手段了。通过使用 BIM 技术，建立建筑物的 BIM 模型，可以完成的设计协调工作可以包括（但不限于）下述内容：

- 地下排水布置与其他设计布置之协调；

- 不同类型车辆于停车场之行驶路径与其他设计布置及净空要求之协调；
- 楼梯布置与其他设计布置及净空要求之协调；
- 市政工程布置与其他设计布置及净空要求之协调；
- 公共设备布置与私人空间之协调；
- 竖井/管道间布置与净空要求之协调；
- 设备房机电设备布置与维护及更换安装之协调；
- 电梯井布置与其他设计布置及净空要求之协调；
- 防火分区与其他设计布置之协调；
- 排烟管道布置其他设计布置及净空要求之协调；
- 房间门户与其他设计布置及净空要求之协调；
- 主要设备及机电管道布置与其他设计布置及净空要求之协调；
- 预制件布置与其他设计布置之协调；
- 玻璃幕墙布置与其他设计布置之协调；
- 住宅空调喉管及排水管布置与其他设计布置及净空要求之协调；
- 排烟口布置其他设计布置及净空要求之协调；
- 建筑、结构、设备平面图布置及楼层高度之检查及协调。

套用一句时髦的话叫做：非协调，不 BIM。

是为检验标准之二。

三、Simulation（模拟）

"to do or make something which looks real but is not real" 是剑桥词典对 simulation 的解释。当然我们这里讨论的是利用电脑的数字化模拟。

不用特别说明，事实上大家都知道不是所有的事情都能够在现实环境里实打实地进行操练的，应该说大部分都不能。

例如计划建造的房子对周围环境日照的影响，总不能把房子搭起来进行实测吧？当然实物的建筑模型能起到一定的辅助作用，但不能解决根本问题。因为太阳是每时每刻在移动的。

再例如培训物业管理人员对紧急情况的处置，总不能把整个大楼的电停了来进行实弹演练吧？

基于 BIM 的模拟就能够解决上述问题，而且是相当好地解决问题。

一般来说模拟和分析（analysis）是一对孪生子，模拟通常是对分析结果的形象化表达，分析是对建筑物某一个或几个问题的专业原理研究。

没有 BIM 能做模拟吗？当然是能做的，就像没有 BIM 也能造房子一样。问题是，没有 BIM 的模拟和实际建筑物的变化发展是没有关联的，实际上只是一种可视化效果。"设计—分析—模拟"一体化才能动态表达建筑物的实际状态，设计有变化，紧跟着就需要对变化以后的设计进行不同专业的分析研究，同时马上需要把分析结果模拟出来，供业主对此进行决策。非 BIM 不能完成此任务。

换言之,做出模拟的效果不一定需要用到 BIM,但是真正的 BIM 就一定能支持各种各样的模拟,而且是和建筑物的变化完全一致的模拟。

目前基于 BIM 的模拟有以下几类:

- 设计阶段:日照模拟、视线模拟、节能(绿色建筑)模拟、紧急疏散模拟、CFD 模拟等;
- 招投标和施工阶段:4D 模拟(包括基于施工计划的宏观 4D 模拟和基于可建造性的微观 4D 模拟),5D 模拟(与施工计划匹配的投资流动模拟)等;
- 销售运营阶段:基于 web 的互动场景模拟,基于实际建筑物所有系统的培训和演练模拟(包括日常操作、紧急情况处置)等。

四、Optimization(优化)

根据剑桥词典,Optimization 意思是"to make something as good as possible",中文翻译成优化。

事实上整个设计、施工、运营的过程就是一个不断优化的过程,优化是我们天天都在干的事情。

不光造房子如此,我们的日常工作都是优化着来干的。招一个职位需要面试三个或更多的候选人,做一份工作计划需要有两个或三个不同的方案来选择。

优化和 BIM 也没有必然的联系,但在 BIM 的基础上可以做更好的优化、更好地做优化。

大家知道,优化受三样东西的制约:信息、复杂程度、时间。

没有准确的信息做不出合理的优化结果,BIM 模型提供了建筑物的实际存在(几何信息、物理信息、规则信息),包括变化以后的实际存在。

复杂程度高到一定程度,人类本身的能力无法掌握所有的信息,必须借助技术和设备的帮助。现代建筑物的复杂程度大多超过人类能力极限,BIM 及与之配套的各种优化工具提供了对复杂项目进行优化的可能。

如果时间允许,我们的先人已经造出了故宫,造出了金字塔,也造出了泰姬陵,这些项目既是建筑的典范,也是优化的典范。但是现代社会时间变成了和金钱一样的东西,有时候甚至比金钱还重要,花十几年、几十年造一个房子的事是没人再让您干了。BIM 服务可以帮助您完成实时的优化。

目前基于 BIM 的优化可以做下面的工作:

- 项目方案优化:把项目设计和投资回报分析集成起来,设计变化对投资回报的影响可以实时计算出来;这样业主对设计方案的选择就不会主要停留在对形状的评价上。
- 特殊(异型)设计优化:裙楼、幕墙、屋顶、大空间到处可以看到异型设计,这些内容看起来占整个建筑的比例不大,但是占投资和工作量的比例和前者相比却往往要大得多，而且通常也是施工难度比较大和施工问题比较多的地方，对这些内容的设计施工方案进行优化，可以带来显著的工期和造价改进。
- 限额设计：BIM可以让限额设计名副其实。

五、Documentation（出图）

Documentation的意思是"to record the details of an event, a process, etc"，在工程领域，记录的主要内容和方法就是图纸。

设计师别急，BIM不是要跟设计院抢山头，BIM不出设计院出的施工图。

承包商也别急。BIM更不想跟承包商抢饭碗，BIM也不出承包商出的深化图或加工图。

BIM通过对建筑物进行了协调、模拟、优化以后，可以帮助业主出如下图纸：
- 综合管线图（经过碰撞检查和设计修改，消除了相应错误以后）；
- 综合结构留洞图（预埋套管图）；
- 碰撞检查侦错报告和建议改进方案。

同样，不能出图的BIM也很难说是真正的BIM。

六、什么是真正的BIM？

不用BIM也可以做visualization，但是不能做visualization的BIM不能算是真正的BIM；

不用BIM也可以做coordination，但是不能做coordination的BIM不能算是真正的BIM；

不用BIM也可以做simulation，但是不能做simulation的BIM不能算是真正的BIM；

不用BIM也可以做optimization，但是不能做optimization的BIM不能算是真正的BIM；

不用BIM也可以做documentation，但是不能做documentation的BIM不能算是真正的BIM。

评论与回复

【无月夜 2009-09-08 22：57：58】
检验BIM的两大标准，可以从BIM（Building Information Modeling）这个名字中得出。
1. Building Model 他是一个有三维几何关系的建筑模型。
2. Information 他是有信息存在的，最重要的是各种类信息可以无限的加入和调出。

个人愚见，请指教。

【博主回复：2009-09-09 12：15：34】

完全同意，BIM 中大家真正需要的是"I"。

【zfbim 2009-09-09 12：50：53】

一些个人观点：

"模拟"并不能算是 BIM 的必需，事实上一个建筑物的体量模型就可以实现日照、节能方面的模拟了，大可不必把一个项目的 BIM（信息模型）全面建成之后再去模拟这些；并且私下认为"日照节能分析"更偏重于设计与理论计算，如同结构的力学分析一样。

BIM 应用的终极目标是为业主提高效率及效益的，所以 BIM 提供精算管理是必须的。

系统拜读过楼主的 BIM 文章，您的清晰的思路，犀利的文笔以及对 BIM 独到的剖析都令人钦佩！BIM 导致建筑行业整个产业链的革命是必然的！

支持您！希望有更多更精彩的博文出现！

【博主回复：2009-09-09 14：37：52】

BIM 可以从体量就开始，也可以从以后的某一个阶段开始……

【zfbim 2009-09-09 13：11：02】

这里说到"I"，不免有些想法："I"的内容实在广博，到底哪些"I"才是最有价值的？一个部件，业主最为关心的是质量，价格及使用保障体系（也就是说在"BLM❶"过程中该部件坏了的话找谁？如何找？）；比如一个阀门的信息模型，它的"I"携带，在业主看来阀门的"压阻系数"就不如"价格及供货商的联系电话"重要；很简单："压阻系数"是设计人关注的；"价格及供货商的联系电话"是业主关心的。

【博主回复：2009-09-09 14：36：04】

说得对，因此 BIM 本身是一个过程，BIM 模型是在不断生长着的，不同需求的人可以把不同内容放到 BIM 模型中去。

【蝶蝶不休 2009-09-21 17：18：3】

不同的角色认为最有价值的"I"肯定不同，BIM 也不会是只对业主有用的东西，各取所需吧。

【博主回复：2009-09-21 18：40：01】

完全正确。

1.5 设计院的 BIM 不是业主的 BIM

乍一看这个标题，显然是一篇多此一举的文章，谁都知道，不光设计院的 BIM 不是业主的 BIM，设计院的别的什么东西也不会是业主的别的什么东西。

---

❶ BLM 指建设工程生命周期管理。

您说得非常正确！但毕竟BIM在国内建筑行业还是一个新生事物，这里不妨啰嗦几句，说说为什么设计院的BIM不是业主的BIM。

事实上笔者真正要在这里回答的是这样一个问题：设计院用了BIM，业主还要用BIM吗？设计院不用BIM，业主能用BIM吗？

一、业主和设计院用BIM的目的是不同的

这个问题很好理解，设计院用BIM的目的是从业主那里拿到设计项目，然后多快好省地把设计任务完成。

业主用BIM的目的是要多快好省地把这个房子造出来，还要更加多快好省地管理、使用、维护好这个房子，让用户满意，让物业升值。设计只是其中的一个环节。

具体来看看BIM能够帮助业主和设计院在上述目的的完成过程中分别做些什么。

业主可以和需要用BIM做的事情：

- 记录和评估存量物业：用BIM模型来记录和评估已有物业可以为业主更好地管理物业生命周期运营的成本，如果能够把物业的BIM信息和业主的业务决策和管理系统集成，就能使业主如虎添翼；
- 产品规划：通过BIM模型使设计方案和投资回报分析的财务工具集成，业主就可以实时了解设计方案变化对项目投资收益的影响；
- 设计评估和招投标：通过BIM模型帮助业主检查设计院提供的设计方案在满足多专业协调、规划、消防、安全以及日照、节能、建造成本等各方面要求上的表现，保证提供正确和准确的招标文件；
- 项目沟通和协同：利用BIM的3D、4D（三维模型＋时间）、5D（三维模型＋时间＋成本）模型和投资机构、政府主管部门以及设计、施工、预制、设备等项目方进行沟通和讨论，大大节省决策时间和减少由于理解不同带来的错误；
- 和GIS系统集成：无论业内人士还是公众都可以用和真实世界同样的方法利用物业的信息，对营销、物业使用和应急响应等都有极大帮助；
- 物业管理和维护：BIM模型包括了物业使用、维护、调试手册中需要的所有信息，同时为物业改建、扩建、重建或退役等重大变化都提供了完整的原始信息。

设计院可以和需要用BIM做的事情：

- 方案设计：使用BIM技术能进行造型、体量和空间分析外，还可以同时进行能耗分析和建造成本分析等，使得初期方案决策更具有科学性；
- 扩初设计：建筑、结构、机电各专业建立BIM模型，利用模型信息进行能耗、结构、声学、热工、日照等分析，进行各种干涉检查和规范检查，以及进行工程量统计；
- 施工图：各种平面、立面、剖面图纸和统计报表都从BIM模型中得到；
- 设计协同：设计有上十个甚至几十个专业需要协调，包括设计计划、互提资料、校对审核、版本控制等；
- 设计工作重心前移：目前设计师50％以上的工作量用在施工图阶段，以至于设

计师得到了一个无奈的但又名副其实的称号——"画图匠",BIM 可以帮助设计师把主要工作放到方案和扩初阶段,恢复设计师的本来面目。

通过上述并不一定完整也不一定系统的罗列,我想业主的 BIM 和设计院的 BIM 的区别应该可以看出个端倪了。

二、业主和设计院用 BIM 的时空是不同的

我们先看时间这个维度。

设计院的主要工作在项目的设计阶段,在施工阶段还有一部分的现场配合工作。总体来说是几个月到一两年、两三年的时间。

最多到施工完成,除了档案室把图纸存起来以外,设计院对这个项目的所有信息都不会再有人去理会了,当然这个项目的 BIM 也不例外。

形象一点来说,设计院的工作是用 BIM 做 100 个项目的设计,做一个,丢一个,跟瞎子掰苞米好有一比。

描述业主的时间维度有一个专业术语叫"项目生命周期",意思很清楚,只要这个房子还在世界上,就需要业主负责任。主要阶段包括可行性研究、设计、招投标、施工、营销、运营维护、改建扩建重建,直至拆除。这个时间段短则五六十年,长则上百年。

业主的 BIM 跟项目的存在一起存在,跟项目的消亡一起消亡。我们把 BIM 比作建筑物的 DNA,就是这个意思。

同样形象的说法是,业主是用 BIM 管一个项目 100 年的生命周期,建一个,养一个,确实和生儿子是一个道理。

再来看空间这个维度。

设计院的 BIM 主要协调不同专业设计师的情况,包括建筑、结构、机电、造价、绿色、数据、通讯、安全等,保障高质高效提供各类设计图纸,以及为了实现这个目的和业主的沟通交流,和承包商的施工配合等。

对于业主来说,设计院(包括各种专业设计咨询机构)只是业主需要管理的其中一类企业。在业主涉及的空间范围内,首先需要为项目投资机构的收益负责,其次需要沟通建设、规划、消防、环保等相关政府主管部门,第三需要管理设计、施工、监理、材料、设备、预制件等各类产品和服务提供商,最后还有物业管理和维修机构、营销服务机构、物业住户等。

以上提到的各个角色尽管做的事情不一样,但有一点对业主是一样的,所有这些角色都需要他们感兴趣的建筑物全部或局部信息资料(请记住:不仅仅是图纸!),一个合格的业主的 BIM 就应该包括所有这些信息。

一言以蔽之,业主的 BIM 是为项目生命周期内的所有相关方服务的,随时随地、事无巨细、最新的、没有错地提供核这个项目有关的信息。这是业主的理想,这是业主的 BIM 的责任。

三、业主和设计院用 BIM 的角色是不同的

设计院的 BIM 是用来给业主交功课的，交设计任务的功课。

大家知道这个功课本身与 BIM 无关，这个功课的名字叫"施工图"。至于做施工图的过程有没有用 BIM，那是设计院自己的事情，可以说，也可以不说。

就好像到饭店吃饭一样，您点了一桌菜，饭店给您上来一桌菜，这件事情就结束了。至于饭店是否告诉您这桌菜是如何做出来的，那得看你们的交情。

但是业主的任务是要保障这个房子一辈子身体健康，最好是永远健康。所以就得搞清楚这桌菜能不能满足您永远健康的目标。

业主的 BIM 除了我们上面说到的目的和时空与设计院不同之外，还分别扮演着不同的角色。

业主的 BIM 需要用来检查设计院提供的设计图纸是否正确，至于这些图纸是否用 BIM 做出来的并没有什么关系。

因为业主需要用这些图纸去招投标，这些图纸将成为衡量项目工期、造价、质量的唯一标准。我没说错，是唯一标准。

这就是业主和设计院用 BIM 的角色不同。

四、承包商的 BIM 也不是业主的 BIM

先看看承包商可以和需要用 BIM 做些什么。
- 虚拟建造：在 BIM 模型中使用实际产品后进行物理碰撞（硬碰撞）和规则碰撞（软碰撞）检查；
- 施工分析和规划：BIM 和施工计划集成的 4D 模拟，时间—空间合成以后的碰撞检查；
- 成本和工期管理：BIM、施工计划和采购计划集成的 5D 模拟；
- 预制：BIM 和数控制造集成的自动化工厂预制；
- 现场施工：BIM 和移动技术、RFID 技术以及 GPS 技术集成的现场施工情况动态跟踪。

这些已经足以说明为什么承包商的 BIM 也不是业主的 BIM 了。

五、业主必须要有自己的 BIM

有了上面的文字，这个答案是显而易见的。

业主和设计院、承包商以及其他项目参与方的目的不同、时空不同、角色不同，因此业主必须有自己的 BIM 才能够满足自身的需要，才可以成为为所有项目参与方提供项目信息的中心，才能真正成为这个物业的主。

因此，我想这里已经没有必要多讲业主为什么需要自己的BIM这个问题了。

那么业主有些什么途径拥有自己的BIM呢？

无非是两种途径，第一是建立业主自己的BIM队伍，第二是聘请专门的BIM咨询服务公司。

这跟设计和施工的做法一模一样，业主可以有自己的设计院和施工企业，也可以聘请专门的设计机构和承包商。

还有一点和设计施工类似的是，设计必须由专门的设计人员来做，施工必须由专门的施工人员来做，BIM也必须由专门的BIM人员来做，至于这些专门的××人员是业主自己的还是从市场上聘请的，这从来就不是一个需要讨论的问题，您说了算。

评论和回复

【无月夜 2009-09-08 22：45：08】

业主和设计院用BIM的出发点是不同的。

设计院用BIM的目的：目前的状况是提升设计院或者某人的品牌价值，长远来说能够实现各专业的无缝整合，保证设计施工信息的连贯性。

业主用BIM的目的：

1. 提高图纸的正确率，减少修改通知单的量，提高施工效率——降低造价。

2. 从心理上、实践上加大对项目和各大小顾问公司的掌控能力。

3. 减少沟通之间的障碍，提高沟通的效率。具体来说可以实现设计各专业顾问公司、建设方、监理方、业主方6~8方高效率的设计交底及施工协调会。

BIM能实现一种全新的沟通方式是现阶段实践中所体会的最大的好处，"差漏碰缺"在其次。4D、5D模拟和BIM与物业结合是远景发展目标，需要在软件技术和工作流程上做进一步的完善。遇到的问题：

1. 如何保证BIM模型的高准确性。

2. 如何使BIM嵌入业主项目管理的整个工作流之中，使这个流程能够更好地运作而不是降低其工作效率。

个人愚见，请指教！

【博主回复：2009-09-09 12：03：42】

以下意见供参考：

1. BIM和图板、CAD一样都只是工具，结果的正确和高质量只能取决于使用它们的人，具有良好专业水准和BIM能力的人可以保证BIM模型的高准确性。

2. 很多资料都提到BIM和工作流程的问题，我的理解，技术手段和工作流程就好像是生产力和生产关系，生产力决定生产关系，用上了BIM以后才能知道什么样的流程最能发挥BIM的价值，因此，我建议流程应该放到第二步。

另外，非常同意无月夜对BIM目的的见解，设计院用BIM就是做更好的设计，提高水平，提高品牌；业主的目的当然是提高自身对项目的控制能力，减少不确定和不可控因素。

【zfbim 2009-09-15 08：26：16】

BIM作为工程项目的管理手段比较靠谱，如果作为设计院的一种设计手段就复杂了，设计院能指定一个设备产品的供货商吗？显然是不可以的！设计院搞一套BIM，业主再搞一套BIM，就算业主的BIM是在设计院的BIM基础上修改的，这种做法也是一种巨大的重复操作。

随着科学技术的发展，社会分工会越来越细：设计就专门搞专业理论研究，侧重点放在"D"上，就像装修设计师只是拿个铅笔勾勒，注重在风格创意，材质灯光方面，不画施工图；反观我们的建筑师、结构师、暖通师、给排水师、强电弱电师，既是自己设计出方案也是自己画施工图，两方面都没搞好。

设计完全分离，专心设计；BIM小组直接向业主负责，拿着设计出的方案进行BIM制作……

【博主回复：2009-09-15 09：05：40】

设计也好，其他工作也好，其工作结果必须要有一个具体的东西来呈现，录音录像出书、飞机大炮坦克都是工作结果的呈现方式，当然这种呈现方式既不是个人可以随心所欲的，也不是一成不变的，变需要符合一种规律、一种程序。

目前设计师的成果法律规定行业约定是用图纸来表达的，否则什么叫设计呢？

至于您提到的装修设计师的工作方式，应该限于简单项目或设计施工一体化操作的项目，否则和建筑设计一样也需要画图。

大家知道鲁班是不需要花那么多时间来画图的，自己想（设计）自己干（施工），最多带几个徒弟。

想到哪说到哪，见笑。

【zfbim 2009-09-15 12：46：24】

……目前设计师的成果法律规定行业约定是用图纸来表达的……

各个专业"师级"干部们的工作成果需要一种介质来承载表达，这是必须的！

如同装修设计师铅笔勾勒的方案图；暖通师用铅笔画的房间气流组织图；各区间冷负荷计算书……这些才是专业设计师们需要提交及汇报的成果；至于法律规定行业约定规范要求的所谓施工图纸作为一个重要成果指标，我觉得那是在BIM没出现之前的一个客观事物……

装修设计师的工作方式："师"是出方案不画施工图的，画施工图的是另一个团队，他们不叫装修设计师，现在的称呼是"画施工图的"，如果他们改变现在的二维CAD画图为三维信息模型虚拟装配的话，他们的称呼就可以改成"BIM制作团队"，这个也就是我所理解的"分工细化"。

鲁班建房子不需要二维工程蓝图，正说明"二维工程蓝图"并不是搞建设的必要元素，当年人类建金字塔时还没有画法几何，金字塔也照样建成，类比这些只是想说明当我们在讨论一个崭新的BIM的时候一定不能被一些就要过时的条条框框规范法规限制。

现在各专业只是把一堆 LAN 图作为重要的设计成果递交出来，而设计的重要理论依据是一笔带过，或者是根本不交计算书给甲方，甲方领导是看不懂计算书，但并不等于甲方不需要。

因为法规规定"二维工程蓝图"是设计必出的最重要成果，所以这成果变成了"LAN 图"；如果社会分工把"师级"干部们从"二维工程蓝图"中解放出来，专注于专业分析计算，BIM 的定位也就有了合理，因为 BIM 团队提供给业主的是全面的管理服务，所以 BIM 可以脱离设计院，BIM 团队作为一个项目信息化管理咨询机构也就有了它存在的空间，这样的话，行业内的分工也就基本完成！

【博主回复：2009-09-15 14：30：28】
讲得太好了！佩服！同意！

【新浪网友 2009-12-09 15：16：05】
"现在各专业只是把一堆 LAN 图作为重要的设计成果递交出来，而设计的重要理论依据是一笔带过，或者是根本不交计算书给甲方，甲方领导是看不懂计算书，但并不等于甲方不需要。"

"BIM 可以脱离设计院，BIM 团队作为一个项目信息化管理咨询机构也就有了它存在的空间，这样的话，行业内的分工也就基本完成！"——据以上论判我可以向 BMW 公司要份汽车设计图、计算书，以前没要是因为我看不懂，现在我要让 BIM 咨询公司建个 BIM 模型，搞个健康分析……

【博主回复：2009-12-10 20：48：34】
这位网友说得非常在理，房子和汽车的不同在于：您的汽车是开到专业的汽车服务公司去保养的，汽车服务公司肯定有详细的图纸和数据库，因此您作为使用人可以不需要保存和理解图纸，当然半路上坏了可以打电话现场维修或拖车。

房子不能移动，因此拥有、管理、运营房子的机构必须有完整的图纸和资料，越详细越好，越直观越好，越智能越好，所以描述房子的信息，电子图纸比纸质好，BIM 比二维图纸好，excel 比 word 好……

1.6 算一算，您的那个 BIM 到底能得多少分

在 CAD 刚刚开始应用的年代，也有类似的问题出现：例如，一张只用 CAD 画了轴网，其余还是手工画的图纸能称得上是一张 CAD 图吗？显然不能；那么一张用 CAD 画了所有线条，而用手工涂色块和根据校审意见进行修改的图是一张 CAD 图吗？答案当然是"yes"。

虽然中间也会有一些比较难说清楚的情况，但总体来看判断 CAD 的难度不大，甚至可以用一个百分比来把这件事情讲清楚：即这是一张百分之多少的 CAD 图。

同样一件事情，对 BIM（建筑信息模型）来说，难度就要大得多。事实上目前有不少关于某个软件产品是不是 BIM 软件、某个项目的做法属不属于 BIM 范畴的争论和

探讨一直在发生和继续着。

那么如何判断一个产品或者项目是否可以称得上是一个 BIM 产品或者 BIM 项目，如果两个产品或项目比较起来，哪一个的 BIM 程度更高或能力更强呢？

一、BIM 能力成熟度模型

美国国家 BIM 标准（National Building Information Modeling Standard——以下简称 NBIMS）提供了一套以项目生命周期信息交换和使用为核心的可以量化的 BIM 评价体系，叫做 BIM 能力成熟度模型（BIM Capability Maturity Model，以下简称 BIM CMM），如图 1.6-1 所示。

横轴是对 BIM 方法和过程进行量化评价的 11 个要素，纵轴把每个要素划分成 10 级不同的成熟度，其中 1 级表示最不成熟，10 级表示最成熟。例如第 8 个要素的图形信息（Graphic Information），第 1 级为"纯粹文字，没有图形"，第 10 级为"nD-加入时间成本等"。

二、BIM CMM 计分表

BIM CMM 采用百分制计分，当确定了上述 11 个要素的权重系数以后，计分表也就确定了（见表 1.6-1）。

表 1.6-1

要素/权重	数据丰富	生命周期	变更管理	角色专业	业务流程	及时响应	提交方法	图形信息	空间能力	信息准确	互用/IFC
成熟度/分值	1.1	1.1	1.2	1.2	1.3	1.3	1.4	1.5	1.6	1.7	1.8
1（最不成熟）	0.84	0.84	0.9	0.9	0.91	0.91	0.92	0.93	0.94	0.95	0.96
2	1.68	1.68	1.8	1.8	1.82	1.82	1.84	1.86	1.88	1.9	1.92
3	2.52	2.52	2.7	2.7	2.73	2.73	2.76	2.79	2.82	2.85	2.88
4	3.36	3.36	3.6	3.6	3.64	3.64	3.68	3.72	3.76	3.8	3.84
5	4.2	4.2	4.5	4.5	4.55	4.55	4.6	4.65	4.7	4.75	4.8
6	5.04	5.04	5.4	5.4	5.46	5.46	5.52	5.58	5.64	5.7	5.76
7	5.88	5.88	6.3	6.3	6.37	6.37	6.44	6.51	6.58	6.65	6.72
8	6.72	6.72	7.2	7.2	7.28	7.28	7.36	7.44	7.52	7.6	7.68
9	7.56	7.56	8.1	8.1	8.19	8.19	8.28	8.37	8.46	8.55	8.64
10（最成熟）	8.4	8.4	9	9	9.1	9.1	9.2	9.3	9.4	9.5	9.6

例如，第一个要素数据丰富性（Data Richness）的最高分为 8.4 分，最低分为 0.84 分，

要素成熟度描述	数据丰富 Data Richness	生命周期 Lifecycle Views	变更管理 Change Management	角色专业 Roles or Disciplines	业务流程 Business Process	及时响应 Timeliness/Response	提交方法 Delivery Method	图形信息 Graphic Information	空间能力 Spatial Capability	信息准确 Information Accuracy	互用/IFC Interoperability/IFC Support
1(最不成熟)	基本核心数据	没有完整的项目阶段	没有变更管理能力	单一角色没有完全支持	和业务流程无关	大部分响应需要手工重新收集信息在哪儿	只能单机访问BIM	纯粹文字	无空间定位	没有准确度	没有互用
2	扩展数据集	规划和设计	知道变更管理(CM)	只支持单一角色	极少流程收集信息	大部分响应需要手工重新收集但知道在哪儿	单机控制同	2D图形,非智能,非NCS(美国CAD标准)	基本空间定位	初步的准确度	勉强互用
3	增强数据集合	加入施工/供应	知道CM和根本原因	部分支持两个角色	部分流程收集信息	数据请求不在BIM中	网络口令控制	NCS 2D智能	空间位置确定	有限准确度,内部空间	有限互用
4	数据+若干信息	包括施工/供应	知道CM,根本原因分析(RCA)	完全支持两个角色	大多数流程收集信息	有限的响应信息在BIM中	网络数据存取控制	NCS 2D智能设计图	空间位置,GIS和BIM部分信息交流	完全准确度,内部空间	有限信息通过产品之间进行转换
5	数据+扩展信息	包括施工/供应和预制	实施变更管理	部分支持规划,设计,施工	所有流程收集信息	大多数响应信息在BIM中	有限的web服务	NCS 2D智能,竣工图	空间位置,GIS/BIM信息分享,但没有互用	有限准确度,内部和外部空间	大部分信息通过产品间转换
6	数据+有限权威的信息	加入有限的运营和维护	初期变更管理过程得到反馈	支持规划,设计,施工	极少数流程维护信息	所有响应信息在BIM中	完全web服务,部分信息完全保障	NCS 2D智能,实时	空间位置,GIS/BIM完全信息分享	完全准确度,内部和外部空间	所有信息之间转换
7	数据+相当权威的信息	包括运营和维护	CM和RCA能力得到实施	部分支持运营维护	所有流程维护信息	所有可以实时反馈从BIM中获取	web环境,人工信息安全保障	3D智能图	BIM部分集成进GIS环境	有限的自动计算	有限信息使用IFC进行互用
8	完全权威的信息	加入财务	业务流程由RCA和反馈循环到CM	支持运维	部分流程实时收集信息	有限的实时访问BIM	web环境,良好信息安全保障	3D智能,实时	BIM大部分集成进GIS环境	完全自动计算	更多信息使用IFC进行转换
9	有限知识管理	完整的设施生命周期收集	CM和RCA反馈循环有反馈	支持项目生命周期内的所有角色	部分流程实时收集信息	完全实时访问BIM	网络中心技术,SOA架构,人工管理	4D-加入时间	BIM完全集成进GIS环境	自动计算,有限度量准则	大部分信息(70%~90%)使用IFC进行转换
10(最成熟)	完全知识管理	支持外部系统	日常业务流程全部由CM/RCA和反馈循环支持	支持所有内外部角色	所有流程实时收集和维护信息	实施动态供应	网络中心技术,SOA架构,自动管理	nD-加入时间,成本等	和信息流一起完全集成进GIS环境	自动计算,完全度量准则	全部信息IFC转换

图1.6-1

当数据丰富性处在第 5 级成熟度的时候，这个要素得分为 4.2 分。

三、BIM CMM 计分举例

当我们对于某一个被评测对象的 11 个要素选择了各自的成熟级别以后，分别从上述计分表中找出对应的分数，累加以后就可以得到这个对象的 BIM 得分。

下面的例子我们分别选择 11 个要素的成熟级别如表 1.6-2 所示：

表 1.6-2

序号	要素	成熟级别
1	数据丰富性（Data Richness）	2
2	生命周期（Lifecycle Views）	1
3	变更管理（Change Management）	2
4	角色或专业（Roles or Disciplines）	3
5	业务流程（Business Process）	1
6	及时性/响应（Timeliness/Response）	1
7	提交方法（Delivery Method）	3
8	图形信息（Graphic Information）	3
9	空间能力（Spatial Capability）	1
10	信息准确度（Information Accuracy）	2
11	互用性/IFC 支持（Interoperability/IFC Support）	2

这样就得出这个评测对象的得分为 19.1 分。根据 NBIMS 的规定，2009 年最低标准的 BIM 为 40 分（也就是说这个例子没有达到 BIM 的最低标准），50 分为通过 BIM 认证，70 分银牌 BIM，80 分金牌 BIM，90 分白金 BIM，本案例离通过 BIM 认证还差 30.9 分。如图 1.6-2 所示。

© NIBS 2007

BIM 能力成熟度模型

关心区域	权重系数	成熟等级选择	得分
数据丰富性	84%	扩展数据集	1.7
生命周期视角	84%	不完整项目阶段	0.8
变更管理	90%	开始	1.8
角色或专业	90%	部分支持两个角色	2.7
业务流程	91%	流程分离没有集成	0.9
及时性 /响应	91%	大部分响应信息手工收集-缓慢	0.9
提交方式	92%	网络访问口令控制	2.8
图形信息	93%	NCS（美国CAD标准）二维非智能	2.8
空间能力	94%	无空间定位	0.8
信息精度	95%	初始精度	1.9
数据互用 /IFC 支持	96%	勉强互用	1.9
		得分合计	19.1
		成熟度级别	没有认可

National Institute of BUILDING SCIENCES
Facilities Information Council
National BIM Standard

管理

认可等级要求得分		
低分	高分	没有认可
40	49.9	最低 BIM
50	69.9	认可
70	79.9	银牌
80	89.9	金牌
90	100	白金

离认可还差分数:	"	30.9

图 1.6-2

四、关注区域图

根据上述评分案例,还可以得到下列关注区域图(图1.6-3),每一个要素的成熟度情况和改进方向一目了然。

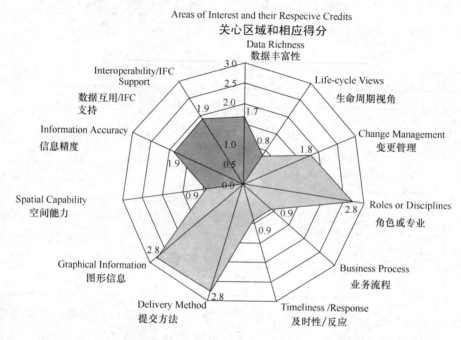

图1.6-3

五、对我国BIM发展的借鉴意义

NBIMS的BIM能力成熟度模型虽然本身也还处于不断发展的过程当中,而且对于要素种类、权重和数量的确定,成熟度各个级别的定义和总级别数量的确定,以及总体BIM成熟度的分级条件等都还有不少可以商榷的地方,加上我国工程建设行业的实际情况跟美国相比也存在着各种各样的差别,完全按照这套模式对中国的BIM过程、方法、产品、应用进行评价应该会有一定的不合适甚至不合理的地方,但是总体来说使用这套模式对我们目前进行的BIM工作进行评价已经具有非常实际的参考意义。

这套工作方法对我国的BIM发展至少有如下两点非常直接有效的借鉴意义:
- 使用其他行业已经非常成熟的能力成熟度模型(CMM)来建立BIM评价体系,可以充分利用前人和其他行业的工作成果,也有利于应用推广;
- 评价体系(包括标准)和BIM本身一起逐步发展和逐步完善,互相促进的同时互为制约,让业内人士既有章可循又不故步自封,而不是等到BIM应用成熟了再来制定标准。

各位同行，算一算，您的那个 BIM 到底能得多少分？

1.7 理一理，BIM 究竟处在建筑业的什么位置

奥美创始人大卫·奥格威认为决定一个广告好坏的关键因素就两个字——定位，对于 BIM 的讨论也是同一个道理。

当 BIM 作为一个专有名词进入工程建设行业的第一个十年到来的时候，其知名度正在呈现爆炸式的扩大，但对什么是 BIM 的认识却也是林林总总，五花八门。

在众多对 BIM 的认识中，有两个极端尤为引人注目。其一是把 BIM 等同于某一个软件产品，例如 BIM 就是 Revit 或者 ArchiCAD；其二认为 BIM 应该囊括跟建设项目有关的所有信息，包括合同、人事、财务信息等。

要弄清楚什么是 BIM，首先必须弄清楚 BIM 的定位，那么 BIM 在建筑业究竟处于一个什么样的位置呢？

建设部信息化专家李云贵先生对我国建筑业信息化的历史归纳为每十年解决一个问题：

- 六五～七五（1981～1990）：解决以结构计算为主要内容的工程计算问题（CAE）；
- 八五～九五（1991～2000）：解决计算机辅助绘图问题（CAD）；
- 十五～十一五（2001～2010）：解决计算机辅助管理问题，包括电子政务（e-government）、电子商务（e-business）、企业信息化（ERP）等。

十一五结束以后的建筑业信息化情况可以简单地用图 1.7-1 来表示：

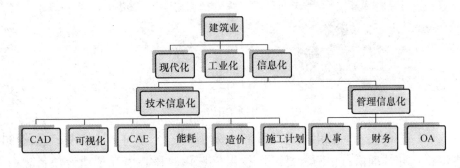

图 1.7-1

用一句话来概括就是：纵向打通了，横向没打通。从宏观层面来看，技术信息化和管理信息化之间没关联；从微观层面来看，CAD 和 CAE 之间也没有关联。

换一个角度也就是，接下来建筑业信息化的重点应该是打通横向。而打通横向的基础来自于建筑业所有工作的聚焦点就是建设项目本身，不用说所有技术信息化的工作都是围绕项目信息展开的，即使管理信息化的所有工作同样也是围绕项目信息展开的，是为了项目的建设和营运服务的。

就目前的行业发展趋势分析，BIM作为建设项目信息的承载体，作为我国建筑业信息化下一个十年横向打通的核心技术和方法已经没有太大争议。

基于对我国建筑业信息化发展和BIM技术的理解，我们可以用图1.7-2来描述BIM在建筑业的位置：

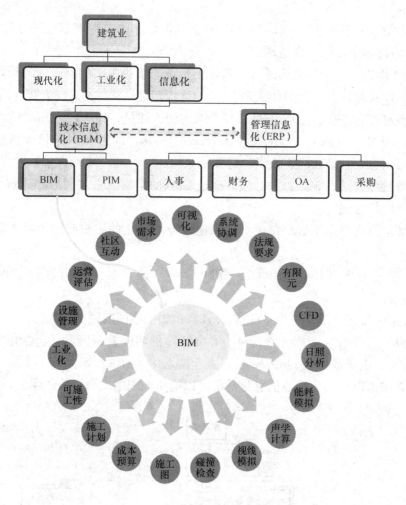

图1.7-2

现代化、工业化、信息化是我国建筑业发展的三个方向，建筑业信息化可以划分为技术信息化和管理信息化两大部分，技术信息化的核心内容是建设项目生命周期管理（BLM-Building Lifecycle Management），企业管理信息化的核心内容是企业资源计划（ERP-Enterprise Resource Planning）。

如前所述，不管是技术信息化还是管理信息化，建筑业的工作客体是建设项目本身，因此，没有项目信息的有效集成，管理信息化的效益也很难实现。

技术信息化可以划分为BIM（Building Information Modeling 建筑信息模型）和PIM（Project Information Management 项目信息管理）两个部分，其中BIM的主要角色是创建信息，PIM的主要角色是使用信息（管理、分享是为使用服务的）。因此可以形象地把BIM的目的归纳为做对图，把PIM的目的归纳为用对图。

BIM通过其承载的工程项目信息把创建信息（做对图）的其他技术信息化方法如CAD/CAE等集成了起来，从而成为技术信息化的核心或者说技术信息化横向打通的桥梁。

我们可以这样预计中国建筑业信息化的未来十年：
- 十二五～十三五（2011～2020）：BIM

1.8 看一看，BIM需要在哪几个方面投资

McGraw Hill（麦克格劳·希尔）在2009年发布的市场调研报告"The Business Value of BIM—Getting Building Information Modeling to the Bottom Line"中对美国建筑业企业为提升BIM能力而进行的投资项目进行了统计分析，这个资料对国内无论正在计划还是已经开展BIM应用的企业都应该具有借鉴意义，兹介绍如下，供同行们参考。

调研表明，企业类型的不同以及企业实施BIM阶段的不同，BIM投资的侧重点会有所区别，但总的来说美国建筑业企业反应的BIM投资方向主要有以下几个方面。

一、BIM软件

- 软件是驱动BIM的工具，建筑师和承包商带头，半数集中于软件投资；
- 由于软件是进入BIM的初始成本，因此刚开始使用BIM的企业把软件作为最高优先级的投资，而有BIM经验的企业其优先级会相对较低；
- 68%的专家用户认为软件是初始投资焦点，但更多的人认为是连续投资；
- 半数用户希望五年内软件作为优先投资。

二、建立企业内部BIM协同流程

- 建立BIM协同环境一直会是工作重点；
- 半数建筑师和承包商现在就着重投资建立BIM协同流程，半数所有用户认为建立BIM协同流程将是5年内的投资重点；
- 越有经验的BIM用户越认为建立BIM协同环境的重要。

三、宣传推广企业BIM能力

- 作为一种处于成长中的技术，BIM的呼声越来越大。43%的企业进行市场投资使其客户知道他们的BIM能力；
- 大多数BIM专家级用户（69%）急于对自己的BIM能力进行推广，而想这样

做的 BIM 入门用户只有 18%；
- 五年内所有用户希望宣传企业 BIM 能力成为企业最高优先级的投资，包括今天的入门用户。

四、BIM 培训

- 培训是一个关键的投资，尤其对于 BIM 的新用户来说；
- 入门用户把培训作为最高优先级的投资，成熟用户对培训投资的优先级相对低一些；
- 半数用户把培训作为五年内的投资重点。

五、硬件新购和升级

- 37% 的用户把解决硬件问题作为投资重点；
- 所有用户认为未来几年硬件肯定是一个必须解决的问题。

六、建立外部合作伙伴 BIM 协同流程

- 对业主来说建立项目团队成员之间的 BIM 协同环境要比其他方面的投资重要得多，因为大部分业主依靠其他项目成员生成 BIM 内容，他们对建立在这些数据基础上继续工作的能力非常有兴趣。这也反映了业主对团队合作的渴望。
- 专家型用户也把建立外部 BIM 协同流程作为高优先级的工作内容，表明他们已经基本完成了内部 BIM 流程的建立，正在寻求和外部团队的集成。
- 所有用户都认为和其他项目成员的协同将在 5 年内成为最高优先级的投资。

七、软件客户化和数据互用解决方案

- 在软件或平台之间互相不兼容的时候，BIM 的生产力大打折扣。
- 尽管如此，也只有少数用户表示要在解决这个问题上有较大投入。

八、开发 3D 模型库

- 投资开发 3D 模型库对设计机构来说尤为重要，即使如此，他们也把这个工作列为最低优先级。

我们可以把上述八个 BIM 投资项目划分成四类，如图 1.8 所示。

对于国内企业而言，我认为其中的三项内容尤其应该引起重视，这些内容属于在我们的工作计划和工作习惯中容易被忽视的部分：

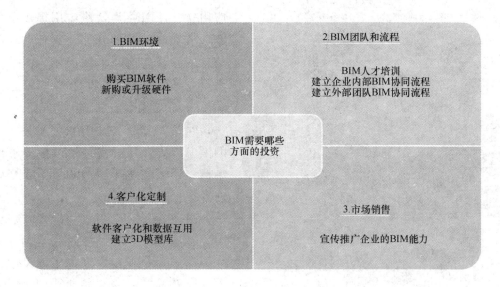

图 1.8

- 宣传推广企业的 BIM 能力：把企业的 BIM 能力转化为企业的盈利能力；
- 建立企业内部 BIM 协同流程：流程是 BIM 价值（也就是企业生产力和企业盈利能力）的放大器；
- 建立外部合作伙伴 BIM 协同流程：使用 BIM 内容的人越多，BIM 给项目带来的价值越大。

1.9　听一听，广州深圳同行都关心 BIM 的一些什么问题

由中国房地产业协会商业地产专业委员会主办、优比咨询和思贝德承办、Autodesk 支持的 BIM 技术应用研讨会分别于 2010 年 4 月 20 日和 22 日在深圳、广州举行，共有来自房地产开发商、设计院、施工企业以及科研院校的 260 人参加了深穗两地的活动。

会议邀请中港两地的专业人士围绕 BIM 有关的内容和与会同行进行了交流，给我印象最深刻的是来宾提问环节，自 2004 年开始在国内推广 BLM（Building Lifecycle Management 建设项目生命周期管理）/BIM 以来，如此踊跃的提问数量和实用的提问内容记忆中还从来没有碰到过，也许这就是 BIM 即将放量普及前的春潮涌动？！

特记录其中本人回答的一些问题与同行分享，或许对大家有些参考意义。

问题 1：BIM 能做的事情那么多，横跨整个项目生命周期的各个阶段，是否需要多个软件才能完成？

回答 1：没错，完成不同的任务需要不同的软件。如图 1.9-1 所示，BIM 能够支持的应用很多，几乎每一种应用都需要专门的专业知识和技术人才，当然也需要专门的

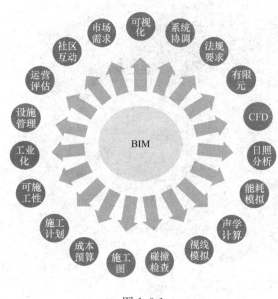

图 1.9-1

应用软件，BIM 为这些应用提供所研究项目本身的有关几何、物理和功能信息。尽管有这么多的应用，但基本上可以分为两大类，即建立 BIM 模型和使用 BIM 模型信息。

问题 2：施工过程中除了项目本身的模型以外，还有支撑、模板等辅助结构，BIM 建模是否也能包含这些内容？

回答 2：能够包括而且必须包括。BIM 在施工计划和施工过程上的 4D/5D 模拟应用就是综合考虑了建设项目本身以及施工机械、辅助结构、施工方法以后的实际现场情况按时间的发展和变化过程。

问题 3：怎么样才能让 BIM 在设计院真正发挥生产效益？

回答 3：BIM 的实施要比 CAD 难得多，因为 BIM 不仅改变了工具也改变了内容（从二维图纸到多维信息模型）。我们的经验，一个企业要让 BIM 成为生产力，至少需要经过三个步骤：首先是培训和招聘 BIM 人才，其次是用 BIM 做一个实际项目，第三是建立企业的 BIM 工作流程。

问题 4：BIM 在项目的什么阶段应用比较有效？

回答 4：这个问题问到了点子上。虽然 BIM 在项目的任何阶段使用都能产生效益，但什么时候使用 BIM 的投资回报最大呢？我们的经验和理解是：施工招标开始以前，也就是规划和设计阶段，我们把这个阶段形象地叫做纸上谈兵阶段。这个阶段的花费只占项目投资的 2~5 个百分点，但决定的却是项目投资的 75％以上，而且因招标图纸本身的问题引起的成本增加和工期延误都将由甲方自行承担。因此，如果从项目投资方和项目整体收益的角度考虑，在施工招标开始以前，借助 BIM 技术解决招标图纸中可能存在的问题，将是 BIM 应用最好的一个切入点。

问题 5：感觉 BIM 在设计院实施难度挺大的，要怎么样才能让 BIM 在设计院真正用起来产生实际的价值？

回答 5：我们把这个过程叫做"企业 BIM 生产能力建设"。CAD 可以通过一个人学会软件使用甩掉图版而形成一定的生产能力，而要使 BIM 真正成为企业的生产能力，远比 CAD 的过程来得复杂。总体来说可以通过如图 1.9-2 所示的几个步骤来实现：

欢迎全国各地的 BIM 战友们一起来研究、

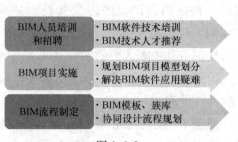

图 1.9-2

探讨和分享有关 BIM 的问题及见解，为 BIM 在中国工程建设行业的普及应用添砖加瓦。

1.10　再理一理，BIM 处在这个世界的什么位置

明确 BIM 所处的位置有助于我们学习使用 BIM 为提升工程建设行业的生产效率和技术水平服务，也是进一步弄清楚 BIM 到底能在多宽范围内、多大程度上给建筑业带来多大的价值这个问题的基础。当然这个问题的本质是 BIM 在工程建设行业的地位问题，是一个还需要我们不断探索和实践的问题。

在"理一理，BIM 究竟处在建筑业的什么位置"这篇博文中，我们讨论了 BIM 在我国建筑业及建筑业信息化中的位置，现在让我们一起来看看 BIM 在这个世界中处在什么位置。

美国国家 BIM 标准（NBIMS - National Building Information Modeling Standard）定义了由 4 个层面组成的信息交换层次结构：
- 层次 1：信息交换和对象，从信息流动的视角观察
- 层次 2：模型视图，从不同项目角色的视角观察
- 层次 3：生命周期，从项目不同阶段的视角观察
- 层次 4：社会层面，从整个世界的视角观察

在上述的层次 4 中美国 BIM 标准用两张图描述了 BIM 在世界位置。

图 1.10-1 本质上描述的是工程建设项目（Facility/Built—设施或建成物）在世界

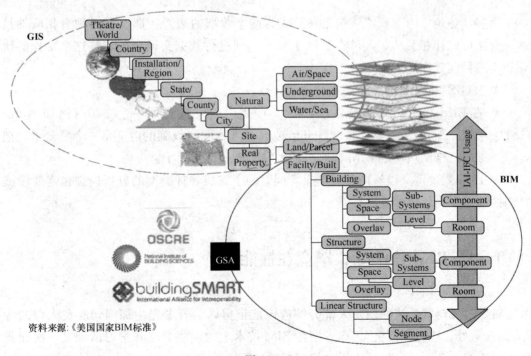

资料来源：《美国国家BIM标准》

图 1.10-1

中的位置，从左上角开始逐级细化分别为：世界—国家—地区—州—县—城市—场地—不动产—设施/建成物，当然这个划分是根据美国的行政区划进行的。

设施以外和设施以内是一种最简单的区分方法，传统上这两种角色属于不同的两个领域，其中设施以外的部分属于 GIS 的工作范畴，设施以内的部分属于 BIM 的工作范畴，图中的虚线圈、实线圈及 GIS、BIM 字样是作者加上去的。

该图不但确定了 BIM 在世界中的位置，也同时定义了信息是如何从一个设施或建成物的最小组成部分（房间、构件等）逐步累进到整个世界的视角中去的。美国 BIM 标准就是从这样一个角度去定义 BIM 的领域的。

图 1.10-2 描述了 GIS 和 BIM 的关系，当然图中的虚线圈、实线圈和文字也是作者加的。

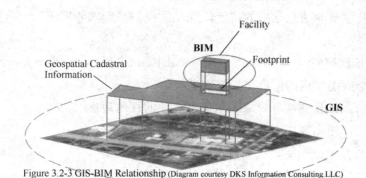

Figure 3.2-3 GIS-BIM Relationship (Diagram courtesy DKS Information Consulting LLC)

资料来源：《美国国家BIM标准》

图 1.10-2

既然"建筑之内"和"建筑之外"成为两个领域的边界，那么就必须有相应的技术和方法可以让相关从业人员在这两个领域之间进行数据交换和分享，这个工作的研究和实践目前都在进行中。

关于 GIS 和 BIM 的关系还需要说明几点：

● 在 BIM 登上历史舞台以前，图 1.10-2 中的设施就是一个二维（例如 AutoCAD）或者三维的图块（例如 Sketchup 或 3DS MAX），设施的内部是一个黑盒子。把这些二维或三维图块换成 BIM 模型以后，情况就完全不同了。

● BIM 需要定义设施内部的信息，同时为了完成各种类型的分析模拟也需要设施外面的地理空间信息；反之亦然。

1.11 BIM 佳绝处，毕竟在性能

游览过无锡鼋头渚的朋友大部分都应该能记得郭沫若老先生那两句脍炙人口的诗"太湖佳绝处，毕竟在鼋头"。而近期在 BIM 技术上的一些交流和学习活动又一次让我想起了这两句诗，并且打油成了这篇文章的标题。

上面提到的这些交流和学习不管是跟政府主管部门和业主,或者是跟设计单位和软件服务企业,他们所认识、所追求、所实践、所服务的范围很广,各自所处的位置和工作的目的也不尽相同,但都毫无例外地指向了同一个方向,那就是建筑物的性能。

事实上,提高建筑物的性能正是 BIM 的精要所在,而这一点在目前国内的 BIM 研究和应用中却经常被有意无意地忘却,反而对消除设计施工错误的诸如碰撞检查、4D 模拟等应用被每每提及,看来非常有必要在 BIM 应用快速普及的今天,请同行们不要忘记"BIM 佳绝处,毕竟在性能"啊。

一、广州市规划局用 BIM,让"宜居"数字化

跟广州市规划局自动化中心谢宜先生的结识起始于 2007 年初,当时我在欧特克负责广州市规划局联手 Autodesk 合作成立"中国城市数字规划研究中心"的事情,几年下来,谢宜一直在致力于基于 BIM 的城市建设微环境生态模拟与评估的应用研究工作,近日跟谢宜学习了一下他的研究成果,基本上可以用图 1.11-1 简单地加以说明:

评估内容	现有评估方法	基于BIM的生态模拟量化方法
日照分析	系数管理,采用二维图示,不考虑立面详细日照	全三维显示,建筑物任意立面,地面在考虑遮挡情况下的日照时间,并分析建筑物的日照时间段、被遮挡时间段
通风分析	经验、开敞引入自然风、通风廊道	采用CFD流体力学模型进行分析,数据采用气象数据,并采用多级CFD模型计算,可详细描述风的流向、风速、空气龄和热岛区域等数值
热工分析	没有	能分析建筑物太阳热量收集、包括热量反射、辐射等,分析建筑物全立面和建筑物内在考虑遮挡情况的温度分布区域
能耗分析	通过区域调查	模拟在各个不同人口数量时的区域能量消耗,包括水,电、热、氧气及二氧化碳排放等
噪音分析	经验	采用三维音源分析、噪声在带地形建筑物之间的反射、衰减
景观可视度	经验	通过详细的遮挡计算分析区域内景观各个地方对目的景观的可视区域

图 1.11-1

目前全国各地都在朝着打造低碳城市、生态城市、绿色城市、宜居城市的方向努力,那么什么样的城市或者区域才称得上宜居呢?需要用哪些指标来评估呢?这正是图 1.11-1 方框中的工作要回答的问题。下面这张关于区域景观可视度的图(图 1.11-2)能够给大家一个更直观的认识。

该图主要模拟了在区域内对地标建筑的可视度分析,从结果可以清晰地看到城市道路上对该地标建筑的可视度分布。图例表示景观建筑被可视面积的大小,由深到浅对应面积为 0~2800 平方米。在道路上网格的颜色区域变化则显示了能看到景观建筑的区域变化。

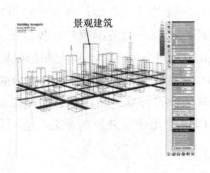 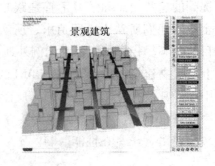

图 1.11-2

二、上海中心用 BIM，打造双绿色认证超高层

2010 年 5 月 17 日参加了上海中心大厦建设发展有限公司和 Autodesk 联合主办的上海中心项目 BIM 技术应用战略合作协议签约仪式，以及随后举行的"工程信息化的实践与探讨"主题论坛。

在会上，"上海中心"董事长孔庆伟表示，作为上海未来的标志性建筑，我们力争将"上海中心"打造为"节能、绿色、环保"的超高层建筑。因此，上海中心不断借鉴各方智慧，运用最领先的技术和理念，致力于倡导绿色建筑、完善区域功能、丰富城市空间、推进科技创新。在项目管理上积极实践工程信息化，无论是设计、施工还是未来的运营均要求采用建筑信息化系统，以提高管理水平，有效实现高标准、高效率、低能耗、低排放的目标。

会议期间，跟上海中心设计总监葛清先生进行了比较深入的交流，从以下葛清对上海中心项目建设发展目标的个人诠释上也充分体现了上海中心整个团队的工作理念。

上海中心高 632 米，是目前中国第一全球第二的超高层建筑，但上海中心不轻易地以这个中国第一的高度作为其着力点，而是致力于通过上海中心的建设发展探索、实践、总结一套适合于国内城市超高层建筑绿色、节能、安全的建设运营方法，这对于类似上海那样人口密度大、土地资源缺乏的国内大都市来说，无疑具有非常现实和重要的社会及经济意义。

上海中心的目标是成为国内第一个同时具有中国绿色建筑和美国 LEED 绿色建筑双认证的超高层建筑，一个比成为中国第一高楼更有意义，当然也更难实现的目标。

我们预祝上海中心打造高性能建筑的目标取得圆满成功！

三、现代集团用 BIM，性能设计放在第一位

2010 年 5 月 20 日和现代集团高承勇总工程师、王国俭副总工程师、李嘉军信息中心主任，现代都市建筑设计院花炳灿总工程师等专家进行交流，让我受益良多，大受

启发。

高总开门见山，一开始就说，应用BIM技术最大的价值应该是在能够设计出高性能的建筑物上，然后才是在帮助消除设计施工过程的错误等其他方面上。

高性能建筑的设计建立在对建筑物进行不同领域、不同专项的分析模拟优化上。在目前使用的技术手段和产品工具条件下，每做一种不同类型的分析模拟，都需要重新建立适合这类分析模拟的计算模型。这样就带来了两个问题，首先项目进展的计划上没有足够的时间让设计师这么做；其次每一个这类分析模拟的计算模型和实际建筑物的差距到底有多大不容易判断，特别是在考虑了设计施工过程中项目变更的情况以后。因此目前这类关于建筑性能的分析模拟工作主要是被动的以满足规范要求为目的的，离主动的以设计高性能建筑为目标的分析模拟优化要求还有相当大的距离。今天看来，要实现这个目标，需要一个合适的技术支撑手段，这个手段就是BIM，条件是能够实现BIM模型信息的无缝交换。

高总的讲话让我想起了一张非常有影响力的图（图1.11-3）：

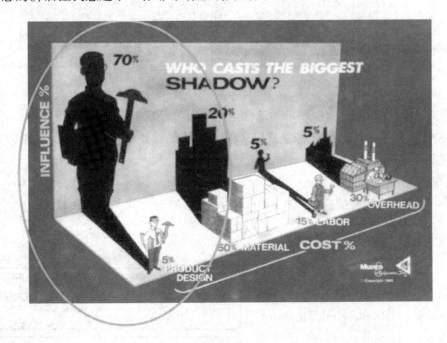

图1.11-3

设计本身虽然只占产品生命周期成本的5%，但是却决定了总成本的70%。根据美国bSa（buildingSMARTalliance）的资料，建筑物建设过程的成本只占生命周期总成本的25%，而使用运营阶段的成本却要占到75%。性能对建筑物生命周期成本的影响由此可见一斑。

可喜的是，现代集团在前几年成功实施企业级协同设计平台的基础上，正在研究、实践以BIM技术为基础、以建筑性能为核心的数字化设计支撑系统，我们有充分的理由相信，这个系统的成功不仅对于现代集团保持行业领先地位，而且对于推动整个勘察设计行业技术水平的提升都将产生非常积极的意义。

四、凯德数值用 BIM，集成 CAE/CWE/PDM

岂止无独有偶，而且有三有四。2010年5月18日跟上海凯德数值信息科技有限公司汪丛军和张昕两位专的家交流又一次把注意力集中到了工程项目的性能上。图1.11-4是凯德数值主页上关于其服务内容的介绍：

图 1.11-4

鉴于本人知识和能力的局限，无法在这里展开介绍凯德数值的这些专业服务内容，我们把这个工作留给凯德数值的专家们来做。我从他们正在从事的工作中体会到了凯德数值的两个侧重点：

- 专注 BIM 信息的应用
- 专注建筑性能的研究

五、美国 BIM 标准对 BIM 价值的定义

最后我们回头来看看美国 BIM 标准（NBIMS - National Building Information Modeling Standard）对 BIM 价值的定义（图中的中文和方框是作者加的，内容和顺序按照原文），如图 1.11-5所示。

美国 BIM 标准对 BIM 价值定义可以分成五种类型，即性能、效率、质量、安全和可预测性，其中性能也排在了首当其冲的位置。

性能	• Better understanding of design concepts–shared understanding of issues 更好理解设计概念—共同理解存在的问题 • More focus on value–added tasks 更专注于增值的任务
效率	• Faster cycle times 更快的循环周期
质量	• Reduced errors and omissions 减少错误和遗漏 • Less waste:rework,materials,time 更少浪费:重复劳动、材料、时间 • Fewer translation errors and losses 更少的转换错误和损失
安全	• Increased site safety 提升现场安全
可预测性	• Better estimates–cost and time 更好的预计—成本和时间

图 1.11-5

评论与回复

【zfbim 2010-05-31 10:54:11】

何老师这篇文章使BIM的应用方向再次清晰明确：在设计院，BIM的一大应用就是优化提升建筑物的性能，是设计院对BIM的本位理解及务实应用，同时也点明设计院的BIM与施工及运维所需的BIM不是一回事。

用于建筑物能量分析的体量三维模型只是一张外皮，拿来做后期的专业间碰撞及4D显然是不合格的；同时用于做专业碰撞及4D的完整实体模型拿来搞能量分析也是不切实际的（庞大的实体数据信息只会让能量分析软件崩溃）。

应用目标的不同决定了两种完全不同的BIM方向，所以上海中心这样的项目，设计院做一套BIM，施工方再做一套BIM也就完全可以理解。

【博主回复：2010-06-14 08:57:43】

关键不在形式，而在价值，最常用的说法叫投资回报，经济上合算是决策形式、过程和方法的关键考虑因素。

【新浪网友 2010-06-14 06:39:53】

本人才疏学浅，对BIM的理解自然没上层次。但楼上说设计院和施工方各做一套BIM完全可以理解，的确令人费解。

本人愚见：BIM应该有个"协同"的理念吧？既然是"协同"，自然业主、设计、施工等几方在信息共享方面应该是"协同"，如果各做一个，那还有什么效率可言？施工方又分土建、安装、装饰等，如果再各分一套，更不是天下大乱？

写了上述文字，又觉得可能是自己理解不够深入，理解偏颇，尚请谅解，惴惴焉……

【博主回复：2010-06-14 08:53:53】

网友的理解完全正确，而且非常到位。事实上BIM的核心问题就是信息的有效利用问题，但要在很高程度上实现这个目标需要克服的障碍远比技术本身要来的复杂，因此在实际实施的过程中不同项目成员各做自己的一套"BIM"是不能跨越的现实，或者说是实现BIM大同的必由之路。正可谓"前途是协同的，道路是离散的"。

【andesen 2010-06-14 14:06:13】

拜读了何前辈的所有博文，自是受益匪浅，让我在BIM的理解上更近一步。为此，特注册一个新浪博客，以便与何老更深入地学习与探讨。

早年从事过建筑设计工作，后专业从事IT类相关。BIM从耳濡目染到现在有意识地去学习，已经有了个不长的过程。或许把BIM可以理解为一种思想、一种概念或者一种解决方案，其实现的手段就是信息技术，而不能简单地理解为特定的软件如：Revit。把BIM简单地Autodesk化，应该也算是理解不够完整所致。

之所以有上述想法，是因为鄙人所在公司为施工安装行业，有位同事仁兄不遗余力地推行BIM，精神可谓"可嘉"。敬佩之余，深感有本末倒置之嫌。

探讨之一：谁来主导 BIM 的应用。BIM 的核心是"信息"，信息的有效复用贯穿在建筑本身的整个生命周期。如此，由业主来主导自是从单体建筑来说的最佳选择。或可描述这样一个理想蓝图：业主要求建立整个建筑的信息模型→》设计院采用实现 BIM 的相关系统→》施工方按照 BIM 产生的结果进行施工（过程当然还应有监理方利用 BIM 的结果进行监督）→》移交物业进行管理（这样理解比较狭隘，与何老师相关文章不符，暂且认知）。这样信息能够在整个流程中得以传递，中间任一环节做修改，都能在同一平台上得出反应。从大的社会氛围来说，由政府或行业协会主导，更有利于 BIM 的推进，如果任一建筑都具备了 BIM 所包含的信息，这不就是"物联网"中的一个组成部分？更具备概念炒作的一个素材。

【博主回复：2010-06-15 10：03：24】

andesen 网友的理解十分正确，BIM 是一种方法、技术，而不是某一个或几个软件，但软件是实现 BIM 必不可少的工具，因为一个工程项目的信息量之大手工无法处理。

至于谁来主导 BIM 这个问题本身应该不是一个问题，谁用 BIM 得益谁就成为主导，软件公司作为第一批的 BIM 主导正好也从某种程度上说明了这个问题。

【andesen 2010-06-14 14：06：46】

探讨之二：施工企业在实施 BIM 中能得到什么？BIM 概念的"复出"也不过6～7年的样子，在一个施工企业（限本公司）中能有这个影响力，不得不佩服相关人的"忽悠"能力。BIM 能够对施工企业带来效率、工期等等的好处均有描述，但抛开社会大背景来谈 BIM 的好处就是没有意义的争执。例如：施工企业的利润从哪里来？就是实施过程的价差和量差，施工方早已把投标取费标准的利润率"被"让给业主了，任何一建筑材料的价格也早已被日渐精明的业主打听的一清二楚，那利润来源就只能从"量"上做文章，透过 BIM，对"量"又一目了然……如果认为这个想法是狭隘的，但现实是把该明晰的账目弄得一塌糊涂，我们距离规范的市场还有很长的时间等待。再如：碰撞检查，这是 BIM 对 MEP 最有效的工具之一，但往往机电安装只是看到了自己水、电、风的碰撞，而横亘在眼前的一根大梁确视而不见，再就是国内施工工艺与图纸误差的距离，恐怕最终令 BIM 建立的碰撞检查只成为是：纸上谈兵。

本人愚见：BIM 是个好东西，也需要有人来倡导推行，何老做了很多这方面的工作，一直走在世人的前列。但距离 BIM 最终能在国内有一个很好的市场，还有很多诸如时间、社会文化的因素影响。

由于本人所在行业以及对 BIM 理解还远未成熟，出发点自也相对狭窄。上述仅代表了个人观点，偏颇在所难免，尚请何老见谅，再请何老多多批评指正，本人必定洗耳恭听！

【博主回复：2010-06-15 10：13：23】

达尔文研究进化得出的结论是："得以幸存的既不是最强壮的物种，也不是最聪明的物种，而是最适应变化的物种"，这个规律自然界如此，社会层面也是如此。施工企业作为社会这个生态环境的一个元素也要研究 BIM 在现在市场环境下的价值是什么，市场环境变化以后的价值是什么，才能用好 BIM 还有其他的新技术新方法，才能立于不败之地。正如您的探讨一里面说的那样，如果业主要求施工过程必须用 BIM，那施工企业应该怎么办呢？

1.12 BIM 思考——集成化、自动化还是平台化、系统化

作为国内 CAD 推广普及全过程和 BIM 从头至今整个过程的亲历者，我一直在思考这样一个问题：BIM 在中国的推广普及将会走一条什么样的路、将会是一个什么样的模式？

2010 年 6 月在上海有两位同行专家的见解让我受到了不小的启发，特梳理成文，供大家一起讨论。

中国建筑科学研究院软件所陈岱林所长在 CAD 发展历程的回顾中提到了当年高层结构分析软件 TBSA 超越其他竞争对手快速占领市场的过程，TBSA 的楼面自动导荷载功能起到了决定性的作用，自动化的作用可见一斑。

陈岱林先生虽然没有提到 PKPM 的成功过程，我想也离不开两个关键词：其一是集成化，结构建模、计算、设计、绘图工作的一体化集成，甚至建筑、结构、设备、造价、施工的一体化集成；其二当然是自动化，上述集成过程的高度自动化、低人工干预、快速成果提交。

联想到为国内建筑业 CAD 普及应用立下汗马功劳的 AutoCAD 二次开发软件（Autodesk 称之为第三方应用软件）如天正、鸿业、博超等，也无不验证着同样的成功法则：为各个专业提供设计绘图工具以自动化提高个人效率，为相关专业提供参考图纸以集成化提高团队效率。可以毫不夸张地说，如果没有这些二次开发软件，今天中国工程设计行业的 CAD 版图完全可能会是另外一幅场景，在这一点上，美国、欧洲、日本、中国香港的事实可以证明。

中石化工程公司的信息中心主任高学武先生则提出了另外一种看法，他认为国内用户和市场对自动化、集成化的偏爱在很大程度上影响了软件产品的研发、引进、实施和应用方向，从而严重阻碍了我国 CAD 软件开发和应用水平的提高。从全球设计软件研发应用的发展轨迹去观察，高学武先生认为平台化、系统化、专业化应该是工程建设类软件的发展方向。对于这个观点我举双手赞成。

大家知道，工程建设行业信息化技术的应用水平远远落后于制造业，而在工程建设行业内部，民用建筑设计领域的水平又大大落后于工厂设计领域，今天我们建筑业刚刚开始普及应用的 BIM 技术和方法实际上就是把制造业已经成熟的 PLM/PDM 技术以及工厂设计领域已经成熟的三维工厂设计技术移植应用到民用建筑和基础设施建设上来。

事实证明，以自动化和集成化为主要出发点的国内设计软件（包括二次开发软件）在为 CAD 普及应用立下汗马功劳的同时，除了影响软件开发和应用的方向以

外,也影响了建筑业同行使用软件的水平(会用天正,但不会用AutoCAD)以及专业知识和能力的应用水平(不了解软件的工作机制适用范围是什么,不知道软件的工作成果是否合理正确),使得大部分专业设计、施工人员只会用也只愿用傻瓜机式的软件。

上文一口气涉及自动化、集成化、平台化、系统化、专业化这么多名词,解释起来比较困难,如果把字典搬出来一个一个名词对照可能大家没晕作者就先晕过去了,因此不揣浅陋,也没有足够的科学根据,作了一张图试图形象化说明这个问题,如图1.12-1所示。

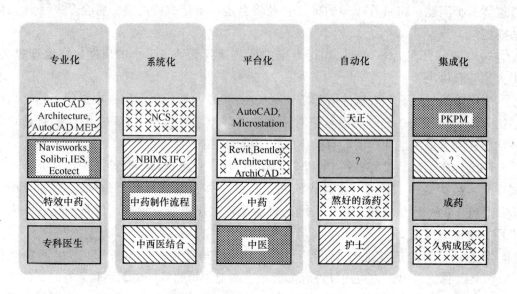

图 1.12-1

第一行是基于CAD技术的软件,第二行是基于BIM技术的软件,第三行是对不同方法和形式的软件的形象化比喻,第四行是对上述软件和方法使用者的比喻。

平台化是在一个统一的平台上提供一系列工具(各种中药),行业从业人员根据自己工作需要使用这些工具(开药方);系统化规范了工具使用的方法和流程,使得不同专业人员针对同一项目的不同问题时能够协同工作,而不是治脚的不管脑袋的事,各自为政;专业化是在平台化和系统化基础上的特殊问题解决方案。

自动化是最小化人工劳动的工作量;集成化是一个软件解决所有的问题。前者需要小心界定哪些人工劳动在什么条件下是可以被软件代替的,而后者的程度越高则适用性就越小。

过分强调平台化和系统化会增加软件应用难度、增加人工工作量,而过分强调自动化和集成化则会导致解决问题范围的缩小和专业技术人员能力的退化,在平台化、系统化前提下的自动化和集成化应该是BIM乃至建筑业信息化发展的一个方向,事实上专业化就可以看成是这种方向的一种体现。

最后我们来看看bSa赋予BIM的使命,这个使命就是支持建设项目生命周期内的设计、施工、运营、拆除等所有工作,如图1.12-2,显然自动化和集成化在实现这样的使命过程中

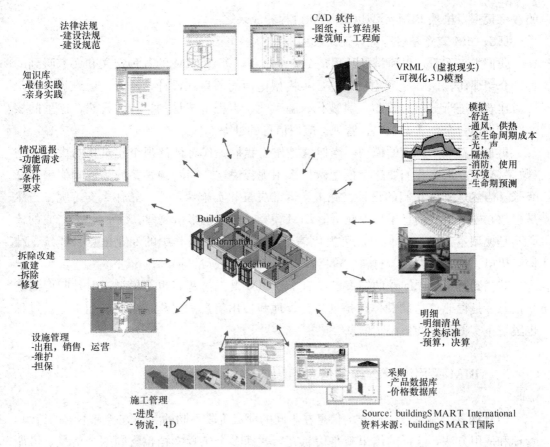

图 1.12-2

会碰到严重挑战,而只有平台化和系统化才有可能支持 BIM 实现这个使命。

1.13 那个叫 BIM 的东西究竟是什么(续)

我写同样题目的文章《那个叫 BIM 的东西究竟是什么》差不多是在一年前,BIM 本身仍然在快速发展中,同行对 BIM 的认识和应用也在不断地扩大和深入,近期跟政府主管部门、业主、设计院、施工企业、科研机构等工程建设行业的相关方面沟通密度比较高,不禁让我又想起了这个题目,于是旧瓶装新酒,并以一年以后对这个问题的认识再次求教于八方同仁。

一、BIM 是过程吗?BIM 是模型吗

一谈到 BIM,专家们都会及时提醒客户,我们介绍的 BIM 是"Building Information Modeling",而不是"Building Information Model",BIM 是利用数字模型进行建设项目设计、施工、运营管理的过程,而不仅仅是我们要生产的那个产品(建筑物)

的数字模型,虽然 BIM 模型也是 BIM 过程的成果之一。

那么 BIM 究竟是过程呢,还是模型呢?

我们先来看看这里所谓的过程是个什么过程,就像 BIM 的各种定义和大家听到的各种介绍那样,BIM 是利用建筑物数字模型里面的信息在设计、施工、运维等各个阶段对建筑物进行分析、模拟、可视化、施工图、工程量统计的过程。显然,这里的核心是信息,一个创建、收集、管理、应用信息的过程。

再来看看那个所谓的模型,当然这是作为我们工作客体的那个建筑物的虚拟模型(数字模型),那么我们要这个模型做什么用呢?说这个问题的答案妇孺皆知似乎不算夸张,当然是支持我们的设计、施工、运维决策和实施啊,那么靠什么支持呢?当然是存放在模型中的信息了!因此所谓 BIM 模型(或者说虚拟模型、数字模型),它的核心不是模型本身(几何信息、可视化信息),而是存放在其中的专业信息(建筑、结构、机电、热工、声学、材料、价格、采购、规范、标准等)。

我想到这里标题问题的答案已经有了,BIM 既是过程,也是模型,但是归根到底是信息。是存储信息的载体,是创建、管理和使用信息的过程。因此模型也好,过程也罢,事实上真正的核心是信息。

二、BIM 采用了什么样的信息组织方法

BIM 的核心是信息,同样的信息在不同的项目阶段不同的参与方会有不同的组织、管理和使用方法,这样的结果就是信息冗余,即多个工程文档包含同一个信息,可能只是表达方式不一样。

随着项目信息的不断发展,信息冗余的结果就会导致潜在的协调错误,随之而产生的就是对信息检查过程的需求,在不同时间节点上的信息检查消耗了项目的工期和预算,而在协调检查过程中没有发现的错误被带到施工现场就引起了施工延误和重复工作,从而产生了额外的项目成本。

自然而然大家需要一个代表这个建设项目且具有唯一性的工程信息模型,由此可以导出所有针对这个项目的各个"视图"——不同参与方在项目不同阶段对项目进行各种专业工作的信息应用,例如做结构分析、日照模拟、工程量统计、施工计划优化等。

理论上信息的唯一性是合理的,也是可能的,因为信息所代表和描述的实际项目是同一个。因此完全有可能建立一个包含项目所有必要信息的模型来支持各种不同的信息应用。

另外,满足人类生产生活需要的建设项目的类型可以是无限的,但是组成项目的基本元素(构件、部件、组件)是有限的,虽然基本元素本身也是在不断发展着的。因此,基本元素是可以通过不断完善的方法建立起标准模型和信息库的。

具有唯一性的建设项目基本元素,通过组合构成同样具有唯一性的建设项目,需要由不同的专业人士在不同的建设和使用阶段使用不同的技术和方法进行不同目的的作业("视图"),并且产生表示这些作业过程和成果的不同类型的文档作为合同提交物,这就是对信息

代表的本体（项目）和信息不同的应用之间关系和过程的描述，如图1.13-1所示：

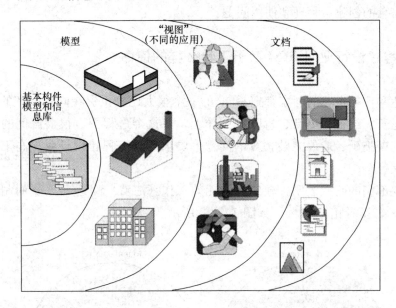

图1.13-1

三、BIM究竟是一个模型还是多个模型

这也是接触BIM应用BIM的同行经常听到经常碰到的问题，通常有两种说法。

其一，在介绍BIM概念的时候，通常我们会看到这样的说法：BIM是包括建筑物所有几何、物理、性能信息的数字化表达，跟建筑物有关的所有信息都存储在单一模型中，不同的项目参与方在不同项目阶段需要使用什么信息都可以从BIM模型中获取，BIM跟目前广泛使用的CAD和可视化技术不同，后两者只包含了建筑物的部分信息。

其二，另外一些BIM资料会介绍在项目不同阶段、不同的项目成员会建立各自的BIM模型，常见的BIM模型包括场地模型、建筑模型、结构模型、机电模型、施工模型、协调模型、竣工模型等。

这又是怎么一回事呢？我想可以从以下两个方面来解释。

首先，单一模型之说是从逻辑关系的层面上来描述的，BIM是一个包含建筑物所有信息的模型；而多个模型的说法是从实际操作层面出发来描述的，由于技术的、业务的、法律的等各种因素的制约，项目成员必须建立各自的BIM模型。

其次，从信息组织、建立、管理、应用的角度来分析，一个模型还是多个模型并不是问题的关键，就跟你用什么软件做BIM一样，只是一种工具和方法的选择，关键在于在这个过程中这个建设项目的信息有多少内容，以什么格式，被多少项目成员，在什么工作上精确、高效、完整地使用了，从而提高了多少生产效率、避免了多少潜在错误、减少了多少建设工期、降低了多少工程造价。

因此，真正需要关心的不是一个模型还是多个模型的问题，而是关于这个模型的信息精度和维度（类型）、模型对象的属性信息、模型信息的详细等级、模型信息将被如何使用等信息的创建、管理和使用问题。

四、工程建设行业对 BIM 赋予了什么样的使命

所有发达和比较发达的国家都把 GDP 的一个很大比例投资在固定资产的规划、设计、施工、运营、维护、更新、拆除等工作上，在这个过程中，很大比例的工程建设项目遭遇到工期拖延、造价突破预算的问题。要求全球工程建设行业提高工作效率的压力越来越大。

美国有关部门的研究表明，建筑业的无效工作（浪费）高达 57%，而制造业的这个数字是 26%，两者相差 31%。如图 1.13-2 所示。

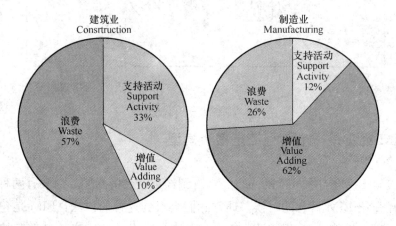

图 1.13-2

如果建筑业通过技术升级和流程优化能够达到目前制造业的水平，按照美国 2008 年 12800 亿美元的建筑业规模计算，每年可以节约将近 4000 亿美元。

我国固定资产的投资规模为 10 万亿人民币左右，其中 60% 依靠基本建设完成，生产效率与发达国家比较也还存在不小差距，如果按照美国建筑科学研究院的资料来进行测算，通过技术和管理水平提升可以节约的建设投资将是惊人的。

美国建筑业用户圆桌会议（CURT‐The Construction Users RoundTable）为解决上述问题提出了如下四条建议：

1. 业主的领导力：业主在项目早期通过信息共享驱动所有项目成员的协同作业可望取得理想的结果—快速、高效、成本预算内实现的建设项目；

2. 集成项目结构：所有项目成员（包括设计师、承包商、供应商、制造商、运营维护人员）使用统一的系统化方法做项目，将使得项目参与方的目标与项目的总目标一致，这个方法就是目前已经得到行业广泛认可的一体化项目实施方法 IPD（Integrated Project Delivery）；

3. 公开信息共享：项目协同作业必须以公开、及时、可靠的信息共享作为基础，支持实现这一建议的软件种类或技术名称目前还没有一个行业普遍接受的统一名称，

具有一定知名度的名词有三个：PIM（Project Information Management 项目信息管理）、PIP（Project Information Portal 项目信息门户）和 CPM（Collaborative Project Management 协同项目管理）。

4. 虚拟建筑信息模型：这个就是 BIM，尽管发展过程中也出现过若干不同的名词，例如数字建筑（Digital Building）、虚拟建筑（Virtual Building）、建筑产品模型（Building Product Model）等，但是 BIM 经过近十年的应用已经成为了能够覆盖前述其他术语同时也是全球工程建设行业公认的标准术语。

2007 年美国建筑科学研究院（NIBS - National Institute of Building Sciences）颁布的美国国家 BIM 标准第一版—第一部分为以 BIM 为核心的信息化技术设定的目标是到 2020 年为美国建筑业每年节约 2000 亿美元。

这就是行业赋予 BIM 的使命。

五、BIM 会改变项目参与方的职责吗

我们可以看到一大批讨论流程变化、项目实施方式变化、BIM 能力要求变化、BIM 团队组织变化的资料，但是有一点几乎是可以肯定的，各项目成员在项目中的职责并不会变化，因为每个项目成员的专业知识、经验和职责都是建设、运营一个优秀的工程项目所必需的。

尽管项目成员的职责并不会因为 BIM 而变化，但成员之间的关系和工作方式却会发生变化，甚至可以是很大的变化。

原来项目成员之间更在意各司其职，各自都有自己的工作目标，有时成员之间可能因为利益和风险冲突成为对手，有了 BIM 以后更重视协同作业，把项目的成功作为成员共同的目标。

原来项目成员的工作更多是按顺序进行的，有了 BIM 可能更多的工作可以并行开展了。

应用 BIM 的目的不是为了使工程项目的建设与运维工作更复杂化，而是为了找到更好地实现行业目标的办法 - 高效优质完成工程项目，满足建筑业客户的需求。

评论与回复

【妮妮妈和妮妮 2010-07-07 08：59：19】

BIM 带来了除了技术上的变革外，更多的是整个建设过程以及其中各方工作或利益关系的重构。从这一点看，我们要走的路还长。

【博主回复：2010-07-07 21：26：51】

确实如此。如果说 CAD 更多地表现为一种个体活动的话（例如二胡独奏），BIM 则更多地表现为一种团体活动（例如交响乐），后者在能够整体盛大演出以前需要排练准备的努力自然要大得多。但是，无论是在整体演出以前还是以后的清唱、选段既是必须的也是足够精彩的，这就如今天的各种并非完全集成的 BIM 应用一样。

【新浪网友 2010-07-11 09：46：38】

何老师说得很透。经常在设计院里遇到人问 BIM 到底要交付怎样的模型，很多人纠结于这个问题，把物理模型和信息模型混淆，特别是会问，我们把设计模型给了甲方和施工方，那改过的部分怎么区分？我们怎么负责任？这里面有一个信息发布、流转、丰富的过程，传统工程设计人员不太好拐过弯来，但是 IT 的人就容易理解。我和一个朋友说到我正在做的 BIM，她是一家知名数据库厂商的技术人员，在我简单描述了 5 分钟后，她很明确地说，你们需要一个信息标准，这样各环节的参与人才能用自己的工具来丰富这个模型，让最终的业主来运维管理。她不懂工程建设，但是，她看到了 BIM 的本质，信息的搜集、传递和使用。

【博主回复：2010-07-15 14：51：47】

确实如此，流程和责任划分是为业务本身服务的。一种技术和方法能否得到应用和普及关键在于它对核心业务的支持作用，而流程和责任划分是在实施过程中我们要去解决的问题。

你的朋友说得很对，没有信息标准，就没法进行信息传递，也就不能通过信息的流转来提高效率。

1.14 香港 BIM 战略研讨班——大家面临的 BIM 应用问题有哪些

2010 年 7 月 28~30 日由中国房地产业协会商业地产专业委员会组织、优比咨询负责实施的国内建筑业企业高管香港 BIM 战略培训研讨班在香港举行，共有以下类型建筑业机构的 24 人参加了这次活动：

- 政府主管部门：2 人
- 业主/开发商：3 人
- 设计院：9 人
- 施工企业：4 人
- 学校：2 人
- 软件企业：2 人
- BIM 咨询服务企业：2 人

研讨班分别与香港 BIM 学会、香港理工大学、香港铁路、香港房屋署、太古地产、恒基地产、Gery Technology 等香港的 BIM 行业团体、研究机构、使用单位和咨询服务机构进行了交流，每位成员都带着自己的问题和目的，相信一定都会有自己的收获。

研讨班期间有一个时间不长的讨论，是作者感觉非常有收获的环节之一，在这个环节里面每位成员都从自身的角度、现状和对未来的预期提出了 BIM 应用过程中各自关心和面临的问题，个人认为这些问题具有很强的代表性和普遍性，也具有相当的深度，特整理罗列如下供同行参考：

1. BIM 和设计应该如何结合？如何让设计师进入 BIM？希望形成一定的合力，多一点交流讨论。

2. 业主是如何发现 BIM 的价值并为此投入的？

3. BIM 图库工作量大，工作流程也在磨合，出图还有问题。

4. 房屋署对 BIM 标准有什么设想？对提交成果有什么考虑？有没有 5～10 年的长期规划？

5. 国内 BIM 标准有什么进展？国内要建立 BIM 技术规范、管理规范等的应用体系。

6. 业主如果初步设计没有用 BIM，施工图开始用 BIM，如何介入好？

7. 目前 BIM 案例已经很多，但是较少看到使用 BIM 和没有使用 BIM 的效果比较。

8. 运营阶段使用 BIM 的情况如何？运营部门是否也需要有 BIM 人才？

9. 香港 BIM 的发展与 BIM 学会的作用有关系，香港 BIM 学会如何运作？如何起作用？

10. 如何把设计过程、施工过程的 BIM 价值一起带给业主？

11. 如何避免 BIM 产业变成低附加值的产业？如何规范 BIM 行业，避免不良竞争？

12. 企业内部 BIM 培训体系建立遇到瓶颈

13. BIM 全生命周期技术研发投入巨大，如何平衡投资回报？

14. 从业主角度看 BIM，首先关心成本控制，其次是功能，如何两省定做针对业主的推广方案？

15. 施工组织安排的精细模拟

16. BIM 能给承包商带来什么价值？如何考虑 BIM 在施工行业中的利益？

17. BIM 团队应该是软件专家还是专业专家？

请问您在这些问题之外还有一些什么问题？您对这些问题的答案如何？欢迎一起来讨论。

评论与回复

【小镭 2010-08-11 20：17：55】
说说我的看法：对于第 7 条在钢结构详图转化工作中对比非常明显。现在国内在钢结构详图转化过程中已基本全部借助 BIM 技术，不过还只是在最基本的 3D 应用上。使用 BIM 技术后类似于现场螺栓穿孔穿不上的问题已基本消失（在传统 2D 设计情况下，这个问题尤为严重，严重影响了现场的安装进度并造成了大量浪费）。

第 17 条，起码在钢结构详图转化这块大家基本上还是偏重于专业专家这一块，如果是软件专家的话那么我觉得应该是团队内部的技术小组。两者都很精通的人太少了。

【博主回复：2010-08-12 09：35：53】
谢谢分享！本人对这一块内容了解不多，有机会请多赐教。

2　BIM 与商业地产

本栏目文章介绍 BIM 对商业地产策划、设计、施工、运营全过程的价值以及商业地产有关行业研究报告的情况

2.1 BIM 与商业地产——商业地产项目的特点

众所周知,商业地产项目和一般的地产项目比较起来有其自身的一些特点,例如:
- 单个项目的规模都比较大;
- 项目的设计、建造和使用的复杂程度普遍都比较高;
- 项目对工期的要求更加严格;
- 项目在生命周期内由于使用和功能要求需要改建的次数多;
- 业主自己持有和运营的比例比较高,项目性能直接影响投资收益;
- 如果需要销售,以整体出售方式和机构客户为主;
- ……

这些特点直接导致工程建设项目中普遍存在的问题对进度、造价、质量以及运营回报的影响被放大,有时甚至会出现致命错误,严重影响业主的投资收益:
- 策划阶段:如何找到对投资回报最有利的设计方案?
- 设计阶段:利用传统手段(CAD、效果图、动画)进行专业之间的协调随着项目复杂程度的增加开始由比较困难变成非常困难甚至不太可能。
- 招投标阶段:业主如何提供没有错误的招标图?如何尽可能消灭设计变更?如何综合评价投标方案的经济技术指标和投标企业的技术水平?
- 施工阶段:如何预先找到关键施工难题并对此进行可建性分析以减少现场停工返工?如何进行有效的施工组织和计划?如何跟踪每天的进度?如何管理和协调预制构件或部件的设计、加工、运输、存放、安装问题?如何跟踪每天的资金需求?
- 租售阶段:如何让客户通过互联网身临其境地了解项目的周边环境、空间布置、室内设计、机电系统等客户关心的问题?如何跟客户互动提供客户需要的商业空间?
- 运营阶段:如何实现项目的最佳设计性能价格比?如何使各种系统达到最优运营状态?如何预防和快速有效处理各类使用中出现的故障和问题?如何进行诸如火灾、地震、恐怖袭击等各类应急事件的处理?
- 改建阶段:如何快速提供改建方案?如何评估改建对原有建筑物的影响和衔接?
- 出让阶段:如何提供完整项目信息支持项目价值评估?
- ……

应该说,上述每件事情都非常重要,也非常专业,涉及项目的各类不同利益相关方,而且每件事情都直接影响到业主的项目投资收益。

那么是否存在这样的方法或者技术能够使得商业地产项目生命周期内各个阶段的工作都能提高一个档次,从而实现业主的投资回报最大化呢?

答案是肯定的。

2.2 BIM与商业地产——百年不变的"3-2-3"工作模式

在建筑业的历史上，设计和施工分开应该是一个巨大进步，从此越来越多规模庞大、造型复杂、功能综合的建筑物成为普通老百姓可以享用的物业。

站在广义的角度看，非住宅和工业建筑就应该属于商业地产的范畴，包括写字楼、商场、博物馆、医院、学校、体育场馆等，而这些建筑正是从设计和施工分家以后开始繁荣的，换句话也许可以不夸张地说，商业地产是设计和施工分家的产物。

设计施工分家带来建筑业繁荣的同时也带来了一个数百年不变的"3-2-3"工作方式，具体说是这样一个过程：

- 3—设计师在脑袋里构思三维的建筑物；
- 2—设计师把上述构思画成二维图纸；
- 3—承包商根据二维图纸建造出三维的建筑；
- 2—运营商在二维图纸上找出运营维护需要的资料；
- 3—运营商在三维建筑里实施建筑物的运营和维护。

在这里，二维图纸成为传递建筑物信息的唯一载体。二十几年前的CAD普及改变了设计师画二维图的工具和二维图的存储介质，但没有改变二维图的本质；稍后普及的电脑效果图和电脑动画从一定程度上可以帮助项目参与方理解设计构思，但由于电脑效果图和设计的建筑物之间并没有严格的一对一的对应关系及建筑规则，因此其主要的用途是市场和销售。

百年不变的"3-2-3"工作方法在工程竣工后，地产商可以得到两样东西：一座实际的建筑物和一套图纸。在CAD普及应用的今天，建设单位还可以得到DWG格式的电子图纸，这座建筑物的所有信息都在这套图纸上，需要使用的时候依靠专业人员对图纸的查找和解释。

在商业地产项目几十年甚至上百年的生命周期内，碰到的需求和问题会是多种多样的，科学技术的进步也许可以是革命性的，但是所有需求和问题的解决以及新兴科学技术对已有建筑物的应用都需要在建筑本身拥有的信息基础上才能进行，这种建筑本身拥有的信息就好像是人体的DNA。

当建筑物的DNA信息都存在二维图纸上，一旦需要，人工的查找和解释过程必定带来两个问题：费时和出错。如果这个时候再加上二维图纸和实际建筑物之间有不一致的情况，出现的问题就可能造成资金和资源的浪费，有时甚至是灾难性的。

二维图纸这个支持和承载了几百年建筑业长足发展的方法，同时也被证明是制约建筑业效率和水平进一步提高以及产生较多错误的因素，个人认为主要的原因如下：

- 二维图纸是一种抽象的表达方法，必须经过专业训练和富有实践经验的人才能正确和完整地理解；
- 二维图纸是一种不完整的表达方法，没有办法把建筑物的所有内容及关系都表达出来；
- 图纸和图纸之间是不相干的，没有天然的关联关系。

那么，这种百年不变的"3-2-3"工作方法到底给建筑业带来了哪些发展上的障碍呢？

评论与回复

【新浪网友 2009-09-09 18：53：34】

"3-2-3"工作方法给建筑业带来的障碍是显而易见的，也是令人哭笑不得的！

随着笛卡尔坐标系的出现及画法几何学的不断完善，二维工程图的千秋伟业也就无人可比；发展到今天，随着建设项目的复杂程度越来越难，二维工程图的弊端也越来越让人诟病；

是否可以这样假设：随着计算机软硬件的飞速发展，"3-2-3"变成"3-3-3"，不再用一个抽象的二维符号来代替建筑物里面的冒个部件，而是用一个三维的象形模型符号来代替真实世界里的一个物体。

不再用"2"的想法有点狂妄，但细想一下似乎还是有点道理！

【博主回复： 2009-09-10 09：25：49】

不再用"2"无论在技术上还是体制上都有非常长的路要走，在此之前，"3"作为"2"的后援或补充可以起到明显的消除二维图纸弊端的效果，瓜熟蒂落之时，补充就自然变成主导了，就像已经发生的纸质机票与电子机票、有线电话与移动电话、写信与电邮等等。

【cucumber 2010-06-17 11：53：24】

个人也觉得甩掉"2"的时代不会远了。五六年前手机能发彩信的时候，大家都是一阵惊喜，终于不只是文字，可以看见图像了，五六年后手机已经可以高速上网，看电视，打电话，三网融合了，从文字到现在，谁能想到是五六年的时间。计算机硬件软件发展飞速的今天，人们只要想到了，况且还不是"异想天开"，离它的面世也就不远了。更何况工业制造业已经走在前面，虽有不同，但工作方式是一样的，制造业的设计工具，制造工具都是建筑业的榜样！

【博主回复： 2010-06-17 14：43：20】

借用毛主席的一句话"前途是光明的，道路是曲折的"，用在甩"2"这件事情上应该很贴切。

个人活动的变化相对比较容易，例如手机、CAD，集体活动的变化需要做非常多的准备工作，包括技术的、管理的、经济的、法律的等等。

2.3 BIM 与商业地产——建筑业的困境

二维工程图纸给建筑业带来繁荣的同时,其自身的弊端也越来越显现出来,这种弊端到底给建筑业带来了什么样的问题呢?我想借几张图表来说明一下目前"建筑业的困境"。

图 2.3-1 用夸张但是形象的手法描述了不同项目参与方使用二维图纸作为法律文件进行传递和沟通的过程,结果虽然离谱,道理却是不差,莞尔一笑的同时,有点酸的感觉吗?也许是痛。因为每个参与方都觉得自己是对的,自己是怨的。

我看到这张图的时候,想起了《红楼梦》里的那句话:只留下一片白茫茫大地真干净!

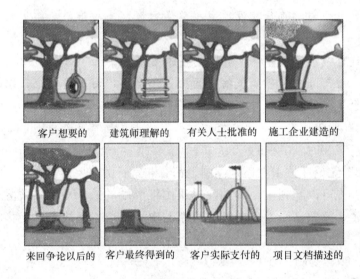

图 2.3-1

看完轻松的以后,来张严肃的瞧瞧。图 2.3-2 是斯坦福大学对美国建筑业(下面那条曲线)和非农业的其他行业(上面那条曲线,包括建筑业)在 1964~1998 期间劳动力生产效率指数的研究报告,这两条曲线说明,美国的建筑业在 20 世纪后半叶的将近 40 年时间里,其劳动力生产效率基本没有提高甚至有下降趋势,而同时其他行业的生产效率却将近提高了一倍。

图中横轴是年份,纵轴是劳动力生产效率指数。

国内建筑业缺乏这样的统计数据,但以人为镜,咱们自己的得失也就可想而知了。

图 2.3-3 是 HOK 提供的,横轴表示建筑项目所处的阶段,纵轴每条曲线分别表示不同的内容。

曲线 1:越在前期,对项目性能的影响能力越大,越到后期,这种影响能力越小。

曲线 2:越在前期,设计变更的成本就越低,反之就越高。

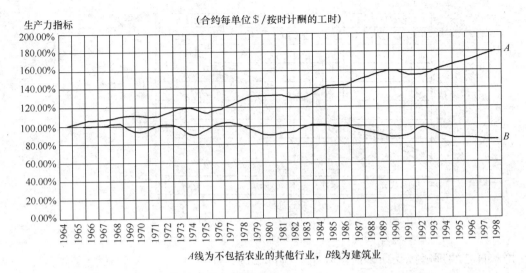

A线为不包括农业的其他行业，B线为建筑业

图 2.3-2

曲线 3：目前设计工作的主要时间和资源花在了施工图这个阶段，而这个阶段建筑物的性能基本上已经确定了。

曲线 4：理想的设计状态应该把主要精力放在前期的方案研究阶段，这样才能够得到性能良好的建筑物。

毋庸置疑，要实现理想的设计状态，需要有一个前提：绘制二维施工图的效率得到大大提高，或者建筑业法律文件的形式发生变化。无论是哪一个，都需要相当长的时间和全体同行相当大的努力才能实现。

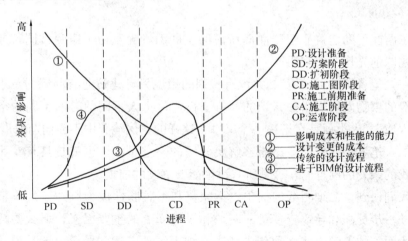

图 2.3-3

图 2.3-4 说明项目的不同阶段和不同参与方之间信息传递的状态。

锯齿线 B 是目前以二维图纸作为工程信息存储介质时信息沟通和传递的状态，项目决策阶段刚开始时，关于这个项目的信息非常少，随着工作的开展，有关这个项目的信息逐渐增加，当业主找到设计方，设计方能够接受到的信息出现立时的损失，因为这个项目的信息业主是通过 word 文件、excel 表以及二维图纸的形式传递给设计方的，而这些 word 文件、excel 表和二维图纸之间并没有内在联系。设计方根据业主的

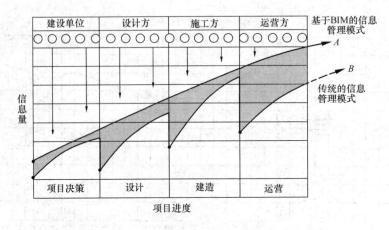

图 2.3-4

交接和自己的理解接受项目信息开始对项目进行设计。

当设计完成开始施工时，上述业主和设计方之间发生信息传递和损失的情况在设计方和施工方之间继续上演。以后施工完成交给运营方的情况也是如此。

曲线 A 是理想的信息创造、沟通和传递状态，这是建筑业全体同行的追求，事实上这张图也透露了一个信息，BIM 能够帮助建筑业实现这个目标，或者说，BIM 的目标之一是帮助建筑业实现连续不间断的信息传递。

2.4 BIM 与商业地产——什么东西能帮助建筑业解困

什么东西能帮助建筑业解脱前面所说的发展困境呢？为了避免被同行痛扁，在回答这个问题以前先作两点声明。

声明一，笔者所谓"困境"，并没有特别的想说只有建筑业有困境的意思，而是作为一个一般的事物发展规律去认识的，每个行业每个人不同的时间不同的空间都会有不同的"困境"，人类就是在解决一个又一个这样的"困境"中不断向前发展的。

声明二，笔者一直认为最终能够解决问题的一定是人，也就是具有专业知识和专业精神的我的亲爱的同行们，这是所有讨论能够继续的前提。

前面我们谈到，二维图纸的抽象、不完整和不关联性成为制约建筑业整体行业水平和效率进一步提高和导致较多错漏碰缺和设计变更的主要因素，那么要解决建筑业发展目前所面临的瓶颈，就必须首先解决二维图纸的上述问题，也就是说，我们需要一样具备下列条件的东西作为承载和传递建筑物信息的工具：

- 表达方式是具象的：虚拟状态下看到的就是实际现场要建造的，也就是说表达的是实际的三维空间；
- 表达内容是完整的：实际建筑物有的内容都可以在"纸"上（即虚拟的情形下）见到，而详细程度完全可以由技术上的精度需求和经济上的合理性来决定（从理论上讲，二维图纸是不可能把三维空间和物体表达完整的）；

- 表达的内容之间是有关联的：二维图纸从三维模型生成，对建筑物设计的修改可以在任何地方进行，一个地方修改了，其他地方相应自动修改。

大家已经猜到这个东西是什么了，没错，是 BIM - Building Information Modeling，中文叫建筑信息模型，BIM 符合上面的要求。

关于 BIM 的定义随处可以找到，这里不想再重复，建议几个地方供大家参考：
- 民间的维基百科：http：//en. wikipedia. org/wiki/Building ＿ Information ＿ Modeling
- 官方的美国 BIM 标准：http：//www. buildingsmartalliance. org/nbims/faq. php＃faq1
- 中文的百度百科：http：//baike. baidu. com/view/1281360. html？wtp＝tt

笔者也写过几篇关于什么是 BIM 的文章，标题罗列在这里供同行指正：
- 那个叫"BIM"的东西究竟谁什么？
- BIM 和 CAD 到底有些什么不一样？
- 检验 BIM 的五大标准
- 设计院的 BIM 不是业主的 BIM
- 换一种方式说说到底什么是 BIM

评论与回复

【zfbim 2009-09-15 08：36：53】
在纯技术层面，上述观点是正确的；要想彻底改变建筑业的困境，业内关键人士的观念转变是必须的；相信博主也是有这份考量的。

【博主回复：2009-09-15 08：55：20】
人永远是关键因素，至于模式是自上而下还是自下而上从来也不是唯一的或者可以预先指定的。"待到山花烂漫时，她在丛中笑"，这里山花是人，她也是人。

【蝶蝶不休 2009-09-21 16：20：45】
感觉 BIM 对于现在的国内房产商，就像是一个小孩用斧子，用不好，什么也砍不动，还伤了自己。

【博主回复：2009-09-21 16：31：22】
发展商只要清楚想砍哪里、想砍成什么样就行了，BIM 咨询服务的工作就是帮发展商砍，BIM 跟市场策划、设计、施工等其他专业工作一样，并不是每件事情都是需要发展商自己去做的。

2.5 BIM 与商业地产——BIM 能给建筑业带来什么价值

关于 BIM 能给建筑业带来什么价值这方面的文章很多，行业协会、市场调查公司、咨询服务公司、软件厂商以及业主、设计、施工企业都有不同的实践经验和认识体会。

这是一个相当复杂的课题，要进行量化研究困难也非常大，目前这方面的材料中，项目型、企业型、市调型的资料占主要部分，而统计学意义上的资料还所见不多。

下面罗列一些BIM给建筑业带来价值的量化统计资料，供同行参考：
- 英国机场管理局利用BIM削减希思罗5号航站楼百分之十的建造费用。
- 美国斯坦福大学整合设施工程中心（CIFE）根据32个采用BIM的项目总结了使用建筑信息模型的以下优势：
  - 消除40%预算外更改；
  - 造价估算控制在3%精确度范围内；
  - 造价估算耗费的时间缩短80%；
  - 通过发现和解决冲突，将合同价格降低10%；
  - 项目时限缩短7%，及早实现投资回报。
- 美国军部在2006年表示，通过BIM在以下的范畴里能节省成本
  - 更好地协调设计—节省5%成本；
  - 改善用户对项目的了解—节省1%成本；
  - 更好地管理冲突—节省2%成本；
  - 自动连接物业管理数据库—节省20%成本；
  - 改善物业管理效率—节省12%成本。
- 美国Letterman数字艺术中心项目在2006完工时表示，通过BIM她们能按时完成，并且低于预算，估算在这个耗资3500万美元的项目里节省了超过1000万美元。
- 恒基北京世界金融中心通过BIM应用在施工图纸中发现了7753个冲突，估算这些冲突如果在施工时才发现，会给项目除了造成超过1000万人民币及3个月的浪费外，更会大大的影响项目的质量和发展商的品牌。

从这些资料我们发现对于BIM价值的评估基本上从以下几个维度开展：
1. 经济效益：例如希思罗5号航站楼的节省10%建造费用；
2. 工作效率：例如斯坦福大学的造价估算时间减少80%；
3. 无形资产：例如恒基的发展商品牌。

评论与回复

【zfbim 2009-09-15 07：32：06】
BIM给建筑业带来巨大效益是必然的，在中国，上述的指标数据可能会更大一些！
【博主回复：2009-09-15 07：35：06】
如果从我国建筑业的生产效率水平和发达国家的比较来看，这种说法应该有一定的道理。

2.6 BIM 与商业地产——我给 BIM 下定义

满屋 lan 图纸，
一笔糊涂账。
都说快点找，
谁知哪一张？

（注：lan 作"蓝"亦可作"烂"，就看怎么读）

到底什么是 BIM？BIM 到底能干些什么？BIM 到底能给商业地产带来什么样的价值？笔者在思考如何回答这些问题的时候，忽然想起了雪芹先生那首人人皆知的诗。

各位看官同行，如果您对上面的打油诗有那么点儿感觉的话，请继续往下看。

有关这些问题的答案很多，这至少说明了一个道理，这些问题很难回答，很难一句话说清楚。既然那么多人都在谈这个问题，笔者也来搅一搅这趟浑水。

咱也给 BIM 下个定义：BIM ＝ B ＋ I ＋ M，说明如下：

B - Building，建筑。指工程建设项目，与制造业的 P（Product—产品）不同，制造业叫 PDM（Product Data Management—产品数据管理）、PLM（Product Lifecycle Management—产品生命周期管理）或 DP（Digital Prototyping—数字样机）。

I—Information，信息。包括上述建筑物的所有信息—几何的、物理的、功能的，大家知道建设项目的信息是在策划、设计、施工、租售、运营过程中逐步积累形成的，因此 BIM 信息也是一个随着项目进展不断生长的，而不是一步到位的。

M—Modeling，模型。一个建设项目的信息可以用不同形式存放，图纸、文本文件、excel 表等等，模型的意思是这些信息必须以模型的形式、一实际建筑物的形式存放，您要找某个阀门的信息，您就到模型这个阀门的地方找。

根据上述对 BIM 的定义，笔者把对 BIM 能干些什么或有些什么价值的问题的理解一并放在这里，请同行们斧正：

• BIM 的服务周期是项目的整个生命周期，服务对象是所有的项目参与方。这和 CAD 软件主要为设计师服务，概预算软件主要为造价师服务有根本区别。

• BIM 的主要作用是减少和消灭项目设计、施工、运营过程中的<u>不确定性和不可预见性</u>。大家知道，建设项目出大问题的地方都是没有人知道会出问题的地方，知道问题所在的地方总有办法在问题发生以前把问题解决掉的，BIM 通过使用建筑物的虚拟信息模型对建筑物各种可能碰到的问题进行模拟、分析、解决，从而防止例外或意外的发生。

• BIM 的主要方式是应用直观、完整、关联的 BIM 模型，通过提高所有项目参与人员建立、理解、传递项目信息的效率和降低出错概率，使得上述减少甚至消灭项目不确定性和不可预见性在经济上成为可能。

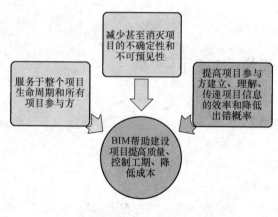

图 2.6

● 上述每一项内容都意味着业主对项目的控制能力大大提高（图 2.6）。

评论与回复

【zfbim 2009-09-15 07：17：57】

…BIM 信息也是一个随着项目进展不断生长的，而不是一步到位的…

关于这个，本人有另外的理解：建筑项目是一件超大产品，它是由许许多多小的具体产品组建装配完成的，每个小的具体的产品从工厂里出来准备用在一个项目上时，它携带的信息已经是具体及明确的了，也是基本固定下来的；其实 BIM 实施的关键因素也就在许许多多小的信息模型是否已经准备妥当，这也是我一直认为 BIM 会导致整个产业链发生大变化的原因。

【博主回复：2009-09-15 09：11：01】

完全同意！今天大部分产品或设备交付的时候提供的是图纸（和设计一样），趋势应该是提供信息模型，这样对使用者来说是非常有意义的，而这些产品或设备的信息模型也不可能由设计师来提供。

【新浪网友 2009-09-15 11：57：25】

M 是不是应该有点 Manage 的意思？

【博主回复：2009-09-15 14：43：09】

对 BIM 的意义有下面一些说法：

Building Information Modeling

Building Information Management

Business Information Management

Business Innovation Management

从建筑信息模型出发，最终会带来商业创新管理。

【蝶蝶不休 2009-09-21 16：38：42】

BIM 就是三维图形化所有相关的建筑信息，供各方模拟、分析、沟通、制造、管理……

最理想的状态是所有信息都能以图形的方式创建，并能以数据库的方式存储，还能支持图形化的各种应用。

【博主回复：2009-09-21 16：43：10】

英明！

【cucumber 2010-06-17 18：00：01】

BIM 更像是某栋建筑的电子档案，包括与此建筑相关的天文、地理、人文方面所有的资料三维合集。

【博主回复：2010-06-18 08：32：16】
BIM 有大 BIM、小 BIM 之说，小 BIM 是指建筑物本身的信息如建筑、结构、机电设备等，大 BIM 是指与这个建筑物相关的所有信息包括合同、流程、销售、运维等。您提到的就是所谓的大 BIM 概念。

2.7 BIM 与商业地产——BIM 与 uBIM

BIM 还没完全搞明白，又出来一个 uBIM，还让不让人活了？各位看官请稍安毋躁，待我跟您细细道来。

共产主义是一种远大的理想，但不能直接拿来解决问题，那么，打土豪分田地呢？能解决耕者有其田的问题；土豆烧牛肉呢？能解决吃饱吃好的问题；楼上楼下电灯电话呢，能解决安居乐业的问题。

扯远了，来点靠谱的。

CAD 是一种技术，但不能直接拿来画图，AutoCAD 是一种 CAD 软件产品，这就可以甩掉图板了。

同样，BIM 是一种新的技术或方法，但不能直接用它来解决建筑业面临的"困境"，而 uBIM 是一种 BIM 的咨询服务产品，可以帮助业主、承包商、设计院解决目前各种由于使用二维图纸带来的但利用二维图纸本身不能有效解决的效率、质量、造价等问题。

uBIM 中文叫"优比"—优化和比较是 BIM 的精髓；u 是 ubiquitous 的第一个字母，ubiquitous 的意思是无处不在，这是 BIM 价值最大化的关键；当然 u 和 you 的读音完全一样，您 BIM 了才算真正 BIM 了。

uBIM 目前可以提供的 BIM 咨询服务产品如图 2.7 所示。

最后，顺便在这里给 uBIM 做点广告，如需要更详细的有关 uBIM 的资料请联系 info@u-bim.com。

评论与回复

【zfbim 2009-09-17 16：44：06】
"优比"是否与"货比三家"同义？每个步骤在决策前都有一个优化对比！呵呵，这样的话决策业主最是喜欢！
感谢博主，强烈支持！

【博主回复：2009-09-17 17：17：35】
谢谢了！
从理论上来说，业主应该得到（设计应该提供）最优方案，但由于时间、经济和

图 2.7

技术的限制这件事情目前做得并不好，BIM 在技术上提供了实现这个目标的更多的可能性。

2.8 BIM 与商业地产——uBIM 与项目策划和可研

项目策划、可行性研究、方案这些项目早期的工作都是为了解决"做什么"的问题，根据"2.3 BIM 与商业地产—建筑业的困境"中 HOK 曲线 1 的理论，越在项目前期做的工作，对项目性能（在经济上最终都转化为收益）的影响就越大。

作为一个商业地产项目来说，在地段和规划指标确定以后，还有什么东西能影响项目的收益呢？下面是笔者想到的一些内容：

- 项目的标志性：包括建筑造型、绿色建筑、真实环境下的视线可见性等；
- 较高租售价格建筑面积的最大化：包括朝向好的空间、景观好的空间、客户容易到达的空间、符合多种商业用途的空间等；
- 性能良好同时运营维护费用低：在达到最佳使用性能指标的前提下能源消耗小，机电设备维护保持正常状态不出现故障和事故等；
- 资料齐全运维良好：如果项目整体出售或融资，这将是物业价值评估的重要指标。大家都知道二手日本汽车的价格比二手美国汽车的价格高这个事实。

今天普遍的项目策划和可行性研究报告（包括后面整个设计的文档）基本上由以下四个内容组成：

1. 照片或效果图：由效果图制作人员完成
2. 二维图纸：由设计人员完成
3. Word 文件：由报告起草人员完成
4. Excel 表：由概预算何财物人员完成

这四种格式的文件构成了业主对项目进行决策的所有依据，而按照这些依据决策的项目一旦开始以后，根据美国的统计资料，这个阶段的投资预算误差在 30%～50% 之间，当然是比预算多了而不是少了 30%～50%。

笔者没有看到国内的类似统计资料，请有这方面资料的同行进行补充，在下这厢有礼了。

各位商业地产的大佬们，看到您拿来决策的策划或可研报告的问题所在了吗？

没错！

首先，这四样由四种不同的人甚至来自四个公司的人做出来的"报告"互相之间是没有内在关联的，当然，四种人之间可以互相传递情报，让报告的不同部分看起来有"关联"了。

其次，这些内容作为您的决策依据看起来又是不足够的，您还没有办法很清晰地看到项目未来的发展状况。

前面我们提到了在项目地段和规划指标确定以后影响投资收益的因素，举一个例子来说，景观好的空间增加了，会有更好的收益，但是造价也会变化，最终对投资收益的影响到底是什么呢？

有没有把这四样内容集成起来的东西，使业主能够对将要投资项目的主要指标做一个在当前已知信息前提下最科学的分析，从而做出最佳投资收益的决策呢？

uBIM 咨询服务的其中一个产品优比可研通（uStudy） 就是为实现这个目标而设计的，下面是一个简单的案例。为了说明问题简单起见，在这个例子里面我们假定价格随楼层升高而升高。

第一张图（图2.8-1）是目前的方案和收益之间的关系，表格左列最后一行为项目总面积，其他两行分别代表50层和66层，右列最后一行是项目总的收益，其余两行为每一层的收益。

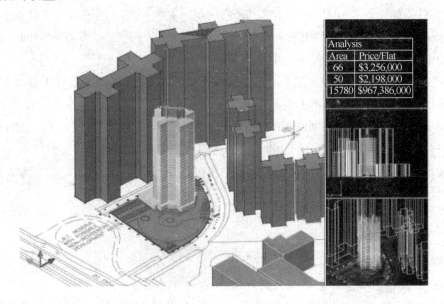

图2.8-1

第二张图（图2.8-2）对上述方案作了一个小的调整，增加这两个楼层的面积（修改设计方案，把面积往高层移），收益变化如右表。

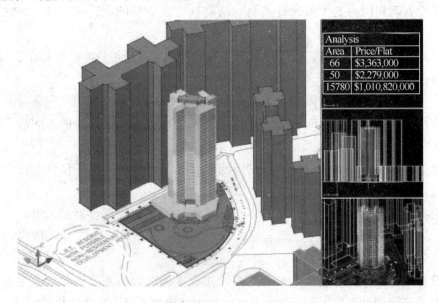

图2.8-2

第三张图（图2.8-3）的方案手法类似，只是调整的范围更广，在规范、安全、美观、性能允许的情况下把面积往高层移动得出的收益分析。

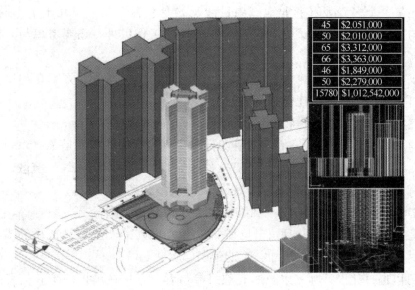

图 2.8-3

评论与回复

【蝶蝶不休 2009-09-21 15:33:50】
业主关心的是项目成本的集约化管理,不管是在可研阶段,还是招投标阶段、设计阶段。

【博主回复:2009-09-21 15:56:02】
非常同意!

项目成本的集约管理需要一个基础,就是项目本身的几何、物理、性能信息,我们也称之为项目的 DNA,这些信息越能完整、快速、准确获取,业主的成本集约化管理就越能做好。

传统的 CAD 图纸方法所有的这些 DNA 信息都是在需要用到的时候由专业人员通过对图纸的理解、抽取、统计得到,而且这个工作在项目不同阶段和进行不同专业研究时需要重复很多遍,这个收集建立项目信息的过程有一个专门的术语叫"建模"。

BIM 能够让这些重复工作大大减少甚至消灭。

笔者分阶段写 BIM 对业主的价值只是行文的需要,但完全同意您的意见,如有兴趣可以看看在下其他的一些 BIM 文章,并欢迎批评指正。

2.9 BIM 与商业地产——uBIM 与项目设计

设计是一个不断深化和优化的过程,其目的是要在法律、法规、技术许可的范围内为业主找到能获得最佳投资收益的方案。

设计还是一个多专业（商业地产项目涉及的专业有十几个至几十个不同的专业）共同参与的过程，设计师除了做好自己专业的设计工作以外，还要考虑与其他专业的配合问题。

设计成果需要通过施工来实现，因此，设计师除了考虑设计方案在理论上最佳以外，还要研究施工过程的可建性和易建性。

项目完成以后竣工图还是物业运营维护不可或缺的依据。

目前的设计工具有CAD平台和专业绘图软件（最常用的产品是Auto CAD及其各种二次开发模块）、各类专业的分析计算软件（如日照、声学、视线、疏散、节能、结构、热负荷、计算流体动力学CFD等）、电脑效果图和动画软件等。

这些工具的问题大家都清楚：二维抽象表示、互相之间没有关联等等，由此带来的问题就是建筑业人人皆知并且司空见惯的"错漏碰缺"，当然设计成果的错漏碰缺对于业主来说就意味着建造成本增加、工期延误、质量受损。

BIM可以通过让设计师（以及所有项目参与者）直接在虚拟的带有信息的建筑模型上进行工作，通过建立虚拟建筑信息模型，并在虚拟模型上进行各个专业的分析模拟，大大减少甚至消灭设计的"错漏碰缺"问题。

BIM在项目设计过程中有两种介入方案：其一是整个设计过程和所有设计人员都从现在的CAD工具换成BIM工具；其二是大部分设计人员仍然保留使用目前已经普及的CAD工具，BIM用于帮助解决设计中的难点和容易产生错误的地方。

uBIM项目设计阶段的咨询服务产品优比设计通（uDesign）![优比设计通 uDesign] 就是用第二种方案的思想研制的，为商业地产业主的设计管理和设计院服务。

设计难点和容易出错的情况不同的项目有不同的特点，基本上可以分为如下几类：

1. 用CAD做容易出错的情况：例如不同专业之间的协调，平立剖互相之间、图纸与材料表设备表之间的不一致，图纸与概预算的不一致等；

2. 用CAD需要重复工作的情况（重复工作＝成本＋错误）：各种专业分析计算软件在能够对项目进行专业的分析计算以前，都必须干一件事情，那就是建立这个项目的分析计算模型，虽然不同专业分析计算模型的要求不完全相同，但绝大部分和其主要的部分（就是建筑物本身的内容）都是一样的；

3. 用CAD基本上没法完成的工作：例如复杂三维形体设计（现在很多情况下把这

图 2.9-1

个工作交给了制造安装企业进行专业深化设计和实地放样)

上述问题都是优比设计通（uDesign）的服务范围，下面是其中的一些案例，见图 2.9-1～图 2.9-5。

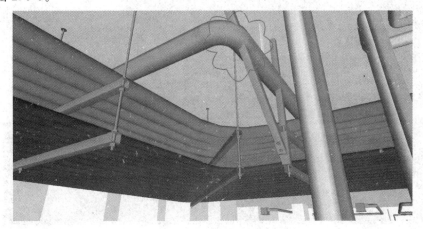

图 2.9-2

绿色设计及 LEED 认证：

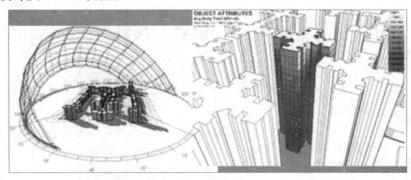

图 2.9-3

异型设计、优化、施工图及数字化制造集成：

图 2.9-4

图 2.9-5

2.10 BIM 与商业地产——uBIM 与项目招投标

进入正题以前，我们先一起来看看一个商业地产项目的一辈子（生命周期）是如何一步一步走过来的：

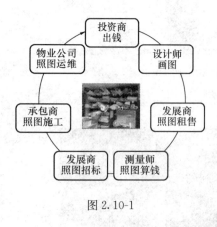

图 2.10-1

我们形容中国社会主义市场经济的发展过程是摸着石头过河，那么发展商可以摸的"石头"就是图纸，地产项目是照着图纸过日子的，如图 2.10-1 所示。

图纸是设计师画的，但是如果图纸有所谓的"错漏碰缺"，导致测量师算错钱、承包商返工窝工待工、物业公司关错电闸钻断水管，由此引起的成本增加、工期延长、质量下降，都是要发展商来买单的，换言之，图纸有错直接影响发展商的投资收益。

遗憾的是，建筑项目特别是商业地产项目图纸的出错概率非常高（每个项目都有），而且出现严重问题（例如导致 100 万元以上的成本变动）的概率也非常高！

因此，招标阶段对于发展商来说关键要解决两个问题：

1. 向投标方提供正确的没有错误的招标图；
2. 使用有效的方法评估承包商的管理和技术能力。

对于第 1 个问题来说，绝大部分的招标图是设计院提供的施工图，对于商业地产等大型复杂项目，业主也会要求设计院或聘请第三方做管线综合图和预埋套管图，但由于使用的技术手段还是项目设计的时候使用的"CAD+效果图",这个工作的效果并不理想。也就是说,招标图的质量问题依旧比较严重。

至于第2个问题,业主仅仅通过投标文件也很难判断承包商的能力是否强,提供的技术方案是否能达到最佳效果。有些承包商也会提供用"电脑动画+CAD"技术制作的所谓"施工模拟"或者"形象进度模拟",但由于在前面几篇文章中已经分析过的原因,这些电脑动画只能用来"看",并不能用来对施工方案进行"研究",因此,对于评估投标方的施工方案优劣并无太大帮助。

uBIM招投标阶段的咨询服务产品优比综合通(uCSD)以帮助发展商在招投标阶段解决上述两个问题为服务目标,部分服务内容列举如下:

- 对设计院提供的施工图建立用于专业协调和管线综合的BIM模型,进行多达几十种不同类型的多方设计布置检查和协调,消灭设计图纸的"错漏碰缺"(如图2.10-2)。

竖井/管道间协调

图 2.10-2

- 在上述工作基础上,为业主提供招标所需的综合管线图、结构预留孔洞(预埋套管)图和设备材料表,如图2.10-3~图2.10-5。
- 把投标方的施工计划连接到BIM模型中,对其施工方案进行4D(3D+时间)和5D(3D+时间+成本)模拟和研究,从而对投标方的综合能力和投标方案的优劣进行科学评估,保证招投标活动以及今后项目施工过程的效率和质量,如图2.10-6。
- 为发展商建议并准备总承包或分包商招标文件中的BIM要求方案和条款。

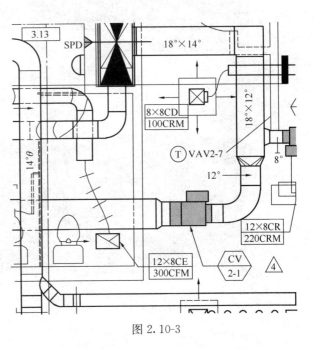

图 2.10-3

图 2.10-4

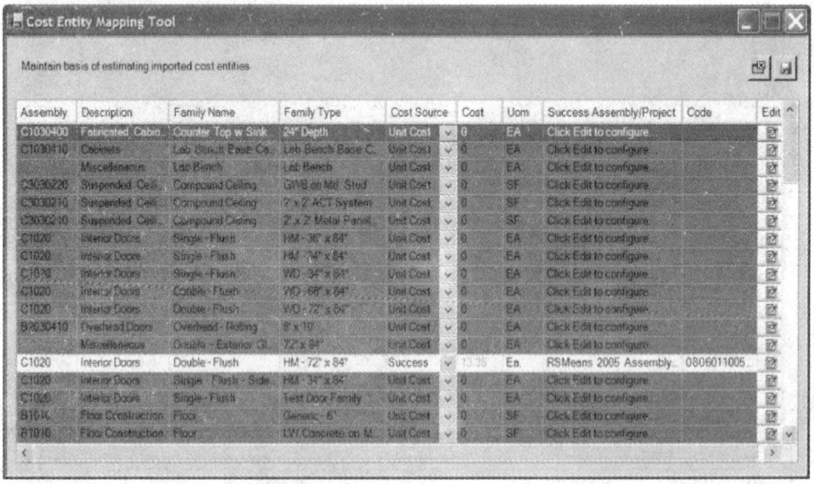

图 2.10-5

4D建造过程模拟

图 2.10-6

2.11 BIM 与商业地产——uBIM 与项目施工

通过"BIM 与商业地产（8）～（10）等几篇文章我们分别介绍了 uBIM 能够在项目的前期策划、设计和招投标阶段可以给发展商带来的服务和价值，这些阶段都属于任何一个改变对项目性能改善的可能性较大而成本相对较小的"纸上谈兵"阶段。

因此，为了最大化应用 BIM 对提升商业地产项目投资收益的贡献，发展商应该尽可能在实际施工开始以前引入 BIM 咨询服务。

建议这样做的原因，一是因为"纸上谈兵"的成本总是比"真刀真枪"的成本要低得多；再就是由于 BIM 模型本身是随着项目的发展逐步成长的，什么阶段做什么阶段的 BIM 模型，什么目的做什么目的的 BIM 模型，前人栽树，后人可以乘凉（前面做的 BIM 模型后面可以继承发展）。

如果在项目的前面几个阶段使用 uBIM 的服务保证了图纸的正确、找到了综合能力强的承包商，那么施工阶段的任务就是按照图纸和施工方案把项目建造起来。

即使如此，施工阶段仍然有很多实际问题需要解决，所有项目都必须在严格的时限内完成，由设计开始到总包商、分包商和生产厂家，一个工程往往涉及成百上千的人员，有时候一个小小的延误、误会极可能会对整体施工进度造成巨大影响。

uBIM 项目施工阶段的咨询服务产品优比施工通（uCMweb）基于 BIM 模型及 4D、5D 数据，加上 WEB2.0、RFID 及智能手机等技术，为管理人员和现场施工人员提供简单、快捷的 BIM 工作平台，保证施工的优质高效实现和项目信息的实时有效存储及传递。下面是其中的一些应用案例：

- 可建性模拟：利用 BIM 模型和虚拟现实技术对项目的关键施工方法和施工难点进行施工微观过程模拟，观察分析施工方案的可行性、安全性及其他细节，实现方案优化（如图 2.11-1～图 2.11-2）。
- u360 预制预加工构件跟踪管理：利用身份识别、无线移动终端及 web 等技术，

图 2.11-1

图 2.11-2

把预制、预加工等工厂制造的部件、构件从下单采购、安排生产、物流运输、现场仓储到安装使用的全过程与 BIM 模型集成，实行直观有效管理，避免任何一个环节出现问题给施工带来影响。

● u360 施工进度跟踪：利用 BIM、4D 模拟、无线通讯和 web 技术对现场施工进度进行实时跟踪以及和计划进度进行比较，对每天的施工进度进行自动汇报，同时及时发现任何延误。

● u360 施工质量解决方案：利用互联网、移动通讯、摄影摄像技术把隐蔽工程、特殊构造的施工记录情况与 BIM 模型进行整合，项目运营维护时需要项目哪个地方的资料就到 BIM 模型的哪个地方去找（如图 2.11-3）。

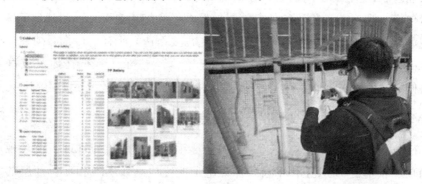

图 2.11-3

● 4D/5D 建造过程模拟：把总承包商的施工安排及日期连结到施工 BIM 模型中，产生直观之施工模拟。从仿真的数据可获得每日之工程量等等有用数据。

2.12 BIM 与商业地产——uBIM 与项目租售

市场需求是商业地产开发的原始动力和行动指南，而出租和销售则是投资回报的实现手段。商业地产是业主自己持有，以租金收入为主要经营模式的物业，销售更多的是物业整体权益转让的一种方式。

因此，事实上跟项目租售有关的 uBIM 咨询服务产品有两个，帮助业主做对产品，保证项目符合市场需求且有好的投资回报，这部分的内容已经在《BIM 与商业地产(8)-uBIM 与项目策划和可研》中作了介绍，此处不再重复。

做对了产品以后,接下来的工作就是要把物业出租好销售好。

目前市场销售通常采用平面、静止的数据展示物业的信息,客户无法充分了解物业的优势。除此之外,今天的客户都需要个性化的服务来满足其对使用功能的需求,例如不同的室内设计风格和空间布置等。

uBIM 的项目租售咨询服务产品通过整合 BIM 模型和 web 技术,利用三维互动和关联数据等手段,客户能从物业的不同角度和方位了解其宏观和微观状态,大到从不同方向接近物业的视线模拟,细到每个空间内的管线布置等。

图 2.12-1 通过网上互动场景模拟,让客户了解物业不同空间的情况:

图 2.12-1

对于需要个性化空间的客户,也可以在网上通过互动装修清单和报价系统确定自己的需求以及相应的预算,如图 2.12-2 所示。

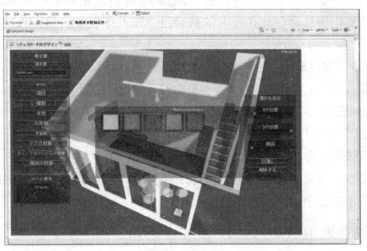

图 2.12-2

2.13 BIM 与商业地产——uBIM 与项目运维和改造

故事讲到这儿，造房子的过程算是尘埃落定了，接下来的事情自然是用房子了，这也是建设项目的初衷和目的所在。

对于商业地产的发展商来说，项目使用过程中的物业管理工作主要包括运营维护和改造升级等，但不管是哪一项工作，其操作的客体都是建筑物本身，操作的依据就是跟建筑物本身有关的各种信息。信息正确，操作就正确；信息不正确，操作就可能出现问题，有时甚至是非常严重的问题。

事实上，所有的现代人类都是各种建筑物的用户，我们在使用建筑物的过程中经常碰到和听到类似这样的问题：装修的时候钻断电缆，水管破裂找不到最近的阀门，有些房间热死有些房间冻死，电梯没有按时更换部件造成坠落，发生火灾疏散不及时造成人员伤亡等等，不一而足。

用唯物辩证法的观点来解释，在造成这些问题甚至灾难的原因中，获取建筑物本身信息的不及时和不准确是主要矛盾的主要方面。

普罗大众有一个大家都认为无比正确但是却非常错误的观点：造房子比造飞机要简单得多。事实上，一栋大型建筑物其复杂程度一点儿不比一架大型飞机小，而对社会和人类的影响可能是一架飞机的 10 倍、100 倍甚至更多。一架最大的飞机也就装 500 人，但一栋大型建筑物要供 5000 人、50000 人乃至更多的人使用。

除了运营维护以外，对于商业地产项目来说，为满足市场变化对物业的改造升级也是另外一个不容忽视的工作，其基本的依据也仍然是有关建筑物本身的准确的信息。

事实上，不论使用哪种工具建造和运营建筑物，其信息都没有丢失，只是以不同的形式和方式存放着，问题只是得到相关信息的准确性、成本和困难程度。

早期的建筑物信息都存放在匠人的脑袋里，匠人不在了就找匠人的徒弟，除此之外，别无他法。

现代建筑业发端以来的信息都存在二维图纸（包括电脑及 CAD 技术普及以后的 DWG，word，excel 等各种电子版本文件）和各种机电设备的操作手册上，需要使用的时候由专业人员自己去找到信息、理解信息，然后据此决策对建筑物进行一个恰当的动作。这是一个花费时间和容易出错的工作，这就解释了我们上面提到过的各种使用问题。

因为我们知道二维图纸有三个与生俱来的缺陷：抽象（因此需要专业人士翻译）、不完整（因此容易出现修好了这里但修坏了那里的问题）和无关联（因此需要把相关信息都找出来才能做出正确判断和行动）。

uBIM 运营维护阶段的咨询服务产品优比运营通集成 BIM 竣工模型和 web 技术可以从以下几个方面为物业运营维护和改造升级提供及时、直观、完整、关联的项目信息服务和决策支持：

- 在 BIM 竣工模型的基础上，建立物业动态信息模型网站，保持在电脑里的这个虚拟建筑物和变化着的实际建筑物信息一致（如图 2.13-1）。

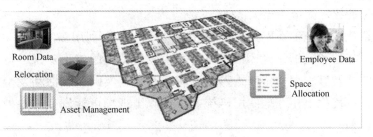

图 2.13-1

- 建立物业运营健康指标，指导、记录、提醒物业运营和维护的计划与执行。
- 实现物业管理与 BIM 模型、图纸、数据一体化（如图 2.13-2）。

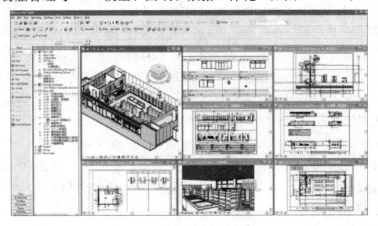

图 2.13-2

2.14 BIM 与商业地产——业主建一栋得两栋

前文介绍了 BIM 在商业地产生命周期内的策划、设计、招投标、施工、租售、运营维护和改造升级等各个阶段中能够帮助业主解决一些什么问题和带来什么价值，并且作为建设项目直观、完整、关联信息的承载和传递平台，BIM 除了为业主服务以外，还可以为项目的所有参与方带来明显的经济效益和社会效益。

与此同时，我们也了解了 BIM 对国内同行来说还是一个新生事物，因此，笔者认为目前首当其冲的任务是要在不同项目、不同阶段和不同层面上实现 BIM 的价值，从而摸索出一套适合中国工程建设领域的 BIM 研究和应用方法。

根据国内行业的发展情况来看，现阶段商业地产项目 BIM 的最主要三个应用可以归纳为：

- 协调综合让招标图纸不出错：由于项目的复杂性和设计的多专业属性，设计图纸的错漏碰缺无法避免，而所有由于设计图纸错误引起的成本增长、工期延误以及质量降低的账最终都会算到业主头上。BIM技术通过各种不同类型的多专业协调综合，找到并更正设计图纸的错漏碰缺，生成综合管线图（CSD）和结构预留孔洞图（CBWD），保证招标图纸不出错。

● 4D5D让现场施工不出错：在BIM模型基础上，利用多维模拟（如4D，5D模拟等）、web 2.0、移动通讯及RFID等技术手段对项目的施工安排、施工难点的可建性、工业化制造及其管理、特殊重点和隐蔽工程等在实际施工活动发生以前进行数字化模拟、分析、优化工作，把使用传统方法在施工现场可能发生的各种问题消灭在没有实际发生以前。

● 虚实结合让运营维护不出错：利用BIM竣工模型，使得除了现实世界客观存在的真实建筑物外，还同时在数字世界中建立一个跟真实建筑物具有相同信息和表现的虚拟建筑物，专业人员对实际建筑物的运营维护活动可以在虚拟建筑物上进行计划、分析、预演，从而排除各种运营维护阶段可能出现的错误。

没有使用BIM的时候，在项目竣工以后，业主得到一栋实际的建筑物和一堆记录项目信息的二维图纸（或者DWG文件）、效果图、word文件、excel文件，这些文件之间没有关联，如果在物业运营维护的时候需要这个建筑物的有关信息，就得依靠人力从上述的这堆信息中去过滤、查找，其过程显然是费时而且容易出错的，当然，费时可能会导致运营成本的增加和有利时机的丧失，出错轻则令物业客户感到不适，重则人命关天。

使用BIM以后，业主将同时得到两栋建筑物，一栋实际的在地球上，还有一栋虚拟的在电脑里，也就是这栋建筑物的BIM竣工模型。有关这个项目的所有信息都存在了这个虚拟建筑物上，我们称这个虚拟建筑物是那个实际建筑物的DNA。

当物业运营维护过程中需要建筑物的某些信息时，可以直接在这个虚拟建筑物的相应地方找到，例如一个阀门的所有资料都可以在这个阀门那里找到；当需要对建筑物的某些部分进行实际操作时，可以在虚拟的建筑物上预先进行模拟和培训，例如电梯维修和交通组织等；当物业发生突发事件后，可以利用虚拟建筑物尽快制定最佳的应对计划，例如火灾紧急疏散的组织等。

而且，这个虚拟的建筑物还在跟着实际建筑物的变化而变化，所有的运营维护信息仍然可以更新到这个虚拟的建筑物里面去。

当然，使用BIM以后，传统的记录建筑物信息的那堆图纸、效果图、word文件、excel文件也一个都没有少，区别只是现在这些信息在法律上的作用的比例会逐渐提高，而技术上的作用的比例会逐渐降低。当这个比例达到一定程度的时候，建筑业就进入BIM时代了。

评论与回复

【zfbim 2009-10-20 10：57：37】
建一幢得两幢，很贴切形象的说法！因为BIM，你的建筑物有了灵魂！是可操纵的那种！

【博主回复：2009-10-20 20：51：53】
BIM 就是建筑物的 DNA。

2.15　BIM 与商业地产——BIM 是如何起作用的

在《BIM 与商业地产》系列文章的最后，我们通过下面几幅图形来看看 BIM 是如何在建设项目开发和运营的全生命过程中起作用的。

首先，在项目的任何阶段，当我们需要对项目的全部或部分采取某种行动的时候，都遵循着类似图 2.15-1 所示的决策机制：

图 2.15-1

那么，在以二维图纸（包括图纸的电脑文件版本如 DWG）作为主要信息承载和传递工具的今天，上述过程有些什么特点呢？如图 2.15-2 所示。

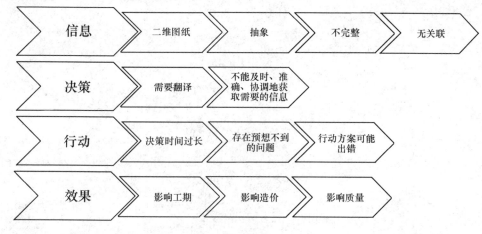

图 2.15-2

使用 BIM 以后的情况与使用二维图纸的情况有什么区别呢？如图 2.15-3 所示。

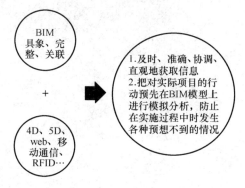

图 2.15-3

以上内容，作为本系列文章的结尾。

3　BIM 与应用实施

本栏目文章介绍 BIM 的应用层次、实施方法以及给建筑业带来的变化

3.1 BIM应用乾坤大挪移之序曲

任何一种新技术和新方法,只有到了能够真正应用来改善人类本身和人类生存环境的时候才算实现了其最大的价值,BIM也不例外。

对于工程建设行业的同仁而言,当面对BIM这样一种新技术和新方法的时候,首先当然是要弄清楚什么是BIM,关于这个问题能找到的资料比较多,估计相当数量的同行们也可以说出个一二三来,这里不再重复。如果有兴趣,诸位也可以参考博文《那个叫BIM的东西究竟是什么?》。

关于BIM应用的资料也可以找到不少,这个说用BIM设计了一个剧院,那个讲用BIM进行了施工模拟,另一个描述用BIM支持数控加工等等,但有一个总体的感觉:有点无序,有点乱。

那如何才能把BIM应用这个问题讲清楚呢?这里提供一种方法供同行参考讨论:

我们从图3.1中的三个维度去讨论和描述BIM应用这个命题,即BIM用在什么项目上?谁来使用?能用到什么程度?

关于BIM用在什么项目上这个问题,如果把BIM理解成一种技术和方法,那么BIM可以用在所有建设项目上;如果具体到某个BIM软件和工具,那么,每个软件和工具都有一定的适用范围。一般情况下我们说的BIM都是BIM技术和方法。

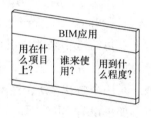

图 3.1

谁来使用BIM这个问题的答案就是项目的所有参与方,包括业主、策划、设计、施工、供应商、销售、运营商等,而且参与方的范围越广,BIM的价值就越能体现。当然,这么说,并不排除项目的单个参与方甚至单个个人使用BIM。

基于上面的文字,我们知道BIM应用的前两个维度相对来说都是比较容易回答的,因此,作者想着重对第三个维度进行一个分析,并就此请教于各位同行。

评论与回复

【心诚则灵 2009-10-12 17:11:19】

你提出了在什么项目(What),由谁使用(Who),和使用程度。我想问问对于what and who怎样使用BIM,即How。如有一些简单实例的描述就更容易明白了。不知是否说的到位。

【博主回复:2009-10-12 20:32:22】

问得非常到位,How是一个比其余三个问题都要大得多的问题,没有有限答案,我的博文《BIM 与商业地产》系列部分也回答了这个问题。

3.2 BIM 应用乾坤大挪移之第 1 层——回归 3D

借用一句伟人说过的话，"建筑是 3D 的，也是 2D 的，但是归根到底是 3D 的"。

人类很伟大，发明了用 2D 的方式来表达 3D 的建筑物（制造业也是如此），从而导致建筑业设计与施工两个领域的明确分工，带来了近一百多年建筑业的空前繁荣和发展。

随着建设项目复杂性的不断加大（包括规模的增大以及建筑系统数量和复杂性的增加等），以及由于竞争需要导致的业主对缩短工期和控制造价的压力，建筑业在从未有过的发展和繁荣的同时也切身地感受到了从未有过的挑战。

而人类伟大发明的 2D 表达以及设计与施工的明确分工恰恰被证明是出现上述挑战的主要原因。

工程建设行业的专家们开始研究实践突破上述挑战的技术和方法，这些技术和方法包括 EPC（Engineering, Procurement and Construction 工程总承包），IPD（Integrated Project Delivery 集成项目提交），Lean Construction（精益建造）等，这些方法的主要目的是用来解决设计与施工明确分工带来的问题的。

毋庸置疑，这些技术和方法中的 BIM（Building Information Modeling 建筑信息模型）是用来解决 2D 表达给建筑业进一步发展带来的挑战的，但是有一点需要特别说明，如果没有 BIM，那么 EPC/IPD/LC 等方法能够为建筑业带来的价值将大大地受到限制，换句话说，只有把 BIM 和上述方法整合起来使用才能更加有效地解决目前的挑战。

原因很简单，所有对建设项目不同阶段的有效方案和措施都以项目参与人员对项目本身的全面、快速、准确理解为基础，而 2D 表达恰恰在这件事情上是一个越来越严重的障碍。讨论 2D 图纸问题的文章很多，其中业界公认的 BIM 教父 Chuck Eastman 的归纳非常精炼到位：

- 需要用多个 2D 视图来表达一个 3D 的实际物体指导施工，有冗余，容易产生错误。
- 以线条、圆弧、文字等形式存储，只能依靠人来解释，电脑无法自动解释。

BIM 的目的当然是解决 2D 图纸的上述问题，让建设项目的设计施工运营全过程回归到建筑物的本来面——3D 上来。事实上制造业在这方面远远走在建筑业的前头，其 3D 设计和制造技术在产业中的实际应用已经有超过 30 年的历史。

首先我们来看一张目前典型使用的 2D 图纸（图 3.2-1），从图纸上我们能看出来划圈的地方有问题吗？

要确定上述图纸有没有问题，不是一件容易的事情，需要不同专业的设计人员花时间进行协调沟通，然后在人脑里面把不同元素的空间关系想象出来进行检查。在项目复杂时间有限的情形下,必然会遗留不少问题到工地上。

再来看一张与上述图纸表达的建筑物同样位置的BIM模型三维视图(图3.2-2):

图3.2-1　　　　　　　　　　　　图3.2-2

划圈里面的问题一目了然,这就是BIM的第1层应用,使得建设项目的所有参与方回归3D。

评论与回复

【zfbim 2009-10-19 12:26:16】
3D清晰直观,一目了然!2D一头雾水!
【博主回复:2009-10-19 17:19:19】
发明2D表达3D是一件伟大的事情,回归3D将会是一个更伟大的事业。日本同行把BIM称为"建筑革命",其中可能也有这样的意思。

3.3 BIM 应用乾坤大挪移之第 2 层——协调综合

建筑业的同行都对这样两个专有名词耳熟能详,一个叫"错漏碰缺",另外一个叫"设计变更"。其中错漏碰缺是因,设计变更是果。

有了错漏碰缺,就需要做设计变更,这就是所谓的因果。那么设计变更对建设项目的所有相关方和项目本身又意味着什么样的果呢?

- 对设计师来说,意味着工作量;
- 对承包商来说,意味着待工、窝工、返工;
- 对发展商来说,意味着工期可能延误、造价可能提高、质量可能降低;
- 对社会来说,意味着人力材料浪费、更多的二氧化碳排放、更大的绿色挑战。

笔者没有看到有关方面对错漏碰缺和设计变更的原因进行分析的统计资料,根据对同行的访谈,我们得到以下概念性的信息(如图 3.3-1 所示):

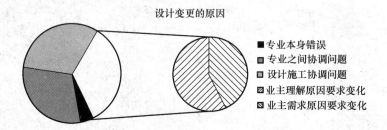

图 3.3-1

- 单个专业自己的图纸本身发生错误的比例很小;
- 设计各专业之间的不协调、设计和施工之间的不协调以及业主要求变更是设计变更的主要原因,而且三者比例差不多;
- 业主要求变更的原因有两种,其一是业主对图纸的理解、他看到的施工结果与他想要的东西发生偏差;其二是业主需求发生变化。

上述原因当中,除业主需求变化引起的变更外,其余专业之间的协调问题、设计施工之间的协调问题和业主由于理解偏差而要求的变化占设计变更的 7~8 成,而通过 BIM 应用的协调综合功能可以解决掉这些问题的绝大部分甚至全部。

目前基于 2D 图纸大家也做管线综合的工作,花的精力不少,效果不能令人满意,非常重要的一个原因在于工具的限制。

大家知道,协调综合的工作主要分两个步骤:首先是发现问题,然后是解决问题。使用 2D 图纸进行协调综合的时候,经常出现两个问题:

- 发现问题了,谁来修改呢?建筑、结构改还是给排水、电气、暖通改?设计改还是施工改?各方争论,莫衷一是,最后往往谁弱势谁改,至于这样修改是否对项目最有利只有天知道。
- 原来的问题解决了，结果出现了比原来更严重的问题，如图 3.3-2 所示：

图 3.3-2

统计资料证明，BIM 的第 2 层应用—协调综合可以使设计变更大大减少，同时如果像上图那样使用 BIM 进行协调综合，那么协调综合过程中的不合理变更方案或问题变更方案也就不会出现了。

3.4 BIM 应用乾坤大挪移之第 3 层——4D/5D

4D/5D 等 3D 以上的多维应用是 BIM 为建筑业带来的新信息和新手段，在此以前，三维以上的 nD 空间更多的是一个数学意义上的概念。

罗马不是一天建成的，虽然一个项目没有建设整个罗马城需要的时间多，但也是要靠一砖一瓦才能建起来的，从这个意义上来说，建筑不仅仅是 3D 的，也是 4D 的。

事实上，项目在施工过程中，围绕施工的所有活动都是和时间相关的，也就是说是 4D 的。例如建筑机械的行进路线和操作空间、土建工程的施工顺序、设备管线的安装顺序、材料的运输堆放安排等，都需要随着项目进展作出相应变化。因此所有的动线分析、碰撞检查、方案设计也都必须和时间有关。

BIM 的 4D 应用主要有以下两个层面：
- 宏观层面（进度模拟）：把 BIM 模型和进度计划软件（如 MS Project、P3 等）的数据集成，业主可以按月、周、天看到项目的施工进度并根据现场情况进行实时调整，分析不同施工方案的优劣，从而得到最佳施工方案（如图 3.4-1）。

微观层面（可建性模拟）：对项目的重点或难点部分进行可建性模拟，按秒、分、时进行施工安装方案的分析优化。图 3.4-2 内的左下角小图清晰地表现了右侧梁柱节点的详细构造，包括每个构件的连接方式、节点板的布置以及螺栓的详细排位等。图

图 3.4-1

图 3.4-2

3.4-3 则预先在电脑里模拟了预留孔洞和后穿入管道或部件之间的关系。

另外一个众所周知的事实是,建设项目的投入不是一次性到位的,是根据项目建设的计划和进度逐步到位的,制造业的"零库存"生产管理方式由来已久,BIM 的 5D 应用结合 BIM 模型、施工计划和工程量造价于一体,可以实现建筑业的"零库存"施工,最大程度发挥业主资金的效益。

由于 BIM 模型存储了建设项目的所有几何、物理、性能、管理信息,事实上成为实际项目的克隆或 DNA,在此基础上的 4D、5D 及更多维度的应用为业主提供了传统 CAD、效果图或手工绘图无法实现的价值。

这是 BIM 的第 3 层应用。

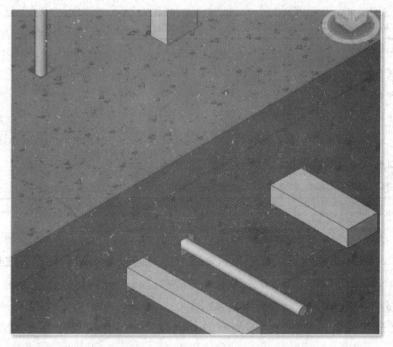

图 3.4-3

3.5 BIM 应用乾坤大挪移之第 4 层——团队改造

造房子是一个集体运动,除了参与方个人的专业能力要强以外,所有参与方之间有效配合的重要性对整个建设项目的效益贡献并不比个人的专业能力小。

现代建筑业经过几百年的发展,已经形成了相对稳定的项目团队形式,如图 3.5-1 所示:

这种团队形式的有效性已经被近一百年以来建筑业的高速发展所证明,那么随着项目的复杂性越来越高(规模大、功能复杂等)、市场对项目质量的要求越来越高(包括绿色、可持续等),而与此同时全球化使竞争越来越剧烈、对工期和造价的控制越来越严格,这样的项目组织形式是否面临着挑战呢?

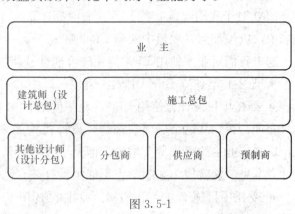

图 3.5-1

美国国家标准技术研究院(NIST-National Instuitute of Standards and Technology)在 2004 年做了一个名为 "Additional costs of inadquate interoperability in the construction industry" 的研究,表 3.5 是研究成果之一:

表 3.5

项目相关方	设计阶段	施工阶段	运营维护阶段	合计增加费用
建筑师和工程师	$1,007.2	$147.0	$15.7	$1,169.8
施工总包	$485.9	$1,265.3	$50.4	$1,801.6
专业分包和供应商	$442.4	$1,762.2	—	$2,204.6
业　　主	$772.8	$898.0	$9,027.2	$10,648.0
合　　计	$2,658.3	$4,072.4	$9,093.3	$15,824.0
2002年适用面积（平方英尺）	11亿	11亿	390亿	
每平方英尺增加成本	$2.42/sf	$3.70/sf	$0.23/sf	—

资料来源：Additional costs of inadequate interoperability in the construction industry，2002（单元：百万美元）by NIST（美国国家标准技术研究院）

该表对2002年美国建筑业由于项目各参与方之间以及不同软件系统之间的数据不能互用（interoperability）给行业带来的额外成本进行了分析研究，项目种类包括商业建筑、工业建筑和公共建筑，主要结论如下：

- 对于新建项目，由于信息不能有效互用导致每平方英尺额外增加6.12美元的成本；
- 对于正在使用的项目，由于信息不能有效互用导致每平方英尺额外增加0.23美元的成本；如果按50年使用年限计算，这个额外成本为每平方英尺11.5美元；
- 在所有的额外增加成本中，68%左右（约106亿美元）发生在业主身上（表中红色行）。

近十年世界各地的理论研究和工程实践证明，信息有效互用是BIM给建筑业带来的主要价值之一，应用BIM可以帮助消除上述额外成本的发生。

BIM对于我国建筑业各个环节来说都还是一个比较新的技术和方法，那么对于业主来说，应该如何在项目中实施BIM呢？

这里我们对业主使用BIM的几种可能性分析如下：

- 业主自己建立BIM团队：不能一步到位，需要时间积累；
- 委托项目设计方使用BIM：业主使用BIM的其中一个目标是检查设计图纸的正确、合理与否，从这个层面来理解，设计机构如果用了BIM，那么业主的工作量会减少，反之，业主的工作量会增加。但是不管哪种情况，业主使用BIM的人不能是项目设计方本身，这就像施工图审查不能由设计院自己做一样；
- 委托项目施工方使用BIM：业主的BIM应用和施工方的BIM应用目标不完全一致，和设计方的情形类似，业主的BIM应用不能委托项目施工方；
- 委托专业BIM咨询服务公司：事实上，在业主初期应用BIM技术的阶段，这是一个不二的选择，随着业主对BIM应用的不断积累，业主可以选择自己建立BIM团队，或者长期委托专业BIM咨询公司。

无论是业主自己建立团队还是委托专业BIM咨询服务机构来实施BIM，有一点是共同的，BIM必须为项目所有参与方服务，也就是说，项目的其他参与方是纵向分工的（如建筑、结构，设计、施工等），而BIM服务是横向贯穿的，使用BIM以后的项目团队如图3.5-2所示：

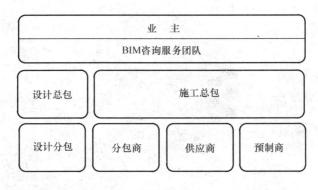

图 3.5-2

只有这样，BIM才能为业主带来最大效益，是为BIM的第4层应用。

评论与回复

【zfbim 2009-10-29 10：22：29】
BIM服务咨询团队充当的是业主的"军师"角色；如同诸葛亮与刘备之间的关系！不知这样理解是否合理？

【博主回复：2009-10-29 14：25：07】
这样比喻很有意思，我觉得挺贴切。

3.6 BIM应用乾坤大挪移之第5层——整合现场

即使图纸完全正确，施工或运营现场也还可能产生错误。引起错误的原因很多，但是其中一个最主要的原因就是现场人员对图纸的理解有误，尤其是在时间要求很紧的情况下（例如事故、火灾等突发事件），这种理解错误发生的概率就更高。

BIM应用的整合现场实际上就是整合虚和实，用BIM模型的虚拟建筑与实际的施工现场或运营管理现场相整合，让现场人员按照实际建筑物样子的BIM模型去理解现场并实施操作，而不是根据抽象的图纸，经过现场人员理解翻译以后的脑袋里的三维空间去处理。

BIM的现场整合应用主要包括现场指导、现场校验和现场跟踪几个方面。

● 现场指导：以BIM模型和3D施工图代替传统二维图纸指导现场施工，避免现场人员由于图纸误读引起施工出错（说明：图3.6-1～图3.6-4由Autodesk提供）。

● 现场校验：无论采取何种措施，现场出错的问题将永远存在，因此，如果能够

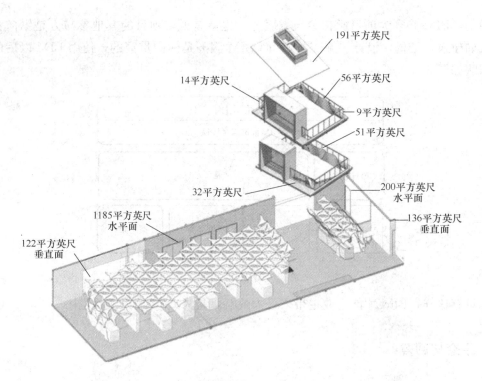

图 3.6-1

图 3.6-2

尽早在错误刚刚发生的时候发现并改正,对施工现场也具有非常大的意义和价值,图 3.6-3～图 3.6-4 所示通过 BIM 模型对施工现场进行校验。

● 现场跟踪:利用激光扫描、GPS、移动通讯、RFID 和互联网等技术与项目的 BIM 模型进行整合,指导、记录、跟踪、分析作业现场的各类活动,除了保证施工期间不产生重大失误以外,同时也为项目运营维护准备了准确、直观的 BIM 数据库。

图 3.6-3　　　　　　　　　　　　图 3.6-4

把 BIM 模型和施工或运营管理现场的需求整合起来，再结合互联网、移动通讯、RFID 等技术，形成 BIM 对现场活动的最大支持，是 BIM 的第 5 层应用。

3.7　BIM 应用乾坤大挪移之第 6 层——工业化自动化

工业化的好处众所周知：效率高、精度高、成本低、质量好、资源节约、不受自然条件影响等等，不一而足。根据建设部住宅产业化促进中心的资料，我国住宅建造的水平与发达国家相比有很大的差距，住宅建造的生产效率仅相当于美国和日本住宅建造效率的 1/6～1/5，究其原因还是住宅建设的工业化水平较低所致。

制造业的生产效率和质量在近半个世纪得到突飞猛进的发展，生产成本大大降低，其中一个非常重要的因素就是以三维设计为核心的 PDM（Product Data Management 产品数据管理）技术的普及应用。

建设项目本质上都是工业化制造和现场施工安装结合的产物，提高工业化制造在建设项目中的比例是建筑业工业化的发展方向和目标。工业化建造虽然有明显的好处，但是对技术和管理的要求也要高得多，工作流程和环节也比现场施工要复杂得多，图 3.7-1 所示：

工业化建造至少要经过设计制图、工厂制造、运输储存、现场装配等主要环节，其中任何一个环节出现问题都会导致工期延误和成本上升，例如：图纸不准确导致现场无法装配，需要装配的部件没有及时到达现场等等。

我国的住宅产业化工作虽然在十年的发展过程中也取得了不少成绩，但整体形势不乐观，要达到大面积、大比例应用还有很多工作要做，可以说，任重而道远。虽然涉及多方面的原因，但是缺少类似制造业 PDM 系统这样的信息创建、管理、共享系统是其中的一个关键因素，在建筑业中的这个系统就是 BIM（Building Information Modeling 建筑信息模型）。

工业化建造的设计跟现场施工的设计是有区别的，传统 CAD 设计工具和施工图设计方法的精度和详细程度很难满足要求，再加上设计、制造、物流、安装之间信息和实物流转的需要，出错的概率就更大。

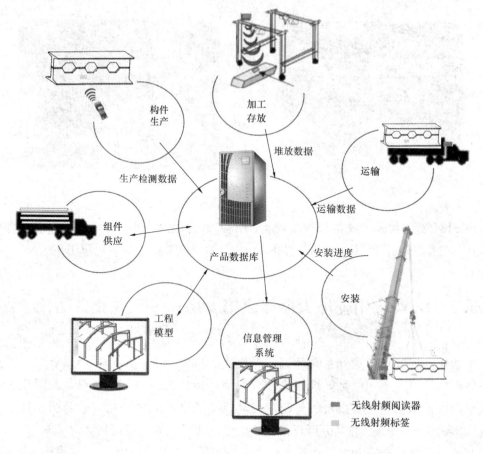

图 3.7-1

BIM 应用为建筑业工业化不但解决了信息创建、管理、传递的问题，而且 BIM 模型、三维图纸、装配模拟、采购制造运输存放安装的全程跟踪等手段为工业化建造方法的普及也奠定了坚实的基础，图 3.7-2 为建筑部件的 BIM 模型。

图 3.7-2

与此同时，工业化还为自动化生产加工做好了准备，自动化不但能够提高产品质量和效率，而且对于复杂形体，利用BIM模型数据和数控机床的自动集成，还能完成通过传统的"二维图纸—深化图纸—加工制造"流程很难完成的工作。（图3.7-3由Autodesk提供）

图3.7-3

大量的工程实践和理论研究证明，BIM将大大推动和加快建筑业的工业化和自动化进程，这是BIM的第6层应用。

3.8 BIM应用乾坤大挪移之第7层——打通产业链

建设项目的产业链包括业主、勘察、设计、施工、项目管理、监理、部品、材料、设备等，一般的项目都有数十个参与方，大型项目的参与方可以达到几百个甚至更多。

二维图纸作为产业链成员之间传递沟通信息的载体已经使用了几百年的时间，劳苦功高的同时，其弊端也随着项目复杂性和市场竞争的日益加大变得越来越明显。

美国国家标准研究院（NIST-National Institute of Standards and Technology）2005年初发布的一份报告指出，仅仅由于项目成员之间数据互通性的要求而产生的成本就使建设项目效率降低6%左右。

打通产业链的其中一个本质就是信息共享，这种能够有效支持产业链共享的信息至少需要具备下面一些特征：

- 具象的：易于快速准确理解；
- 完整的：不会产生歧义；
- 关联的：易于协调一致；
- 电脑可以自动解释的：易于自动统计分析模拟；
- 互用的：不用重复输入。

BIM 就是全球建筑业专家同仁为解决上述挑战而进行探索的成果，使用 BIM 以后主要产业链的关系可以用图 3.8-1 表示：

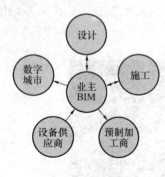

图 3.8-1

业主是建设项目的所有者，因此自然也是该项目 BIM 过程和模型的所有者，这个定位和大多数把业主也定义为 BIM 的其中一方的观点有所不同。

设计和施工是 BIM 的主要参与者、贡献者和使用者，这方面的资料相对较多，本文不准备作太多展开。

关于预制加工商（Fabricator）的 BIM 应用情况在拙文"BIM 应用乾坤大挪移之第 6 层—工业化自动化"中作了一定的介绍，此处也暂时不做深入探讨。总体来看，预制加工商更多的是 BIM 信息的使用者。

建筑物的各类系统需要使用大量的机电设备，这些设备除了需要适当的空间、环境（温度、湿度、荷载等）进行运输安装以外，还有大量的安装、操作、维修、保养、故障处理等指导和记录手册需要保存供随时调用，这些资料目前都是以纸质或电子版本的文字和图纸形式提供给业主（或通过承包商等提供给业主），这种传统的形式给业主的运营管理带来的困难、低效和潜在风险是不言而喻的。

业主要建立完整的可以用于运营的 BIM 模型，必须有设备材料供应商的参与，供应商逐步把产品目前提供的二维图纸资料逐步改进为提供设备的 BIM 模型（图 3.8-2），供业主、设计、施工直接使用，一方面促进了这三方的工作效率和质量，另一方面对供应商本身产品的销售也提供了更多更好的方式和渠道。

图 3.8-2

产业链的另外一端就是数字城市或者智慧地球（图 3.8-3），在没有 BIM 以前，所谓数字城市的主要内容实际上就是数字地图，最多用三维图块来表达建筑物，达到可视化效果。有了建筑物的 BIM 模型以后，集成现有的 GIS 和 CAD 信息，城市管理人员和市民就可以走进大楼的里面了，数字城市的综合能力和水平将得到大大提高。

打通产业链将 BIM 的价值延伸到了跟建设项目相关的所有各方，包括城市的管理和运营者、城市的建设者和城市的使用者等，这样就可以最大限度发挥 BIM 的价值，这也是今天我们可以看到的 BIM 应用的最高层次。

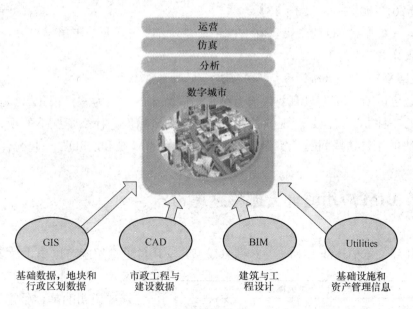

图 3.8-3

评论与回复

【zfbim 2009-11-06 10：52：32】

"业主要建立完整的可以用于运营的 BIM 模型，必须有设备材料供应商的参与……"

博主所言极是，目前的几个 BIM 平台幻想的是建一个阀门模型就可以代表全天下所有厂家的同型号阀门，事实是不同厂家的同型号阀门不光外形尺寸有异，质量有异，价格也天壤之别，所以 BIM 里的信息模型必须是分不同厂家的；大金的冷水主机与特灵的同型号冷水主机也完全是两回事；厂家提供的信息模型库是 BIM 得以顺利实现的基石，是必要条件之一；问题是现在的厂家愿意提供吗？厂家除了愿意提供一些以纸为介质的文字图片信息之外，还愿意提供一种符合格式要求的三维信息模型的电子文档吗？

产品的三维信息模型对提升产品的市场推广是有帮助的，对企业的长远发展是有益的，对行业发展的贡献是巨大的，并且产品的三维信息模型的制作费用是比较低的。

现实是：多数厂家的决策人对 BIM 是无知的，不了解的！如果他们理解了 BIM 之后愿意积极参与吗？为此，我特地做过调查，非常的不理想：十家里面只有一家说愿意考虑。

【博主回复：2009-11-09 08：56：08】

当厂家认识到或者有人能够给厂家证明 BIM 对设备制造商来说不是锦上添花可有可无的东西，而是实实在在的生产力的时候，这个问题才能真正得到解决。投资求回报，这是资本的基本特征。

【陈虹 2010-06-23 23：33：18】

其实对我们学过3D的来说，有个图片就可以直接把图片处理过后贴在一个物体上产生看起来像3D的效果。

【博主回复：2010-06-24 08：46：58】

网友这里讲的"3D"只有效果没有结果，因此业内称之为"可视化"，是一种呈现项目信息的一种方法，但是呈现的是什么阶段、什么精度、什么情况下的项目信息呢？BIM要解决的正是这些问题。实际使用过程中通常BIM是和"3D"一起配合使用的。

3.9 BIM应用乾坤大挪移之尾声

前面几篇文章描述的BIM（建筑信息模型）应用的七个层次可以集中放到图3.9-1里来表示：

BIM应用之乾坤大挪移						
第1层 回归 3D	第2层 协调 综合	第3层 4D/ 5D	第4层 团队 改造	第5层 整合 现场	第6层 工业化 自动化	第7层 打通产 业链

图 3.9-1

需要说明的是，尽管BIM应用价值最大化的理想状态是所有项目参与方都能够在各个层次上使用BIM，但是我们同时必须看到BIM应用的另外一些特点：

● BIM应用的各个层次不是能一步到位的，也不需要一步到位；

● BIM应用既不需要在一个项目里实现各个层次，也不需要一个项目的所有参与者都同时使用；

● 项目参与方中有一个人使用BIM就能给项目带来利益，进行某一个层次的应用也能给项目带来利益。

如果把项目的各个阶段和所有参与方都整合到一起来，我们可以看到在项目范围内跟BIM应用相关的所有元素，如图3.9-2所示。

千里之行，始于足下。BIM应用的宏伟蓝图需要一步一步去实现，那么业主BIM应用的第一步应该如何去开始呢？经过多年实践，国内外专家普遍认可的BIM起步成功准则如下：

● 一个项目：只有在水里才能真正学会游泳；

● 一个BIM咨询服务商：好的教练会保证姿势对、少喝水、有后劲；

● 一个关键节点应用：施工招标以前对图纸进行协调综合，出综合管线图，保证招标图纸正确，减少设计变更和现场浪费，避免风险；

图 3.9-2

● 一份投资回报：只要找对了 BIM 咨询服务商，这个决策本身就是一个赚钱的决策（省下来的钱会比花出去的钱多）。

评论与回复

【新浪网友 2009-11-05 17：28：03】
看完乾坤大挪移，大有被打通任督二脉的畅快淋漓之感！
【博主回复：2009-11-06 09：54：38】
任重而道远，需要行业同仁一起努力。

3.10　BIM 实施指南——孤立 BIM 还是集成 BIM

从建设项目生命周期整体的角度去分析，一个 BIM 项目的实施需要涉及不同的项目阶段、不同的项目参与方和不同的应用层次等三个维度的多个方面，复杂程度可想而知，详情请参见笔者的另一篇博文《BIM 应用乾坤大挪移之尾声》。

荀子在《劝学》篇里有"不积跬步，无以至千里；不积小流，无以成江海"的千古名言，意思就是路是一步一步走的，长城是一砖一石垒的，整体是由部分在一定的规律（流程）下构成的。

BIM 项目的实施也不例外，其中的每一个"部分"（即一个任务 Task 或活动 Activity）的典型形态可以用图 3.10 表示：

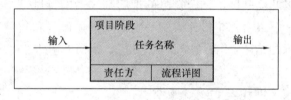

图 3.10

每个完整的 BIM 项目都是由上述的一系列任务按照一定流程组成的，因此，除了该 BIM 项目起始的第一个任务以外，其他任务的输入都有两个来源：其一是该任务前置任务的输出，其二是该任务责任方的人工输入（对整个项目的 BIM 模型来说就是这个任务增加的信息）。

当同一个建设项目中的若干 BIM 任务互相之间没有任何信息交换，每一个 BIM 任务需要的信息完全由本任务的责任方输入时，我们把这样的 BIM 应用称之为孤立的 BIM 应用；反之，只要某个任务使用了由前置任务传递过来的信息，我们就可以称其为集成的 BIM 应用，至于集成的程度可以用以下三个指标来衡量：

● 传递的信息数量和质量：是否前置任务已经输入过或产生过的信息都传给了后置任务，并且后置任务可以直接使用；

● 传递的任务跨度：是否该建设项目中的所有 BIM 任务之间都进行了信息传递；

● 传递过程的方便性：同一种原文件格式传递，通过 API 传递，通过中间文件传递等。

我们知道，单个 BIM 任务实现的效益和 BIM 任务间的集成程度是两个影响整个建设项目 BIM 技术应用效益大小的重要因素，目前市场上讨论单个 BIM 应用的资料比较多（例如设计协调、管线综合、碰撞检查、施工模拟、成本预算等），而讨论 BIM 应用集成的资料更多地集中在各种数据交换标准特别是 IFC 上，事实上影响 BIM 应用集成程度的因素也需要从两个层面去考虑才完整：

● 技术层面：包括数据标准如 IFC、API、ODBC 等不同类型的方法，目前都还处于快速发展的阶段，有些事情短期做不好（例如 A 软件里的某种类型的门转换到了 B 软件里面还是同一个门），有些事情可能长时间也未必做得好（例如 IFC 既能清楚、一致地表达实体，也能清楚、一致地表达"虚体"—实体之间的关系）。

● 管理层面：可以预见，在相当长的时间里面以及相当大的范围内，管理（即 BIM 项目的实施战略和计划）将是提高 BIM 应用集成度更重要的保证，就像大家早在网络普及以前已经享受的海陆空联运一样，这主要是管理层面的功劳，而不是技术层面的功劳。

美国 bSa（buildingSMART alliance）2009 年发布的"BIM Project Execution Planning Guide Version 1.0（BIM 项目实施规划指南 1.0 版）"更加证实了管理对于实施集成 BIM 项目的重要性，同时该指南也提供了一整套具体程序和工具辅助 BIM 项目实施规划的工作，对我国 BIM 技术的普及应用少走弯路有很现实的参考意义，笔者将以此为基础，结合自己的理解陆续给同行做一个介绍。

最后，想借伟人的一句话来描述孤立和集成 BIM 应用之间的关系，并作为这篇文章的结尾："孤立是集成之母"，BIM 应用从孤立开始。

评论与回复

【zfbim】 2010-02-06 10：34：09

关于数据交换标准——IFC，说的是在不同软件（比如 REVIT 与 AC）之间转换模型数据文件的一个开放性接口。

常规的 BIM 软件里的实体模型与 DWG 格式的实体模型最大的不同是 BIM 软件里的实体模型必须与另一个实体相关联，比如 BIM 软件里的一道门必须与墙体上的门洞相关联，以确保门在墙面上移动的时候墙体开门洞的地方也跟着移动，一个 DWG 格式的实体模型门直接到 REVIT 里面在墙面上移动，墙面是不会自动给它开门洞的，其实，这个关联性建模就是一个提高建模效率的建模技巧而已，在 SU 这类软件里可以很轻松实现，这个与 BIM 所强调的核心价值"信息化"没多少实质性关联。

IFC 目前展示给大家的只是三维实体模型的解析几何里的一些基础性数据，比如一道门三维模型的每个顶点的空间坐标这些东东；IFC 甚至还没解决 REVIT 里的门到 AC 里之后还可以轻松地在墙体上开门洞这类基本建模技巧问题；至于 BIM 的价值核心"信息"，REVIT 模型携带的信息（水泵的流量，扬程……）转换到 AC 里面后还继续保持，IFC 可能还没开始考虑。

一点个人肤浅认识，写在这里期望博主多多指导！

【博主回复：2010-02-06 11：32：43】

BIM 横跨规划、设计、建造、运营等项目阶段以及业主、设计、总包、分包、供应商、设施管理等项目参与方，要做到不同阶段之间和不同参与方之间信息传递的连续性，技术和管理缺一不可，而且管理更为重要，因为人才是决定因素。

【无月夜 2010-03-07 15：53：53】

IFC 的理论应该想到了信息传递的概念，相信过一段时间 IFC 开发部门和主要软件供应商协调好之后就会实现。

【博主回复：2010-03-07 16：55：10】

必须的。

CAD 作为图形没有标准尚可产生效益—做底图，BIM 作为信息如果没有标准则其他人很难利用。

3.11 BIM 实施指南——制定 BIM 规划

一、为什么要制定 BIM 实施规划

无论是孤立的 BIM 项目还是集成的 BIM 项目，在正式实施以前有一个整体战略和规划都将对 BIM 项目的效益最大化起到关键作用。

纯粹从技术层面分析 BIM 可以在建设项目的所有阶段使用，可以被项目的所有参与方使用，可以完成各种不同的任务和应用，因此，BIM 项目规划就是要根据建设项目的特点、项目团队的能力、当前的技术发展水平、BIM 实施成本等多个方面综合考虑得到一个对特定建设项目而言性价比最优的方案，从而使项目和项目团队成员实现如下价值：

1. 所有成员清晰理解和沟通实施 BIM 的战略目标；
2. 项目参与机构明确在 BIM 实施中的角色和责任；
3. 保证 BIM 实施流程符合各个团队成员已有的业务实践和业务流程；
4. 提出成功实施每一个计划的 BIM 应用所需要的额外资源、培训和其他能力；
5. 对于未来要加入项目的参与方提供一个定义流程的基准；
6. 采购部门可以据此确定合同语言保证参与方承担相应的责任；
7. 为衡量项目进展情况提供基准线。

二、BIM 规划的制定程序

为保障一个 BIM 项目的高效和成功实施，相应的实施规划需要包括 BIM 项目的目

标、流程、信息交换要求和基础设施系统等四个部分，图3.11是典型的BIM项目实施规划制定程序：

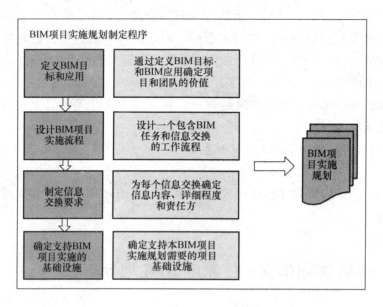

图3.11

● 定义BIM目标和应用：

（1）BIM目标：BIM目标分项目目标和公司目标两类，项目目标包括缩短工期、更高的现场生产效率、通过工厂制造提升质量、为项目运营获取重要信息等；公司目标包括业主通过样板项目描述设计、施工、运营之间的信息交换，设计机构获取高效使用数字化设计工具的经验等。

（2）BIM应用：确定目标是进行项目规划的第一步，目标明确以后才能决定要完成一些什么任务（应用）去实现这个目标，这些BIM应用包括创建BIM设计模型、4D模拟、成本预算、空间管理等。BIM规划通过不同的BIM应用对该建设项目的利益贡献进行分析和排序，最后确定本规划要实施的BIM应用（任务）。

● 设计BIM实施流程：BIM实施流程分整体流程和详细流程两个层面，整体流程确定上述不同BIM应用之间的顺序和相互关系，使得所有团队成员都清楚他们的工作流程和其他团队成员工作流程之间的关系；详细流程描述一个或几个参与方完成某一个特定任务（例如能源分析）的流程。

● 制定信息交换要求：定义不同参与方之间的信息交换要求，特别是每一个信息交换的信息创建者和信息接受者之间必须非常清楚信息交换的内容。

● 确定实施上述BIM规划所需要的基础设施：包括交付成果的结构和合同语言、沟通程序、技术架构、质量控制程序等以保证BIM模型的质量。

三、BIM规划包含的内容

BIM规划完成以后应该包含以下内容：

1. BIM 目标：在这个建设项目中将要实施的 BIM 应用（任务）和主要价值；
2. BIM 实施流程；
3. BIM 范围：模型中包含的元素和详细程度；
4. 组织的角色和人员安排：其中的一个主要任务是要确定项目不同阶段的 BIM 规划协调员，以及 BIM 成功实施所必需的关键人员；
5. 实施战略/合同：项目的实施战略（例如是设计-建造还是设计-招标-建造等）将影响保证 BIM 成功实施的合同语言；
6. 沟通程序：包括 BIM 模型管理程序（例如命名规则、文件结构、文件权限等）以及典型的会议议程；
7. 技术基础设施：BIM 实施需要的硬件、软件和网络基础设施；
8. 模型质量控制程序：保证和监控项目参与方都能达到规划定义的要求。

四、BIM 规划谁来做

如果考虑 BIM 跨越建设项目各个阶段的全生命周期使用，那么就应该在该建设项目的早期成立 BIM 规划团队，着手 BIM 实施规划的制定。但是无论如何，BIM 规划应该在 BIM 实施以前制定。

BIM 规划团队要包括项目主要参与方的代表，包括业主、设计、施工总包和分包、主要供应商、物业管理等，其中业主的决心是成功的关键。

业主是最佳的 BIM 规划团队负责人，在项目参与方还没有较成熟的 BIM 实施经验的情况下，可以委托专业 BIM 咨询服务公司帮助牵头制定 BIM 实施规划。

3.12 BIM 实施指南——定义 BIM 目标和应用

本文介绍 BIM 规划制定四步曲"定义 BIM 目标→设计 BIM 流程→确定信息交换→落实基础设施"的第一步"定义 BIM 目标"，定义 BIM 目标就是基于项目和团队目标以及根据项目特点、参与方的目标和能力、期望的风险分担等选择最合适的 BIM 应用（任务）。

一、BIM 的 25 种应用

美国 bSa（buildingSMART alliance）的"BIM Project Execution Planning Guide Version 1.0"在对目前美国 AEC 领域的 BIM 使用情况进行调查研究的基础上总结了目前 BIM 的 25 种不同应用如图 3.12 所示：

上述 BIM 应用按照建设项目从规划、设计、施工到运营的发展阶段按时间组织，有些应用跨越一个到多个阶段（例如 3D 协调），有些应用则局限在某一个阶段内（例如结

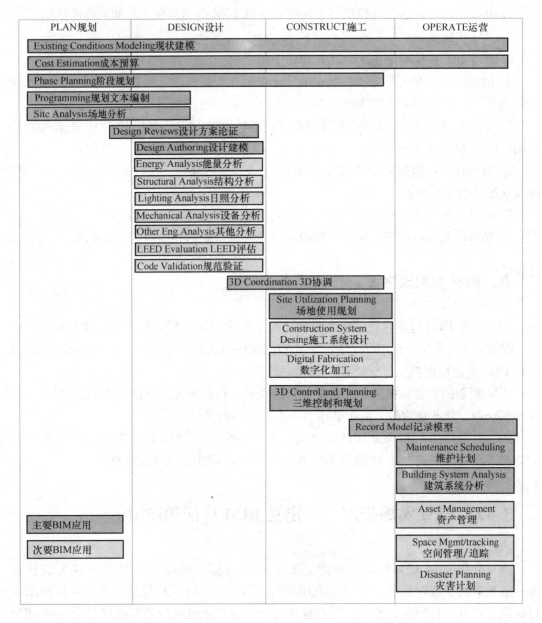

图 3.12

构分析)。BIM 规划团队可以根据建设项目的实际情况从中选择计划要实施的 BIM 应用。

二、定义建设项目的 BIM 目标

在具体选择某个建设项目要实施的 BIM 应用以前，BIM 规划团队首先要为项目确定 BIM 目标，这些 BIM 目标必须是具体的、可衡量的，以及能够促进建设项目的规划、设计、施工和运营成功进行的。

BIM 目标可以分为两种类型，第一类跟项目的整体表现有关，包括缩短项目工期、降低工程造价、提升项目质量等,例如关于提升质量的目标包括通过能量模型的快速模拟得到一个能源效率更高的设计、通过系统的 3D 协调得到一个安装质量更高的设计、开发一个精确的记录模型改善运营模型建立的质量等。

第二类跟具体任务的效率有关,包括利用 BIM 模型更高效地绘制施工图、通过自动工程量统计更快做出工程预算、减少在物业运营系统中输入信息的时间等。

有些 BIM 目标对应于某一个 BIM 应用,也有一些 BIM 目标可能需要若干个 BIM 应用来帮助完成。在定义 BIM 目标的过程中可以用优先级表示某个 BIM 目标对该建设项目设计、施工、运营成功的重要性。表 3.12 是一个建设项目定义 BIM 目标的案例:

表 3.12

优先级 (1～3,1 最重要)	BIM 目标描述	可能的 BIM 应用
2	提升现场生产效率	Design Review 设计审查,3D Coordination 3D 协调
3	提升设计效率	Design Authoring 设计建模,设计审查,3D 协调
1	为物业运营准备精确的 3D 记录模型	Record Model 记录模型,3D 协调
1	提升可持续目标的效率	Engineering Analysis 工程分析,LEED Evaluation LEED 评估
2	施工进度跟踪	4D Modeling 4D 模型
3	定义跟阶段规划相关的问题	4D 模型
1	审查设计进度	设计审查
1	快速评估设计变更引起的成本变化	Cost Estimation 成本预算
2	消除现场冲突	3D 协调

三、使用信息是创建信息的前提

大家知道 BIM 是建设项目信息和模型的集成表达,BIM 实施的成功与否不但取决于某一个 BIM 应用对建设项目带来的生产效率提高,而且更取决于该 BIM 应用建立的 BIM 信息在建设项目整个生命周期中被其他 BIM 应用重复利用的利用率。换言之,为了保证 BIM 实施的成功,项目团队必须清楚他们建立的 BIM 信息未来的用途。

例如,建筑师在建筑模型中增加一个墙体,这个墙体可能包括材料数量、热工性能、声学性能和结构性能等,建筑师需要知道将来这些信息是否有用以及会被如何使用?数据在未来的使用可能和使用方法将直接影响模型的建立以及涉及数据精度的质量控制等过程。

通过定义 BIM 的后续应用项目团队就可以掌握未来会被重复利用的项目信息以及主要的项目信息交换要求,从而最终确定与该建设项目相适应的 BIM 应用。

四、BIM 应用选择程序

选择 BIM 应用需要从以下几个方面进行评估决定:

1. 定义可能的 BIM 应用：规划团队考虑每一个可能的 BIM 应用以及它们和项目目标之间的关系。

2. 定义每一个 BIM 应用的责任方：每个 BIM 应用至少应该包括一个责任方，责任方应该包括所有涉及该 BIM 应用实施的所有项目成员，以及对 BIM 应用实施起辅助作用的可能外部参与方。

3. 评估每一个 BIM 应用的每一个参与方下列几个方面的能力：

（1）资源：参与方具备实施 BIM 应用需要的资源吗？这些资源包括 BIM 团队、软件、软件培训、硬件、IT 支持等；

（2）能力：参与方是否具备实施某一特定 BIM 应用的知识？

（3）经验：参与方过去是否实施过某一特定 BIM 应用？

4. 定义每一个 BIM 应用增加的价值和风险：进行某一特定 BIM 应用可能获得的价值和潜在风险。

5. 确定是否实施某一个 BIM 应用：规划团队详细讨论每一个 BIM 应用是否适合该建设项目和项目团队的具体情况，包括每一个 BIM 应用可能给项目带来的价值以及实施的成本，实施或不实施每一个 BIM 应用可能给项目带来的风险等等，最后确定在该建设项目中实施哪一些 BIM 应用，不实施哪一些 BIM 应用。

评论与回复

【无月夜 2010-03-09 10：14：10】

史上最全的路线图，如果有可能希望能够列出相关成功的案例，比如成本预算、各种建筑、结构的分析。

【博主回复：2010-03-10 08：54：04】

任重而道远，需要同行一起努力来丰富完善。

3.13 BIM 实施指南——设计 BIM 流程

接下来介绍 BIM 规划制定四步曲"定义 BIM 目标→设计 BIM 流程→确定信息交换→落实基础设施"的第二步"设计 BIM 流程"。

这一步骤的主要任务是为上一阶段选定的每一个 BIM 应用设计具体的实施流程，以及为不同的 BIM 应用之间制定总体的执行流程。

一、BIM 流程的两个层次

需要开发两个层次的 BIM 流程。

第一层为总体流程，说明在一个建设项目里面计划实施的不同 BIM 应用之间的关

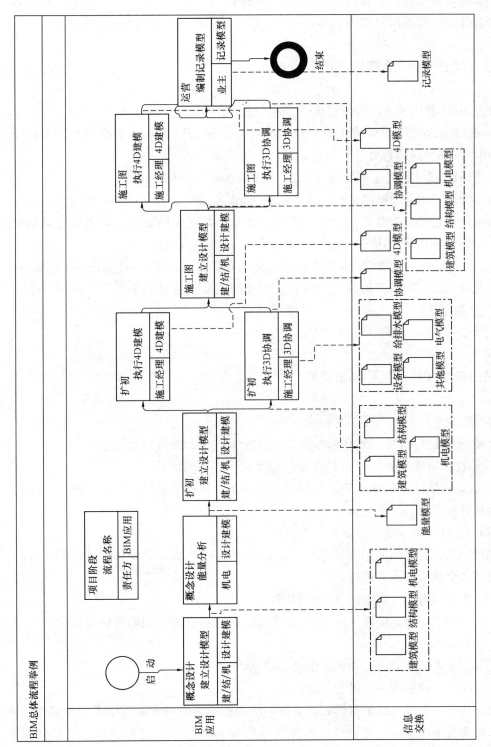

图 3.13-1

系，包括在这个过程中主要的信息交换要求。

第二层为详细流程，说明上述每一个特定的 BIM 应用的详细工作顺序，包括每个过程的责任方、参考信息的内容和每一个过程中创建和共享的信息交换要求。

二、建立 BIM 总体流程

建立 BIM 总体流程的工作包括以下几个方面：

1. 把选定的所有 BIM 应用放入总体流程：有些 BIM 应用可能在流程的多处出现（例如项目的每个阶段都要进行设计建模）；

2. 根据建设项目的发展阶段为 BIM 应用在总体流程中安排顺序；

3. 为每个 BIM 过程定义责任方：有些 BIM 过程的责任方可能不止一个，规划团队需要仔细讨论哪些参与方最合适完成某个任务，被定义的责任方需要清楚地确定执行每个 BIM 过程需要的输入信息以及由此而产生的输出信息；

4. 决定执行每一个 BIM 应用需要的信息交换要求：总体流程包括过程内部、过程之间以及成员之间的关键信息交换内容，重要的是要包含从一个参与方向另一个参与方进行传递的信息。

图 3.13-1 是一个 BIM 总体流程的例子：

三、建立 BIM 应用详细流程

详细流程包括如下三类信息：

1. 参考信息：执行一个 BIM 应用需要的公司内部和外部信息资源；
2. 进程：构成一个 BIM 应用需要的具有逻辑顺序的活动；
3. 信息交换：一个进程产生的 BIM 交付成果，可能会被以后的进程作为资源。

创建详细流程的工作包括以下内容：

（1）把 BIM 应用逐层分解为一组进程；

（2）定义进程之间的相互关系：弄清楚每个进程的前置进程和后置进程，有的进程可能有多个前置或后置进程；

（3）生成具有以下信息的详细流程图：

①参考信息：确定需要执行某个 BIM 应用的信息资源，例如价格数据库、气象数据、产品数据等；

②信息交换：所有内部和外部交换的信息；

③责任方：确定每一个进程的责任方。

（4）在流程的重要决策点设置决策框：决策框既可以判断执行结果是否满足要求，也可以根据决策改变流程路径。决策框可以代表一个 BIM 任务结束以前的任何决策、循环迭代或者质量控制检查。如图 3.13-2 所示：

（5）记录、审核、改进流程为将来所用：通过对实际流程和计划流程进行比较，

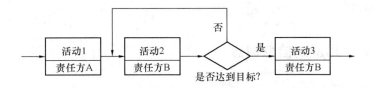

图 3.13-2

从而改进流程为未来其他项目的 BIM 应用服务。

图 3.13-3 所示是"现状建模"BIM 应用详细流程图的一个案例：

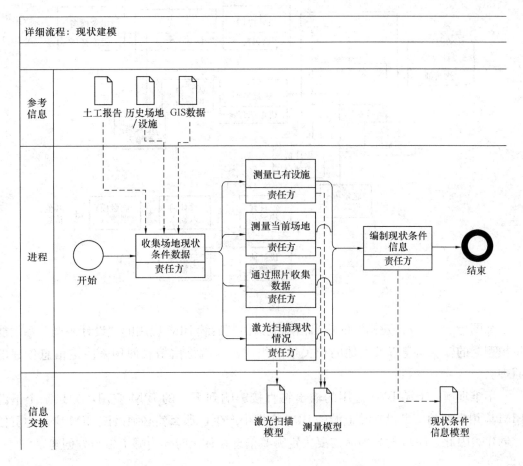

图 3.13-3

3.14 BIM 实施指南——确定 BIM 信息交换

这里介绍 BIM 规划制定四步曲"定义 BIM 目标→设计 BIM 流程→确定信息交换→落实基础设施"的第三步"确定信息交换"。其目的是定义为了保证 BIM 胜利实施所必需的过程之间关键的信息交换，确定信息交换要求 BIM 规划团队了解实施每个 BIM

应用所需要的信息。

一、信息使用决定信息创建

不是每一个建设项目的元素都有必要放到 BIM 模型里面去的，而决定 BIM 模型应该包含哪些元素的判断条件就是这些元素是否是实施本规划选定的全部 BIM 应用所必需的。图 3.14 是描述 BIM 实施过程信息流的一个例子。

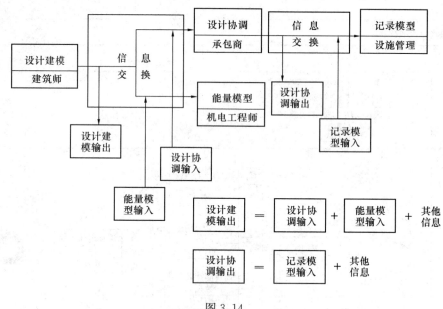

图 3.14

如图所示，"设计建模"的输出信息应该由其后续 BIM 应用的"设计协调"和"能量模型"的输入信息以及其他的相关信息组成，这就是由信息使用来决定信息创建的原理。

不难理解，上游 BIM 应用的输出将直接影响到下游的 BIM 应用，如果某个下游 BIM 应用需要的信息没有在上游的 BIM 应用中产生，那么就必须由该 BIM 应用的责任方创建。因此，BIM 规划团队需要决定哪些信息在什么时候由哪个参与方创建。

二、确定信息交换的工作程序

BIM 流程确定了项目参与方之间的信息交换行为，本阶段的任务是要为每一个信息交换的创建方和接收方确定项目交换的内容，主要工作程序如下：

1. 定义 BIM 总体流程图中的每一个信息交换：两个项目参与方之间的信息交换必须定义，使得所有参与方都清楚随着建设项目工期的进展相应的 BIM 交付成果是什么。

2. 为项目选择模型元素分解结构（Model Element Breakdown Structure）：使得信息交换内容的定义标准化。

3. 确定每一个信息交换的输入、输出信息要求,内容包括:

(1) 模型接收者:确定所有需要接收信息执行以后 BIM 应用的项目团队成员,他们负责填写输入信息;

(2) 模型文件类型:列出所有在项目中拟使用的软件名称以及版本号,这对于确定信息交换之间需要的数据互用非常必要;

(3) 信息详细程度:只定义实施 BIM 应用所需要的信息,信息详细程度目前分为三个档次:A—精确尺寸和位置,包括材料和对象参数;B—总体尺寸和位置,包括参数数据;C—概念尺寸和位置;

(4) 注释:不是所有模型需要的内容都能被信息和元素分解结构覆盖的,注释可以解决这个问题,注释的内容可以包括模型数据或者模型技巧。

4. 分配责任方创建需要的信息:信息交换的每一个内容都必须确定负责创建的责任方,一般来说,信息创建方应该是信息交换时间点内最容易访问信息的项目参与方。潜在责任方有建筑师、结构工程师、机电工程师、承包商、土木工程师、设施管理、供货商等。

5. 比较输入和输出的内容:信息交换内容确定以后,项目团队对于输出信息(创建的信息)和输入信息(需求的信息)不一致的元素需要进行专门讨论,有以下两种可能的解决方案。

(1) 输出方改变:改变输出信息精度,以包括输入需要的信息;

(2) 输入方改变:改变责任方,规定缺少的信息由实施该 BIM 应用的责任方自行创建。

3.15 BIM 实施指南——落实 BIM 基础设施

接下来介绍 BIM 规划制定四步曲"定义 BIM 目标→设计 BIM 流程→确定信息交换→落实基础设施"的最后一步"落实基础设施"。

所谓基础设施就是能够保障前述 BIM 规划能够高效实施的各类支持系统,共分九类如表 3.15 所示。

表 3.15

执行 BIM 项目实施规划所需要的基础设施分类
Project Goals/BIM Objectives:项目目标/BIM 目标
BIM Process Design:BIM 流程设计
BIM Scope DEfinitions:BIM 范围定义
Organizational Roles and Staffing:组织职责和人员安排
Delivery Strategy/Contract:实施战略/合同
Communication Procedures:沟通程序
Technology Infrastructure Needs:技术基础设施需求
Model Quality Control Procedures:模型质量控制程序
Project Reference Information:项目参考信息

下面逐一进行解释。

一、项目目标/BIM 目标

说明在该建设项目中实施 BIM 的根本目的，以及为什么决定选择这些 BIM 应用而不是另外一些，包括一个 BIM 目标的列表，决定实施的 BIM 应用清单，以及跟这些 BIM 应用相关的专门信息。

二、BIM 流程设计

BIM 流程包含了每一个 BIM 应用的详细执行步骤以及每一个动作的信息交换要求，BIM 流程有两个层次：第一层整体流程说明该项目中计划实施的所有 BIM 应用之间的顺序和信息交换，第二层详细流程描述每一个 BIM 应用的具体执行步骤及对应的数据交换。

三、BIM 范围定义

确定各专业的模型元素、详细等级以及对项目有重要意义的专门属性。项目模型不需要包含项目的所有元素，因此 BIM 规划团队必须定义清楚 BIM 模型需要包含的项目元素以及每个专业需要的特定交付成果，以便使 BIM 实施的价值最大化，同时最小化不必要的模型创建。

四、组织职责和人员安排

定义每个组织（项目参与方）的职责、责任以及合同要求，对于每一个已经确定要实施的 BIM 应用都需要指定由哪个参与方安排人员负责执行。

五、实施战略/合同

BIM 实施可能会涉及建设项目总体实施流程的变化，例如，一体化程度高的项目实施流程如"设计—建造 Design—Build"或者"一体化项目实施 Integrated Project Delivery（IPD）"更有助于实现团队目标，BIM 规划团队需要界定 BIM 实施对项目实施结构、项目团队选择以及合同战略等的影响。

1. 项目实施方法的定义：BIM 可以在任何形式的项目执行流程中实施，但越是一体化程度高的项目执行流程，BIM 实施就越容易。在计划 BIM 对项目流程的影响时，需要考虑如下四个方面的因素：
   - 组织架构/实施方法

- 采购方法
- 付款方法
- 工作分解结构（WBS）

在选择项目实施方法和准备合同条款的时候需要考虑 BIM 要求，在合同条款中根据 BIM 规划分配角色和责任。

2. BIM 合同语言：在项目中实施 BIM 不仅仅可以改进特定的项目进程，而且还可以提升项目的协同程度。业主和团队成员在起草有关 BIM 合同要求时需要特别小心，因为它将指导所有参与方的行为。可能的话合同应该包含以下几个方面：
- BIM 模型开发和所有参与方的职责
- 模型分享和可信度
- 数据互用/文件格式
- 模型管理
- 知识产权

除了业主和主要主承包人的合同以外，主承包人和分包人以及供货商的合同也必须包含相应的 BIM 内容。BIM 团队可能需要分包人和供货商创建相应部分的模型做 3D 设计协调，也可能希望收到分包和供货商的模型或数据并入协调模型或记录模型。需要分包人和供货商完成的 BIM 工作需要在合同中定义范围、模型交付时间、文件及数据格式等。

六、沟通程序

团队必须制定电子沟通程序和会议沟通程序，包括模型管理（例如模型登陆登出、版本修改程序等）、标准的会议行动和议程等。

1. 电子沟通程序：跟所有项目成员建立沟通协议，可以通过一个协同的项目管理系统创建、上传、发送和存档所有参与方的电子沟通，存储项目有关的沟通备份供保管和将来参考。同时必须解决文档管理（文件夹结构、存取权限、文件夹管理、文件夹标记、文件命名规则等）问题。

2. 会议沟通程序：会议沟通程序包括以下几个方面：
- 界定所有需要模型支持的会议
- 需要参考模型内容的会议时间表
- 模型提交和批准的程序和协议

七、技术基础设施需求

团队需要决定实施 BIM 需要的硬件、软件、空间和网络等基础设施，其他诸如团队位置（集中还是分散办公）、技术培训等事项也需要讨论。

1. 实施 BIM 的硬件和软件：所有团队成员必须可以使用受过培训的软硬件系统，

为了解决可能的数据互用问题,所有参与方还必须对使用什么软件、用什么文件进行存储等达成共识。选择软件的时候需要考虑下面几类高优先级和常用软件:
- 设计创建
- 3D 设计协调
- 虚拟样机
- 成本预算
- 4D 模型
- 能量模型

2. 交互式工作空间:团队需要考虑一个在项目生命周期内可以使用的物理环境用于协同、沟通和审核工作以改进 BIM 规划的决策过程,包括支持团队浏览模型、互动讨论以及外地成员参与的会议系统。

八、模型质量控制程序

确定工作方法保证 BIM 模型的正确性和全面性。

1. **模型创建基本原则**:在确定电子沟通程序和技术基础设施要求以后,核心 BIM 团队必须就模型的创建、组织、沟通和控制等达成共识,包括以下几个方面:
- 参考模型文件统一坐标原点以方便模型集成;
- 定义一个所有设计师、承包商、供货商使用的文件命名结构;
- 定义模型正确性和允许误差协议。

2. **质量控制基本原则**:为了保证项目每个阶段的模型质量,必须定义和执行模型质量控制程序。在项目进展过程中建立起来的每一个模型都必须预先计划好模型内容、详细程度、格式、负责更新的责任方以及对所有参与方的发布等。下面是质量控制需要完成的一些工作:
- 视觉检查:保证模型体现了设计意图,没有多余的部件;
- 碰撞检查:检查模型中不同部件之间的碰撞;
- 标准检查:检查模型是否遵守相应的 BIM 和 CAD 标准;
- 元素核实:保证模型中没有未定义或定义不正确的元素。

BIM 经理在接受模型提交和修改的时候需要检查模型质量控制和质量保证的协议有没有被遵守。

九、项目参考信息

团队必须审核和记录对将来工作有价值的重要项目信息,包括项目总体信息、BIM 特定的合同要求和主要联系人等。

1. **关键项目信息**:下面的一些项目信息有助于团队成员更好地理解项目、项目状态和项目主要成员，需要在 BIM 规划中尽早定义。
- 项目名称、地址
- 简要项目描述
- 项目阶段和里程碑
- 合同类型
- 合同状态
- 资金状态

2. 主要项目联系人：业主、设计、咨询顾问、主承包商、分承包商、制造商、供货商等每一个项目参与方至少要有一个 BIM 代表，而且其联系信息应该在协同项目管理门户上公布。

3.16 BIM 实施指南——BIM 模型详细等级

建设项目是随着规划、设计、施工、运营各个阶段逐步发展和完善的，从信息积累的角度观察，项目的建设过程就是项目信息从宏观到微观、从近似到精确、从模糊到具体的创建、收集和发展过程。

BIM 模型中的建筑元素表达虽然都有精确的数据（没有精确的数据就不能表达出来，这既是数字化技术的长处同时也是其不足），但和在项目不同时间点项目团队真正知道和能够确定的精度未必是一致的，例如，在设计初期，对于 BIM 模型里面的门窗来说都有精确的数据，这个数据只是由于 BIM 软件的需要而输入的，并不代表项目今后实际使用的门窗尺寸，也就是说，这个时候的门窗尺寸精度是比较近似或者模糊的。这种情况管理不好容易引起混淆。

而使用 BIM 模型进行诸如造价预算、施工计划、性能模拟、规范校核、可视化等多种用途又加剧了上述的混乱局面，有些应用可能是 BIM 模型创建者根本没有考虑过的。因此随着 BIM 的不断推广普及，建立一个框架来定义 BIM 模型的精度和适用范围就变得非常必要和紧迫。

美国建筑师学会（AIA-American Institute of Architects）使用模型详细等级（LOD-Level of Detail）来定义 BIM 模型中的建筑元素的精度，BIM 元素的详细等级可以随着项目的发展从概念性近似的低级到建成后精确的高级不断发展。详细等级共分 5 级如下：

100：概念性 Concepetual
200：近似几何 Approximate geometry
300：精确几何 Precise gometry
400：加工制造 Fabrication
500：建成竣工 As-built

在此基础上，进一步确定不同详细等级 BIM 模型的使用范围如表 3.16-1 所示：

表 3.16-1

详细等级（LOD）	100	200	300	400	500
模型内容					
设计和协调（功能/形状/表现）	非几何数据或线、面积、体积区域等	3D显示的通用元素 —最大尺寸 —用途	特定元素，确定的3D对象几何 —尺寸 —容量 —链接	加工制造图 —采购 —生产 —安装 —精确	竣工 —实际
授权应用					
4D施工计划	整个项目施工周期	主要活动的时间顺序	详细部品的时间顺序	包含施工方法（吊车、支撑等）的加工和安装细节	
成本预算	主要元素的分期概念成本例如每单位楼面面积的造价、每个医院床位的造价、每个停车位的造价等	基于通用元素测量的预算成本，例如通用内墙	基于特定部品测量的预算成本，例如特定的墙体类型	特定部品确定的采购价格	记录成本
法规遵守	基于未来内容的大致的分类面积	特定房间要求	家具设备安装，Casework，市政接口		
可持续材料	LEED战略	属于LEED分类材料的近似数量	具有可循环使用/本地采购材料百分比的精确材料数量	选择指定生产商	采购文档
环境：照明、能源使用、空气流动分析/模拟	基于体积和面积的战略及性能准则	基于几何和假定系统类型的概念设计	基于建筑部品和工程系统的近似模拟	基于指定生产商详细系统部件的精确模拟	试运行和测量性能记录
其他可能定义和开发的应用					
退出和循环					
规范遵守					
Etc					

下面是模型详细等级应用的一个简单例子，如表3.16-2所示。

表 3.16-2

详细等级（LOD）	100	200	300	400	500
内墙	没建模，成本或其他信息可以按单位楼面面积的某个数值计入	创建一块通用的内墙，给一个一般的厚度，其他诸如成本、STC等级、Uvalue等特性可以有一个取值范围	模型包括指定的墙体类型和精确厚度，其他诸如成本、STC等级、Uvalue等特性已经确定	如果需要建立加工的详细信息	建立实际安装的墙体模型
电缆管道	没建模，成本或其他信息可以按单位楼面面积的某个数值计入	创建一个具有大概尺寸的3D管道	具有精确工程尺寸的管道模型	具有精确工程尺寸和加工细节的管道模型	实际安装的管道模型

BIM 模型详细等级有定义阶段成果和分配建模任务两种用法，说明如下：

- 阶段成果定义：随着项目的进展，BIM 模型的元素将从一个详细等级发展到下一个详细等级。例如，施工图阶段大部分元素需要达到详细等级 300，而许多元素在施工阶段的加工详图过程中达到详细等级 400。但是有些元素，例如涂料，基本上永远在详细等级 100 的程度上，也就是说，涂料一般不会建模，只是把造价和其他特性附着到相应的墙体上。

- 建模任务分配：除了模型元素的 3D 表达以外，还可以把大量其他信息跟 BIM 模型中的元素关联起来，而这些信息可能是由各种各样不同的人提供的。例如，一个 3D 墙体可能是建筑师创建的，施工总包可能提供造价，暖通空调工程师提供 U-value 和热质量，声学顾问提供 STC 等级等等。为了解决这个问题，美国建筑师学会提出了"模型元素创建人（MCA-Model Component Author）"的概念，声明模型中的每一个元素由哪一个参与方负责创建。表 3.16-3 是用模型详细等级和模型元素创建人表示的 BIMM 模型逐步深化过程的部分内容：

表 3.16-3

元素（ASTM UniformatⅡ分类方法）					详细等级（LOD）和模型元素创建人（MCA）							
					概念设计		标准设计		详图设计		实施文档	
					LOD	MCA	LOD	MCA	LOD	MCA	LOD	MCA
A	地下	A10	基础	A1010	标准基础	100	主设计师	200	专业设计	300	专业分包	400	专业分包
				A1020	特殊基础	100	主设计师	200	专业设计	300	专业分包	400	专业分包
				A1030	底板	100	主设计师	200	专业设计	300	专业分包	400	专业分包
		A20	地下室施工	A2010	地下室开挖	100	主设计师	200	专业设计	300	专业分包	300	专业分包
				A2020	地下室墙	100	主设计师	200	专业设计	300	专业分包	400	专业分包
B	框架	B10	上部结构	B1010	楼面施工	100	主设计师	200	主设计师	300	主设计师	300	总包
				B1020	屋面施工	100	主设计师	200	主设计师	300	主设计师	300	总包
		B20	室外围护	B2010	外墙	100	主设计师	200	主设计师	300	专业分包	400	专业分包
				B2020	室外窗	100	主设计师	200	主设计师	300	专业分包	400	专业分包
				B2030	室外门	100	主设计师	200	主设计师	300	专业分包	400	专业分包
		B30	楼面	B3010	屋面板	100	主设计师	200	主设计师	300	专业分包	300	专业分包
				B3020	屋面开孔	100	主设计师	200	主设计师	300	专业分包	300	专业分包
C	室内	C10	室内施工	C1010	室内分隔	100	主设计师	200	主设计师	300	主设计师	400	专业分包
				C1020	室内门	100	主设计师	200	主设计师	300	主设计师	400	专业分包
				C1030	家具	100	主设计师	100	主设计师	100	主设计师	100	主设计师
		C20	楼梯	C2010	楼梯施工	100	主设计师	200	主设计师	300	专业分包	400	专业分包
				C2020	楼梯面层	100	主设计师	100	主设计师	100	专业分包	100	专业分包
		C30	室内面层	C3010	墙面层	100	主设计师	100	主设计师	100	主设计师	100	主设计师
				C3020	楼面面层	100	主设计师	100	主设计师	100	主设计师	100	主设计师
				C3030	天花面层	100	主设计师	100	主设计师	100	主设计师	100	主设计师
D	服务	D10	交通	D1010	电梯和升降机	100	主设计师	200	主设计师	300	专业设计	400	专业分包
				D1020	电动扶梯	100	主设计师	200	主设计师	300	专业设计	400	专业分包
				D1030	其他交通系统	100	主设计师	200	主设计师	300	专业设计	400	专业分包

3.17 BIM 实施指南——从专家 BIM 到全员 BIM

伟人说过一句名言:"星星之火,可以燎原"。

我理解这句话有两层含义:其一是有了星星之火就有了燎原的可能;其二是没有星星之火就根本谈不上燎原这件事情。

可以预计,BIM 的普及应用也将经过如下的两个发展路径:
- 从专家 BIM 到全员 BIM
- 从孤立 BIM 到集成 BIM

大家知道,BIM 的本质是项目信息和项目模型的集成,项目所有参与方可以通过BIM 模型中的元素找到该元素的所有信息,而不用再从分散的图纸、报表、明细中由人工去收集集成。BIM 的最终目的是项目的同一个信息只需要由某个参与方输入一次,其他后续参与方只要根据需求使用这个信息就可以,这样既避免了错误发生的可能,又节省了重新输入的成本。

要实现上述 BIM 的最终目标,就要求在项目所有的阶段和工作上都使用 BIM,当然要做到这一点,前提是所有参与方都使用 BIM。

使用 BIM 是为了产生价值得到利益-无论是有形的(例如缩短项目工期、降低项目造价)或者无形的(如提升企业品牌、提高企业知名度),而这件事情本身是需要有成本的,因此使用 BIM 投资回报率的大小就成为企业或项目判断是否使用 BIM 和如何使用 BIM 的关键指标之一。

企业是否需要用 BIM,今天已经不再是一个需要论证的问题了,真正需要决策的只是用 BIM 的时机和方法。项目是否需要用 BIM,跟项目使用 BIM 的投资回报率有关。

不一定项目从头到尾的每一个阶段和工作都使用 BIM 投资回报率最高,也不一定项目所有参与方都使用 BIM 投资回报率最高,企业和项目不同的实际情况(项目投资、复杂程度、工期、项目团队构成等)才是决定 BIM 实施方案以获得最大投资回报的关键因素。

但不管企业的情况如何,项目的特点哪样,"罗马不是一天建成的",BIM 的实施普及需要沿着下面的路线图从零开始,逐步发展:

1. 从专家 BIM 到全员 BIM
- 第一步:请企业外部的 BIM 专家
- 第二步:建立企业内部的 BIM 专家队伍
- 第三步:逐步企业内部的所有相关人员使用 BIM

2. 从孤立 BIM 到集成 BIM
- 第一步:一个项目的其中一个工作由 BIM 完成(如碰撞检查)

- 第二步：一个项目的所有工作由 BIM 完成，或者，所有项目的一个工作由 BIM 完成（如 4D 模拟）
- 第三步：所有项目的所有工作由 BIM 完成

上述路线图可以用图 3.17 表示如下：

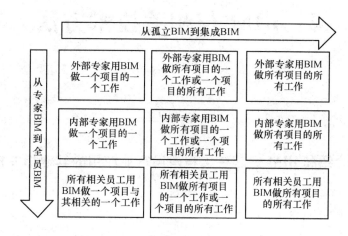

图 3.17

从上述两个发展维度、三个典型节点的路线图不难发现，企业或项目实施 BIM 可以有无数不同类型的途径。基于目前的 BIM 技术和软件工具发展水平，如果从业主和房地产商以及整个项目生命周期的综合效益角度去分析，有三个时间节点（过程）是能够最大化 BIM 效益的关键节点（过程）：

- 招标以前：建立综合 BIM 模型，协调综合让招标图纸不出错；
- 施工过程：进行施工计划和可建性模拟，4D 5D 让现场施工不出错；
- 运营以前：建立 BIM 竣工模型，虚实结合让运营维护不出错。

4 BIM 与相关技术方法

本栏目文章介绍和 BIM 一起在工程建设行业应用的其他相关技术和方法

4.1 BIM 与相关技术方法——前言

正式开始讨论 BIM（建筑信息模型）和相关技术方法的关系以前，先做一个简单的说明，作为前言。

我们一般说"BIM"是指"Building Information Modeling 建筑信息模型"这种利用数字技术表达建设项目几何、物理和功能信息以支持项目生命周期建设、运营、管理决策的技术、方法或者过程。从而我们把支持 BIM 技术的软件叫做"BIM 软件"，用 BIM 技术建立起来的建设项目信息模型称之为"BIM 模型"。

如果和大家熟悉的 CAD 技术的相关概念进行一一对应比较的话，我们得出表 4.1：

表 4.1

	技术、方法、过程	软件工具	工作成果
BIM	Building Information Modeling 建筑信息模型	名称：BIM 软件 举例：Revit, Bentley Architecture, ArchiCAD	名称：BIM 模型 举例：.RVT, DGN, .PLN
CAD	Computer Aided Design 电脑辅助设计	名称：CAD 软件 举例：AutoCAD, Microstation	名称：图形（图形文件） 举例：.DWG, .DGN

BIM 对建筑业的绝大部分同行来说还是一种比较新的技术和方法，在 BIM 产生和普及应用之前及其过程中，建筑行业已经使用了不同种类的数字化及相关技术和方法，包括 CAD、可视化、参数化、CAE、GIS、协同、BLM、IPD、VDC、精益建造、流程、游戏、互联网、移动通信、RFID 等，那么这些技术和方法与 BIM 之间的关系如何？BIM 是如何和这些相关技术方法一起来帮助建筑业实现产业提升的呢？

这些内容涉及的面非常广，远远不是笔者一个人都能够讲清楚的。但是业界同行在工作中、在应用 BIM 的过程中又都必须面临这些问题，我也常常被问到诸如"BIM 做出来的动画和 MAX 做出来的动画有什么不一样？"这样的问题，因此不揣浅陋，谈谈自己的理解和看法，希望得到同行的批评指正和支持。

评论与回复

【新浪网友 2009-11-12 12：37：57】
BIM 我觉得并不仅仅是一种技术，而是一种模式，利用建筑信息系统将整个建筑流程产生的数据都记录下来，管理起来，支持整个生命周期的管理。BIM 软件并不一定是具有特殊的功能，而是具有这种模式的特点，能够支持这种模式。Revit，Bentley Architecture，ArchiCAD 只是其中的一部分。

【博主回复：2009-11-12 18：00：18】
关于模式的说法，同意。我这里用的是"方法"这个词，和"模式"是一个意思，BIM 是一种技术和方法（模式）。

关于软件的意见，也同意。请看《BIM 与相关技术方法（2）——BIM 和 CAD》中的内容。

4.2 BIM 与相关技术方法——BIM 和 CAD

BIM（建筑信息模型）和 CAD 是两个天天要碰到的概念，因为目前工程建设行业的现状就是人人都在用着 CAD，人人都知道了还有一个新东西叫 BIM，听到碰到的频率越来越高，而且用的项目用的人在慢慢多起来，这方面的资料也在慢慢多起来。

BIM 和 CAD 这两个概念乍一讲好像很清楚，仔细一琢磨好像不是那么容易讲清楚。如果您不同意这个说法的话，请一起来看看下面这样几个问题：

- 问题一：AutoCAD 或 Microstation 是 BIM 吗？
  回　答：不是。（特有信心）
  为什么：因为只是几何图形，没有关于建设项目本身的信息。
- 问题二：天正或 Speedikon 是 BIM 吗？
  回　答：应该不是吧。（有点犹豫）
  为什么：因为软件厂商没说是。
- 问题三：AutoCAD Architecture（ADT）是 BIM 吗？
  回　答：这还真不好说。（开始晕了）
  为什么：因为厂商自己一会儿说是，一会儿说不是。
- 问题四：Revit，Bentley Architecture，ArchiCAD 是 BIM 吗？
  回　答：是。（信心又恢复了）
  为什么：因为软件厂商自己说是，大家也都说是。
- 问题五：Revit，Bentley Architecture，ArchiCAD 和其他 BIM 软件的 BIM 程度有什么区别吗？
  回　答：说不出来。
  为什么：不知道怎样衡量。

事实上，美国国家 BIM 标准（National Building Information Modeling Standard）提供了一套衡量产品或者应用 BIM 到什么程度的模型和工具-BIM 能力成熟度模型（BIM Capability Maturity Model），可以根据以下 11 个方面的指标来判断一个 BIM 产品或 BIM 应用达到了什么样的 BIM 程度（还不能叫 BIM，最低 BIM 标准，BIM 认证标准，银牌 BIM，金牌 BIM，白金 BIM），这 11 个维度包括：

1. 数据丰富性（Data Richness）
2. 生命周期（Lifecycle Views）
3. 变更管理（Change Management）
4. 角色或专业（Roles or Disciplines）
5. 业务流程（Business Process）
6. 及时性/响应（Timeliness/Response）
7. 提交方法（Delivery Method）
8. 图形信息（Graphic Information）
9. 空间能力（Spatial Capability）
10. 信息准确度（Information Accuracy）
11. 互用性/IFC 支持（Interoperability/IFC Support）

在下无意在此展开非常细节的讨论和科学的论证，试提供如下两张图来给大家一个关于 BIM 和 CAD 的直观感觉。

第一张图（图 4.2-1）表示现状，把 CAD 和 BIM 两个圆画成相切而不是相交的原因是因为目前二维图纸仍然是表达建设项目的唯一法律文件形式，而目前的 BIM 软件完成这个工作的能力还有待大大提高。因此目前 CAD 做 CAD 的事情，BIM 做 BIM 的事情。中间的过度部分就是我们不容易说清楚是不是 BIM 的那部分建立在 CAD 平台上的专业应用软件，用美国国家 BIM 标准的判断方法，达到一定的指标就是 BIM，否则还不能称得上是 BIM。至于那个具体的衡量指标应该是什么，我觉得还需要广大同行的共同努力和探索。

第二张图（图 4.2-2）我想用来表达理想的 BIM 环境，这个时候 CAD 能做的事情应该是 BIM 能做的事情的一个子集。

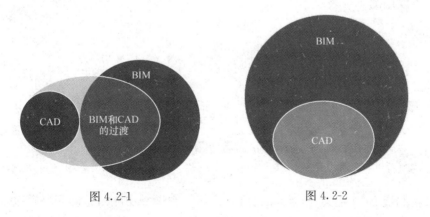

图 4.2-1　　　　　　　　图 4.2-2

4.3　BIM 与相关技术方法——BIM 和可视化

可视化是对英文 Visualization 的翻译，如果用建筑行业本身的术语应该叫做"表现"，与之相对应，施工图谓之"表达"。

英文维基百科这样解释 Visualization："Visualization is any technique for creating images, diagrams, or animations to communicate a message. Visualization through visual imagery has been an effective way to communicate both abstract and concrete ideas since the dawn of man."

大致意思是说"可视化是创造图像、图表或动画来进行信息沟通的各种技巧，自从人类产生以来，无论是沟通抽象的还是具体的想法，利用图画的可视化方法都已经成为一种有效的手段。"

从这个意义上来说，实物的建筑模型、手绘效果图、照片、电脑效果图、电脑动画都属于可视化的范畴，符合"用图画沟通思想"的定义，但是二维施工图不是可视化，因为施工图本身只是一系列抽象符号的集合，是一种建筑业专业人士的"专业语言"，而不是一种"图画"，因此施工图属于"表达"范畴，也就是把一件事情的内容讲清楚，但不包括把一件事情讲得容易沟通。

当然，我们这里说的可视化是指电脑可视化，包括电脑动画和效果图等。有趣的是，大家约定成俗的对电脑可视化的定义与维基百科的定义完全一致，也和建筑业本身有史以来的定义不谋而合。

明确了可视化以及电脑可视化的概念以后，我们来看看下面几个问题：
- 2D 图纸是可视化吗？
- 3D 线框图是可视化吗？
- 3D 色块图是可视化吗？
- 3D 真实效果图是可视化吗？

如果用百分制来表示可视化程度的话，CAD、BIM（建筑信息模型）和可视化三者的关系可以用图 4.3 表示。

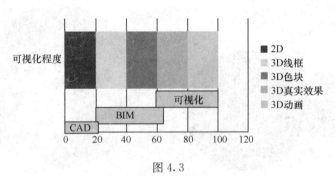

图 4.3

如果我们把 BIM 定义为建设项目所有几何、物理、功能信息的完整数字表达或者称之为建筑物的 DNA 的话，那么 2DCAD 平立剖图纸可以比作是该项目的心电图、B 超和 X 光，而可视化就是这个项目特定角度的照片或者录像，即 2D 图纸和可视化都表达或表现了项目的部分信息，但不是完整信息。

在目前 CAD 和可视化作为建筑业主要数字化工具的时候，CAD 图纸是项目信息的抽象表达，可视化是对 CAD 图纸表达的项目部分信息的图画式表现。由于可视化需要根据CAD图纸重新建立三维可视化模型，因此时间和成本的增加以及错误的发生就成为这个过程的必然结果，更何况CAD图纸是在不断调整和变化的，这种情形下，要让可视化的模型和CAD图纸始终保持一致，成本会非常高，一般情形下，效果图看完也就算了，不会去更新保持和CAD图纸一致。这也就是为什么目前情况下项目建成的结果和可视化效果不一致的主要原因之一。

使用BIM以后这种情况就变过来了，首先BIM本身就是一种可视化程度比较高的工具，而可视化是在BIM基础上的更高程度的可视化表现。

其次，由于BIM包含了项目的几何、物理和功能等完整信息，可视化可以直接从BIM模型中获取需要的几何、材料、光源、视角等信息，不需要重新建立可视化模型，可视化的工作资源可以集中到提高可视化效果上来，而且可视化模型可以随着BIM设计模型的改变而动态更新，保证可视化与设计的一致性。

第三，由于BIM信息的完整性以及与各类分析计算模拟软件的集成，拓展了可视化的表现范围，例如4D模拟、突发事件的疏散模拟、日照分析模拟等。

4.4 BIM 与相关技术方法——BIM 和参数化建模

前段时间，网友水绿如蓝问笔者能不能讲一讲 BIM 和参数化之间的关系，这篇博文算是一种回答，不知道是否能入法眼？同时需要说明的是，正是水绿如蓝网友的这个问题，让我萌发了写"BIM（建筑信息模型）与相关技术方法"系列的想法，谨在此表示感谢！

现在书归正传。

参数化建模的英文是 Parametric Modeling，我们从以下几个方面来看看 BIM 和参数化建模的关系。

一、什么不是参数化建模

一般的 CAD 系统，确定图形元素尺寸和定位的是坐标，这不是参数化；

为了提高绘图效率，在上述功能基础上可以定义规则来自动生成一些图形，例如复制、阵列、垂直、平行等，这也不是参数化。道理很简单，这样生成的两条垂直的线，其关系是不会被系统自动维护的，用户编辑其中的一条线，另外一条不会随之变化；

在 CAD 系统基础上，开发对于特殊工程项目（例如水池）的参数化自动设计应用程序，用户只要输入几个参数（例如直径、高度等），程序就可以自动生成这个项目的所有施工图、材料表等，这还不是参数化。讲两点原因：其一，这个过程是单向的，生成的图形和表格已经完全没有智能（这个时候如果修改某个图形，其他相关的图形和表格不会自动更新）；其二，这种程序对能处理的项目限制极其严格，也就是说，嵌入其中的专业知识极其有限。

为了使通用的 CAD 系统更好地服务于某个行业或专业，定义和开发面向对象的图形实体（被称之为"智能对象"），然后在这些实体中存放非几何的专业信息（例如墙厚、墙高等），这些专业信息可用于后续的统计分析报表等工作，这仍然不是参数化。理由如下：

- 用户自己不能定义对象（例如一种新的门），这个工作必须通过 API 编程才能实现；
- 用户不能定义对象之间的关系（例如把两个对象组装起来变成一个新的对象）；
- 非几何信息附着在图形实体（智能对象）上，几何信息和非几何信息本质上是分离的，因此需要专门的工作或工具来检查几何信息和非几何信息的一致性和同步，当模型大到一定程度以后，这个工作慢慢变成实际上的不可能。

二、什么是参数化建模

图形由坐标确定，这些坐标可以通过若干参数来确定。例如要确定一扇窗的位置，我们可以简单地输入窗户的定位坐标，也可以通过几个参数来定位：例如放在某段墙的中间、窗台高度 900、内开，这样这扇窗在这个项目的生命周期中就跟这段墙发生了永恒的关系，除非被重新定义。而系统则把这种永恒的关系记录了下来。

参数化建模是用专业知识和规则（而不是几何规则，用几何规则确定的是一种图形生成方法，例如两个形体相交得到一个新的形体等）来确定几何参数和约束的一套建模方法，宏观层面我们可以总结出参数化建模的如下几个特点：

- 参数化对象是有专业性或行业性的，例如门、窗、墙等，而不是纯粹的几何图元（因此基于几何元素的 CAD 系统可以为所有行业所用，而参数化系统只能为某个专业或行业所用）；
- 这些参数化对象（在这里就是建筑对象）的参数是由行业知识（Dimain Knowledge）来驱动的，例如，门窗必须放在墙里面，钢筋必须放在混凝土里面，梁必须要有支撑等；
- 行业知识表现为建筑对象的行为，即建筑对象对内部或外部刺激的反应，例如层高变化楼梯的踏步数量自动变化等；
- 参数化对象对行业知识广度和深度的反应模仿能力决定了参数化对象的智能化程度，也就是参数化建模系统的参数化程度。

微观层面，美国乔治亚理工学院的 Ghang Lee 等人认为参数化模型系统应该具备下列特点：

1. 可以通过用户界面（而不是像传统 CAD 系统那样必须通过 API 编程接口）创建形体，以及对几何对象定义和附加参数关系和约束，创建的形体可以通过改变用户定义的参数值和参数关系进行处理；

2. 用户可以在系统中对不同的参数化对象（例如一堵墙和一扇窗）之间施加约束；

3. 对象中的参数是显式的，这样某个对象中的一个参数可以用来推导其他空间上相关的对象的参数；

4. 施加的约束能够被系统自动维护（例如两墙相交，一墙移动时，另一墙体需自动缩短或增长以保持与之相交）；

5. 应该是3D实体模型；

6. 应该是同时基于对象和特征的。

三、BIM 和参数化建模

BIM 是一个创建和管理建筑信息的过程，而这个信息是可以互用和重复使用的。BIM 系统应该具有以下几个特点：

- 基于对象的；
- 使用三维实体几何造型；
- 具有基于专业知识的规则和程序；
- 使用一个集成和中央的数据仓库。

从理论上说，BIM 和参数化并没有必然联系，不用参数化建模也可以实现 BIM。但从系统实现的复杂性、操作的易用性、处理速度的可行性、软硬件技术的支持性等几个角度综合考虑，就目前的技术水平和能力来看，参数化建模是 BIM 得以真正成为生产力的不可或缺的基础。

评论与回复

【新浪网友 2009-11-18 21：42：33】

关于参数化设计，其实也是目前建筑设计领域的三大趋势之一，其他两项为表皮、生态设计，有趣的是，传统的 CAD 技术运用上述趋势已经明显力不从心了，如何将 BIM 在建筑设计上完美应用，也将是新一代具有探索精神的建筑师、工程师们思考的问题。——lefty

【博主回复：2009-11-19 08：55：31】

同意 lefty 的意见。

业内人士，无论业主、设计、施工在做项目的时候都碰到挑战，这是事实；都希望能找到合适的技术和方法来解决这些挑战，这也是事实；BIM 能帮助解决其中非常关键的表达、沟通、可视化、数据传递、性能分析、方案优化、生命周期等问题，已经被理论研究和足够数量的工程实践证明是事实。接下来的事情就是我们如何发展好、如何用好 BIM 为个人和整个行业水平的提升服务。

【新浪网友 2009-11-19 16：03：19】

这几篇有点难度了。

【博主回复：2009-11-20 21：47：34】
笔者希望能努力把 BIM 写简单、写清楚、写明白，参数化建模是一个相当技术化专门化的东西，但谈 BIM 就离不开谈参数化，希望这篇博文能对同行有所帮助，也欢迎各位网友赐教。

4.5　BIM 与相关技术方法——BIM 和 CAE

英文维基百科对 CAE 有如下解释：
Computer-aided engineering (often referred to as CAE) is the use of information technology to support engineers in tasks such as analysis, simulation, design, manufacture, planning, diagnosis, and repair. Software tools that have been developed to support these activities are considered CAE tools. CAE tools are being used, for example, to analyze the robustness and performance of components and assemblies. The term encompasses simulation, validation, and optimization of products and manufacturing tools. In the future, CAE systems will be major providers of information to help support design teams in decision making.

简单地讲，CAE 就是国内同行常说的分析、计算、模拟、优化等软件，这些软件是项目设计团队决策信息的主要提供者。

CAE 的历史比 CAD 早，当然更比 BIM（建筑信息模型）早，电脑的最早期应用事实上是从 CAE 开始的，包括历史上第一台用于计算炮弹弹道的 ENIAC 计算机，干的工作就是 CAE。

CAE 涵盖的领域包括以下几个方面：
- 使用有限元法（FEA）进行应力分析，如结构分析等；
- 使用计算流体动力学（CFD）进行热和流体的流动分析，如风-结构相互作用等；
- 运动学，如建筑物爆破倾倒历时分析等；
- 过程模拟分析，例如日照、人员疏散等；
- 产品或过程优化，如施工计划优化等；
- 机械事件仿真（MES）。

大家知道，设计是一个根据需求不断寻求最佳方案的循环过程，而支持这个过程的就是对每一个设计方案的综合分析比较，也就是 CAE 软件能做的事情。一个典型的设计过程可以用图 4.5 表示。

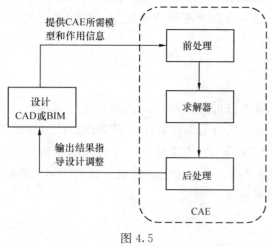

图 4.5

一个 CAE 系统通常由前处理、求解器和后处理三个部分组成，三者的主要功能如下：

- 前处理：根据设计方案定义用于某种分析、模拟、优化的项目模型和外部环境因素（统称为作用，例如荷载、温度等）；
- 求解器：计算项目对于上述作用的反应（例如变形、应力等）；
- 后处理：以可视化技术、数据集成等方式把计算结果呈现给项目团队，作为调整、优化设计方案的依据。

目前大多数情况下，CAD 作为主要设计工具，CAD 图形本身没有或极少包含各类 CAE 系统所需要的项目模型非几何信息（如材料的物理、力学性能）和外部作用信息，在能够进行计算以前，项目团队必须参照 CAD 图形使用 CAE 系统的前处理功能重新建立 CAE 需要的计算模型和外部作用；在计算完成以后，需要人工根据计算结果用 CAD 调整设计，然后再进行下一次计算。

由于上述过程工作量大、成本过高且容易出错，因此大部分 CAE 系统只好被用来对已经确定的设计方案的一种事后计算，然后根据计算结果配备相应的建筑、结构和机电系统，至于这个设计方案的各项指标是否达到了最优效果，反而较少有人关心，也就是说，CAE 作为决策依据的根本作用并没有得到很好发挥。

CAE 在 CAD 以及前 CAD 时代的状况，可以用一句话来描述：有心杀贼，无力回天。

由于 BIM 包含了一个项目完整的几何、物理、性能等信息，CAE 可以在项目发展的任何阶段从 BIM 模型中自动抽取各种分析、模拟、优化所需要的数据进行计算，这样项目团队根据计算结果对项目设计方案调整以后，又立即可以对新方案进行计算，直到满意的设计方案产生为止。

因此可以说，正是 BIM 的应用给 CAE 带来了第二个春天（电脑的发明是 CAE 的第一个春天），让 CAE 回归了真正作为项目设计方案决策依据的角色。

评论与回复

【新浪网友 2009-11-21 16：56：05】
不错！从最近一些重点的项目来看，像消防的疏散分析和绿色建筑的一些常规分析来看，CAE 的春天已经来到。

【博主回复：2009-11-21 18：03：50】
所见略同，谢了！

4.6 BIM 与相关技术方法——BIM 和 GIS

在 GIS（地理信息系统）及其以此为基础发展起来的领域，有三个流行名词跟我们现在要谈的这个话题有关，对这三个流行名词，不知道我以下的感觉跟各位同行有没有一些共鸣？

- GIS：用起来不错；
- 数字城市：听上去很美；
- 智慧地球：离现实太远。

不管如何反应，这样的方向我们还是基本认可的，而且在保证人身独立、自由、安全不受侵害的情况下，甚至我们还是有些向往的。至少现在出门查行车路线、聚会找饮食娱乐场所、购物了解产品性能销售网点等事情做起来的方便程度是以前不敢想象的吧。

大家知道，任何技术归根结底都是为人类服务的，人类基本上就两种生存状态：不是在房子里，就是在去房子的路上。抛开精确的定义，用最简单的概念进行划分，GIS是管房子外面的（道路、燃气、电力、通信、供水），BIM（建筑信息模型）是管房子里面的（建筑、结构、机电）。

说到这儿，没给CAD任何露脸的机会，CAD可能会有意见，咱们得给CAD一个明确的定位：CAD不是用来"管"的，而是用来"画"的，既能画房子外面的，也能画房子里面的。

房子外面和房子里面的说法从更科学的角度去分析，似乎不是那么准确。维基百科这样定义GIS：A geographic information system (GIS), or geographical information system captures, stores, analyzes, manages, and presents data that is linked to location.

意思是说GIS系统用来收集、存储、分析、管理和呈现与位置有关的数据。

技术是为人类服务的，人类是生活在地球上一个个具体的位置上的（就是去了月球也还是与位置有关），按照GIS的这个定义，GIS应该是房子外面、房子里面都能管的，至少GIS自己具有这样的远大理想。

但是在BIM出现以前，GIS始终只能呆在房子外面，因为房子里面的信息是没有的。BIM的应用让这个局面有了根本性的改变，而且这个改变的影响是双向的：

- 对GIS而言：由于CAD时代不能提供房子里面的信息，因此把房子画成一个实心的盒子天经地义。但是现在如果有人提供的不是CAD图，而是BIM模型呢？GIS总不能把这些信息都扔了，还是用实心盒子代替房子吧？

- 对BIM而言：房子是在已有的自然环境和人为环境中建设的，新建的房子需要考虑与周围环境和已有建筑物的互相影响，不能只管房子里面的事情，而这些房子外面的信息GIS系统里面早已经存在了，BIM应该如何利用这些GIS信息避免重复工作，从而建设和谐新房子呢？

BIM和GIS的集成和融合能给人类带来的价值将是巨大的，方向也是明确的。但是从实现方法来看，无论在技术上还是管理上都还有许多需要讨论和解决的困难和挑战，至少有一点是明确的，简单地在GIS系统中使用BIM模型或者反之，目前都还不是解决问题的办法。

Autodesk 有一张图（图 4.6）来说明 GIS 和 BIM 的融合及演变过程，笔者认为比较适合建筑业的同行理解，放在这里作为这篇博文的结尾。

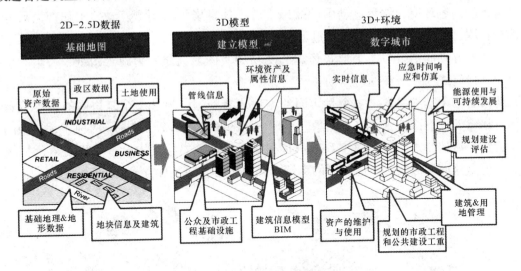

图 4.6

4.7 BIM 与相关技术方法——BIM 和 Collaboration

Collaboration 目前在行业内最流行的说法应该是"协同"，因此我们就用"协同"这个名词。

维基百科对 Collaboration 是这样解释的：Collaboration is a recursive process where two or more people or organizations work together in an intersection of common goals. 这里把协同定义为一个递归的过程是一种最简单的表示方式，递归的意思就是把大协同分解成小协同，通过完成一系列小协同来完成大协同。

在两个或两个以上的人或组织一起完成同一个目标的时候，就有可能是一个协同的过程，但不一定都是。

根据美国 Pinnadyne 公司的资料，人类的互动行为有三种基本方式：对话（Conversation）、契约（Transaction）和协同（Collaboration）。

对话型互动是一种自由的信息交换行为，没有一个中心实体，其主要功能是建立关系。电话、即时信息、邮件就可以满足这种要求。

契约型互动是交易实体的交换行为，其主要功能是改变参与者之间的关系，这个交易实体具有相对稳定的形式，同时约束或定义了一种关系，例如一方拿钱交换货物他就成为客户。体育运动中的接力赛属于契约型互动，这个交易的实体就是接力棒；工程建设行业中设计院向业主交施工图、承包商向业主交竣工的项目属于契约型互动。

在协同型互动中，参与方关系的主要功能是改变一个互动实体，这个互动实体的形式是不稳定的，例如一个想法、一个设计等。因此，真正的协同技术提供一种功能让所有参与方一起争论出一个共同的可交付成果，典型的协同技术包括记录或文档管理、在线讨论、历史审计以及其他的一些机制等，用来把众人的努力收集进一个具有良好管理的内容环境。体育运动中的篮球赛、足球赛属于协同型互动，工程建设行业的设计过程、施工过程、运营维护过程等都属于协同型互动。

协同型互动的结果是一个形式稳定的交易型实体，例如一套施工图纸、一个竣工项目等，最终成为一个契约型互动。

协同有两个基本要素，一个是协同的方法或者渠道，另外一个是协同的内容或者实体（entity）。下面这张大家都熟悉的表现协同的图（图4.7）描述了两种非常典型的协同方法，显然左边的方式效率和质量都很难控制，而右边是更合理、更有效的协同方法。但是这两种方式都在做协同的事情，都属于协同的某种方式。

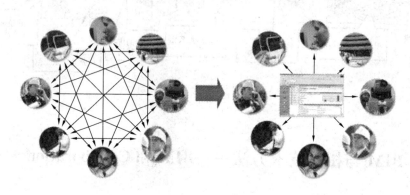

图 4.7

除了采用有效的协同方法以外，用于协同的内容也是决定协同水平和效率的关键因素，对于工程建设行业来说，这个内容可以是目前主要流行的效果图、二维图形文件、word文件、excel表等，也可以是正在迅速增长和普及的BIM模型。

建设项目的协同是跨企业边界、跨地域、跨语言的一种行为，除了需要建立支持这种协同方式的基于互联网的管理平台以外，BIM（建筑信息模型）模型由于其整合了建设项目的三维几何、空间关系、地理信息、材料数量以及构件属性等几何、物理和功能信息，使得协同参与人员，无论是业主、设计师还是承包商，都可以根据BIM这个具象、完整、关联的信息快速准确做出与自己责任相关的决策，从而推动整个项目在计划工期和造价内高质量完成。

协同对于其支持系统或平台的要求主要包括以下几个方面：
- 用户数量
- 邮件列表
- 修改控制
- 图表
- 文档版本
- 文档保持
- 文档分享

- 文档储存

4.8　BIM 与相关技术方法——BIM 和 Interoperability

一、什么是 Interoperability

"互用"应该是 Interoperability 最贴切的翻译，这不仅是工程建设行业的一个大问题，也是一个大课题。

维基百科对 Interoperability 的定义是 "the ability of two or more systems or components to exchange information and to use the information that has been exchanged."，即两个以上的系统或组件交换信息和使用已经交换过的信息的能力。这个解释非常简洁明了。

对于跟软件有关的 Interoperability，维基百科有更针对性的定义："With respect to software, the term interoperability is used to describe the capability of different programs to exchange data via a common set of exchange formats, to read and write the same file formats, and to use the same protocols."，不同程序之间通过使用公共的交换格式集合、读写相同的文件格式和使用相同的协议进行信息交换的能力称之为互用。

二、互用对工程建设行业的影响

2004 年美国标准和技术研究院（NIST-National Institute of Starndards and Technology）发布了一个关于工程建设行业由于互用问题导致成本增加的专门研究报告："Cost Analysis of Inadquate Interoperability in the U.S. Capital Facitilies Industry"；而麦克格劳·希尔（McGraw_Hill Construction）又在 2007 年发布了一个关于建筑业互用问题的研究报告："Interoperability in the Construction Industry"。

根据麦克格劳·希尔的报告，数据互用性不足给整个项目平均带来 3.1％的成本增加和 3.3％的工期延误。

关于互用问题导致成本增加的统计资料如图 4.8-1 所示，参加调研的人 48％认为数据缺乏互用导致整个项目的成本增加小于 2％，31％的人认为成本增加在 2％～4％之间，13％的人认为有 5％～10％的成本增加，2％的人认为数据不能互用引起的成本增加超过 10％。

图 4.8-2 则说明了受访者对互用问题引起的项目总体工期延误的看法，其中 53％的人认为影响小于 2％，23％的人认为数据互用问题影响 2％～4％的工期，14％的人认为有 5％～10％的工期影响，另有 2％的人认为影响超过 10％。

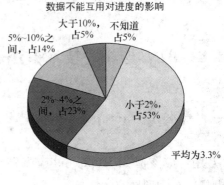

图 4.8-1　　　　　　　　　　图 4.8-2

三、工程建设行业互用问题的主要表现

工程建设行业的互用问题主要来源于以下几个方面：
- 高度分散的行业特性
- 长期依赖图纸的工作方式
- 标准化的缺乏
- 不同参与方应用的技术的不一致性

全球工程建设行业的软件供应商有几百家，软件产品有几千个。国内曾经做过一个没有公开发布的调研，为工程建设行业客户（业主、设计、施工、运营等）服务的具有一定历史、规模、市场份额、活跃的软件公司大约有100家左右，整个行业正在使用的软件产品也有1000种左右。

国内任何一家工程建设行业内的企业，无论是业主、设计院还是承包商，使用的软件产品大部分在几十种到一百多种左右，有些甚至更多，这些软件之间的数据互用状况应该说是非常不理想的。如果认真思考一下业内数百万、数千万从业者日常工作中由于上述软件之间数据不能互用所导致的以下一些无效劳动，由此引起的成本增加将是惊人的：
- 从一个应用程序到另外一个应用程序人工重新输入数据的时间
- 维护多套同类软件需要的时间
- 花在文档版本检查上浪费掉的时间
- 处理资料申请单所需要增加的时间
- 用在数据转换器上的成本

四、BIM（建筑信息模型）和互用

BIM和互用会从以下两个方面产生互动。

一方面，由于BIM模型的数据丰富性，整个行业对不同软件之间数据互用的要求会越来越高，同样的信息输入一次以后，项目其他参与者可以直接利用，而避免重复输入的时间浪费和错误可能，将对整个行业产生巨大经济效益，这也是近几年IFC标准快速发展和普及的根本原因。

另一方面，数据互用要求也会加速BIM的普及使用，道理很简单：先要有数据，然后才能谈得上数据互用，二维图纸主要包含的是几何和符号信息，因此在此基础上的数据互用是非常有限的，而BIM恰恰包含了建筑物几何、物理、功能、空间关系等项目的所有信息，因此，使用BIM本身就可以大大提高行业的数据互用能力。

4.9 BIM与相关技术方法——BIM和BLM

BLM是"Building Lifecycle Management"的缩写，中文名称"建设工程生命周期管理"（从意义的确切程度来说，BIM（建筑信息模型）也应该叫"建设工程信息模型"），实际上，BLM应该是BLIM-Building Lifecycle Information Management，建设工程生命周期信息管理，咱们还是跟随大多数叫BLM吧，就像把BIM叫建筑信息模型一样。

维基百科说：Building lifecycle management or BLM is the adaptation of product lifecycle management（PLM）-like techniques to the design, construction, and management of buildings. Building lifecycle management requires accurate and extensive building information modeling（BIM）.

业内同行不要有意见，BLM确实是制造业的PLM（Product Lifecycle Management—产品生命周期管理）在工程建设行业的改造应用，BIM也不例外。而且这段话把BLM和BIM的关系也都讲完了，也就是说，BLM严重地依赖于BIM。

工程建设项目的生命周期主要由两个过程组成：第一是信息过程，第二是物质过程。施工开始以前的项目策划、设计、招投标的主要工作就是信息的生产、处理、传递和应用；施工阶段的工作重点虽然是物质生产（把房子建造起来），但是其物质生产的指导思想却是信息（施工阶段以前产生的施工图及相关资料），同时伴随施工过程还在不断生产新的信息（材料、设备的明细资料等）；使用阶段实际上也是一个信息指导物质使用（空间利用、设备维修保养等）和物质使用产生新的信息（空间租用信息、设备维修保养信息等）的过程。

BLM的服务对象就是上述建设项目的信息过程，可以从三个维度进行描述：

1. 第一维度——项目发展阶段：策划、设计、施工、使用、维修、改造、拆除；
2. 第二维度——项目参与方：投资方、开发方、策划方、估价师、银行、律师、建筑师、工程师、造价师、专项咨询师、施工总包、施工分包、预制加工商、供货商、建设管理部门、物业经理、维修保养、改建扩建、拆除回收、观测试验模拟、环保、节能、空间和安全、网络管理、CIO、风险管理、物业用户等，据统计，一般高层建筑

项目的合同数量在300个左右,由此大致可以推断参与方的数量;

3. 第三维度——信息操作行为:增加、提取、更新、修改、交换、共享、验证等。

用一个形象的例子来说明工程建设行业对BLM功能的需求:在项目的任何阶段(例如设计阶段),任何一个参与方(例如结构工程师),在完成他的专业工作时(例如结构计算),需要和BLM系统进行的交互可以描述如下:

- 从BLM系统中提取结构计算所需要的信息(如梁柱墙板的布置、截面尺寸、材料性能、荷载、节点形式、边界条件等);
- 利用结构计算软件进行分析计算,利用结构工程师的专业知识进行比较决策,得到结构专业的决策结果(例如需要调整梁柱截面尺寸);
- 把上述决策结果(以及决策依据如计算结果等)返回增加或修改到BLM系统中。

而在这个过程中BLM需要自动处理好这样一些工作:首先每个参与方需要提取的信息和返回增加或修改的信息是不一样的;其次系统需要保证每个参与方增加或修改的信息在项目所有相关的地方生效,即保持项目信息的始终协调一致。

BLM对建设项目的影响有多大呢?美国和英国的相应研究都认为这样的系统的真正实施可以减少项目30%~35%的建设成本。

虽然从理论上来看,BLM并没有规定使用什么样的技术手段和方法,但是从实际能够成为生产力的角度来分析,下列条件将是BLM得以真正实现的基础:

- 需要支持项目所有参与方的快速和准确决策,因此这个信息一定是三维形象容易理解、不容易产生歧义的;对于任何参与方返回的信息增加和修改必须自动更新整个项目范围内所有与之相关联的信息,非参数化建模不足以胜任;需要支持任何项目参与方专业工作的信息需要,系统必须包含项目的所有几何、物理、功能等信息。大家知道,这就是BIM。
- 对于数百甚至更多不同类型参与方各自专业的不同需要,没有一个单个软件可以完成所有参与方的所有专业需要,必须由多个软件去分别完成整个项目开发、建设、使用过程中各种专门的分析、统计、模拟、显示等任务,因此软件之间的数据互用必不可少。
- 建设项目的参与方来自不同的企业、不同的地域甚至讲不同的语言,项目开发和建设阶段需要持续若干年,项目的使用阶段需要持续几十年甚至上百年,如果缺少一个统一的协同作业和管理平台其结果将无法想象。

因此,笔者提出"BLM = BIM + 互用 + 协同"的公式,供业内同行进一步探讨。

最后,我想大家会问:BLM离我们有多远?或者已经得出结论:BLM离我们有点太遥远了。

事实上,这个问题或者这个结论并不重要,重要的是我们如何去实现BLM这个目标,我的答案很简单:

- 从今天做起,从BIM做起,该做BIM做BIM;

- 从今天做起，从互用（Interoperability）做起，该做互用做互用；
- 从今天做起，从协同（Collaboration）做起，该做协同做协同。

只要我们把 BIM、互用、协同做好了，我相信，BLM 也就不远了，或者已经在那里了。

4.10 BIM 与相关技术方法——BIM 和 IPD

一、IPD 的产生背景

斯坦福大学的一项研究表明，从 20 世纪 60 年代以来，美国工程建设行业（AEC-Architecture Engineering and Construction）的劳动生产效率呈现下降趋势，而在同一个时间段里面非农业的其他工业行业劳动生产率提高了一倍左右。

世界其他国家和地区的具体数据可能有差别，但这种趋势确实是相差无几的，即 20 世纪后半期工程建设行业劳动生产率的提高（如果有提高的话）远远比不上其他工业行业。

技术手段的投入不足和项目实施方法的天生缺陷是其中最主要的两个原因。

根据 IDC 的分析研究报告："Worldwide IT Spending by Vertical Market 2Q02 Forecast and Analysis 2001-2006"，全球制造业和建筑业的规模相差无几，大约为 3 万亿美元左右，但是两者在信息技术方面的投入建筑业（BLM-Building Lifecycle Management 建设工程生命周期管理-14 亿美元）却只有制造业（PLM-Product Lifecycle Management 产品生命周期管理-81 亿美元）的 17％左右。

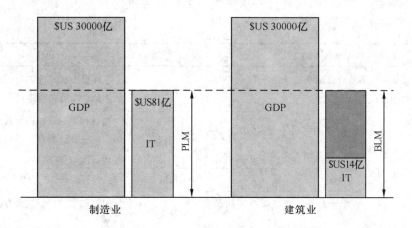

图 4.10

其结果就是抽象的、不完整的、不关联的、缺少信息的二维图纸（包括二维图形电子文件）仍然是工程建设项目承载和传递信息的最主要手段，相比较而言，在飞机、汽车、电子消费品等制造业领域三维技术、数字样机、PLM 的应用已经相当普及。工程建设行业应对这方面挑战的技术手段就是 BIM/BLM。

无独有偶，IPD（Integrated Project Delivery——一体化项目实施）是随着 BIM 逐渐开始普及应用而迅速流行的又一个英文缩写词，IPD 是一种工程建设项目的项目管理和实施方法。

二、什么是 IPD

目前流行的项目实施方法，包括平行发包（Multi-Prime）、设计-投标-施工（Design-Bid-Build）、设计＋施工或交钥匙（Design-Build）和承担风险的 CM（Construction Management at Risk）等模式，都有一个天生的缺陷：把参与方置于对立的地位，即参与方的目标和项目总体的目标不一致，经常出现这样的情况，项目的目标没有完成（例如造价超出预算），但某个参与方的目标却圆满完成（例如施工方实现盈利）。

在上述项目管理和实施模式下，参与方以合同规定的自身的责权利作为努力目标，例如项目设计是设计方的工作，跟施工方无关，因此很多设计图纸中的问题直到施工现场才发现，从而导致影响项目工期、造价甚至质量的各类变更。

IPD 的中心目标就是要改变传统项目实施方法各参与方处于对立地位的天生缺陷，维基百科这样给 IPD 下定义：Integrated Project Delivery（abbreviated IPD）, is a project delivery method that integrates people, systems, business structures and practices into a process that collaboratively harnesses the talents and insights of all participants to optimize project results, increase value to the owner, reduce waste, and maximize efficiency through all phases of design, fabrication, and construction.

我们通过表 4.10 来看看 IPD 和传统项目实施方法有些什么不同：

表 4.10

传统项目管理和实施方法	相关要素	IPD 方法
分散，按什么时候需要什么时候建立或按最低需要程度建立，很强的层级制	团队	由项目主要参与方组成的一体化团队实体，项目初期建立，开放，协同
线性、独立、分离的；需要的时候才收集知识；信息各自拥有；知识和技能深井	流程	并行和多层；知识和技能的早期贡献；信息开放共享；项目利益相关方互相信任和尊重
单独承担，最大限度转移	风险	共同管理，合理分担
单方面追求，最小投入最大产出，通常基于初始成本	利益	团队成功与项目成功挂钩，基于价值
纸质，二维，类似	沟通/技术	虚拟数字，BIM 模型（3，4，5D）
鼓励单方努力，分配和转移风险，不分享	合同	鼓励、培育、促进和支持多方开放分享和协同，风险分担

IPD 的核心是一支由主要利益相关方组成的协同、一体化、高效的项目团队。

三、BIM（建筑信息模型）和 IPD 的关系

BIM（包括 BLM）和 IPD 是在工程建设行业为提升行业生产效率和科技水平在理论研究和工程实践基础上总结出来的一种项目信息化技术手段和一套项目管理实施模式，我们可以从这两者的核心价值来理解他们之间的如下关系：

● IPD 是最大化 BIM 价值的项目管理实施模式：BIM 是一个三维的工程项目几何、物理、性能、空间关系、专业规则等一系列信息的集成数据库，可以协助项目参与方从项目概念阶段开始就在 BIM 模型支持下进行项目的各类造型、分析、模拟工作，提高决策的科学性。首先，这样的 BIM 模型必须在主要参与方（业主、设计、施工、供应商等）一起参与的情况下才能建立起来，而传统的项目实施模式由于设计、施工等参与方的分阶段介入很难实现这个目标，其结果就是设计阶段的 BIM 模型仅仅包括了设计方的知识和经验，很多施工问题还得留到工地现场才能解决；其次，各个参与方对 BIM 模型的使用广度和深度必须有一个统一的规则才能避免错误使用和重复劳动等问题。

● BIM 是支持 IPD 成功高效实施的技术手段：如前文所述，IPD 的核心是一个从项目一开始就建立的由项目主要利益相关方参与的一体化项目团队，这个团队对项目的整体成功负责。这样的一个团队至少包括业主、设计总包和施工总包三方，跟传统的接力棒形式的项目管理模式比较起来，团队变大、变复杂了，因此，在任何时候都更需要一个合适的技术手段支持项目的表达、沟通、讨论、决策，这个手段就是 BIM。很难想象一个多方集成的项目团队仍然用二维图纸作为项目信息的表达、承载和传递工具会发生什么情况，或许 IPD 就只能是空中楼阁了。

IPD 的优势是明显的，不过要真正实施起来，其挑战也是巨大的，这些挑战包括技术、行政、法律、文化等各个层面，前面有很长的路要走。但是 IPD 的思想、原则和方法完全可以在现有的项目实施模式上逐步应用，从而提升项目的整体管理运营水平和效率。

评论与回复

【新浪网友 2009-12-08 17：46：30】

何老师的见解很深刻，受教了！IPD 和 BIM 的结合将会从根本上改变当前的建筑业生产范式，只是其广泛实施的法律、契约、组织、流程、文化……环境目前在我国尚未建立，这正是当前需要行业内专家研究的问题，只有解决了其实施障碍，这种新的建设生产模式实施才能得到广泛应用，不过相信这只是时间问题，未来，基于 BIM 的集成化建设模式一定会取代传统的建设生产模式成为主流的建设生产模式。

【博主回复：2009-12-08 18：22：56】

同意，估计 IPD 的路比 BIM 的路会长得多，困难也会大得多。

4.11 BIM 与相关技术方法——BIM 和 VDC

如果有机会跟美国的大型业主、设计事务所和承包商打交道的话，经常会碰到这些机构内部负责信息化应用的一个新部门——VDC 部门。VDC 是近年来又一个在工程建设行业流行的名词，其英文全称为 Vitual Design and Construction，中文叫做虚拟设计和施工。

斯坦福的 CIFE（Center for Integrated Facility Engineering）是 VDC 的主要研究机构，他们给 VDC 的定义如下：

Virtual Design and Construction (VDC) is the use of integrated multi-disciplinary performance models of design-construction projects, including the Product (i. e., facilities), Work Processes and Organization of the design-construction-operation team in order to support explicit and public business objectives.

这个定义不管用哪种语言写，对大家理解什么是 VDC 意义都不大，有兴趣系统理解 VDC 的同行可以访问斯坦福 CIFE 的网站，这里试图通过以下几个角度来简单谈谈 BIM 和 VDC 的关系。

一、VDC 的三个子项

VDC 选取了建设项目的三个核心子项来建立 VDC 项目模型：
- Product 产品：也就是项目要建设的设施，如房子、工厂等；
- Organization 组织：开发、设计、施工、运营上述产品的一组人，至少要包括业主、主设计、主施工和用户四个方面；
- Process 流程：组织遵守用来制造上述产品的活动和程序。

因此，VDC 项目模型又叫做 POP 模型，而且三者之间是互相集成的，如果有人改变了其中一个子项，集成模型可以改变相应关联的其他子项。

其基本原理可以描述为：组织按照流程来制造产品，其约束条件就是用更好的质量、更短的工期、更低的造价实现产品功能，而这个目标只有在动态管理协调优化三者关系的基础上才能实现。道理很简单，例如，不管什么原因，一旦产品有了变化，相应的组织和流程必须做相应调整才能保证继续实现最好的项目管理综合目标，其他子项的变化也如此。

传统的项目实施方法，上述三者之间都是单独进行管理的，这是导致长期以来工程项目总体运作效率低下的主要原因之一。

二、VDC 子项的三个要素

对 VDC 每个子项中的内容都采用 Function（功能）、Form（形式）、Behavior（表现）三个要素进行表达和分析：

- Function 功能：项目实施过程和成果必须去满足的业主或其他利益相关方的要求。例如：一个 100 个座位的礼堂，一个必须包括注册结构师的组织，一个包括若干校审里程碑的设计流程等；
- Form 形式：为满足上述功能所进行的选择和决策。例如，一个特定的空间选择，一个设计、施工和施工计划之间的合同关系选择等；
- Behavior 表现：产品、组织和流程根据上述选择预测和实际观察到的性能表现。例如预测到的梁的挠度，承包商完成一个任务的实际工时，关键路径法计算的预计施工周期等。

三、VDC 的三个应用层次

VDC 的应用层次又称为 VDC 的成熟度，代表 VDC 应用的深度和广度：

- Visualization 可视化：这是 VDC 应用的第一个层次，根据前面介绍的子项和要素方法建立起 3D 的产品模型，承担设计施工运营管理的组织模型，以及参与方实施项目所遵守的流程模型，项目参与方在这个模型上协同工作，根据计划表现和实际表现的比较对模型进行调整，这种保持各模型之间的一致性可能是由人工来实现的；
- Integration 一体化：这是 VDC 应用的第二个层次，这个阶段产品、组织、流程模型和分析计算软件之间的数据交换由软件来完成；
- Automation 自动化：到了 VDC 应用的第三个层次以后，很多设计、施工任务可以由系统自动完成，传统的"设计-施工"或"设计-招标-施工"方法将逐步转变为"设计-预制-安装"方法，现场施工时间大大缩短。CIFE 的目标是到 2015 年实现大部分项目从破土动工到交付使用的时间控制在 6 个月之内。

四、VDC 的三屏互动环境

项目的实施过程就是上述产品、组织、流程的互动、跟踪和改进过程，因此有效的 VDC 互动环境应该包括三个屏幕：一个屏幕显示产品，一个屏幕显示组织，一个屏幕显示流程，如图 4.11 斯坦福 CIFE 的 iROOM 照片所示。

五、BIM(建筑信息模型)和 VDC

研究和现实情况都充分表明，在项目实施过程中，一个员工向另外一个员工（或者一个参与方向另外一个参与方，不管是同一企业内部还是不同企业之间）寻求

图 4.11

信息或决策所需要的"等待时间"或"反应时间"是影响项目总体目标的关键因素之一，导致被咨询的员工没有及时反应的原因包括缺乏时间、知识、信息、授权或主动性等，其中缺乏该项目的知识和信息是最主要的技术因素。

显而易见，3D 模型比 2D 图纸容易理解，4D 模拟比甘特图容易理解，提供直观的产品模型、组织模型和流程模型供项目参与方迅速准确理解和决策是 VDC 有效实施的有力保障。

BIM 模型表达的是产品的组成部分以及它们的各种特性等，因此，从这个意义上我们可以把 BIM 和 VDC 的关系描述如下：

- BIM 是 VDC 的一个子集
- 3D BIM 模型相当于 VDC 的产品模型
- BIM 4D 应用相当于 VDC 的产品模型＋流程模型

4.12 BIM 与相关技术方法——BIM 和精益施工

一、什么是精益施工（Lean Construction）

精益施工是 Lean Construction 的中文，国内还有叫"精准建造"和"精益建造"的。

维基百科对精益施工有一个很简单的一句话定义：Lean construction is a "way to design production systems to minimize waste of materials, time, and effort in order to generate the maximum possible amount of value."

精益施工是制造业精益制造（Lean Manufacturing，零等待、零浪费、零库存等）原理在工程建设领域的一种应用，项目的生产过程有一个显著的特点：项目是一次性的和不重复的，产品本身（房子、公路等）如此，制造产品的团队（业主、设计、施工、供应商）也如此。因此精益施工建立起来的是一个一次性的生产系统。

精益施工使用了一个非常重要的概念：末位计划员（Last Planner）。和传统施工管理方法的"首位计划员（First Planner）相对应，末位计划员是指工地现场的班组长，或者专业设计负责人等生产一线的最基层团队负责人，也是最后一层需要做生产计划的人，而首位计划员通常是指项目经理和专门的项目计划人员。

一个项目是由多个任务组成的，项目的按时、按造价、按质量和安全完成，取决于每个任务的按时、按造价、按质量和安全完成，以及任务之间等待时间的最小化。

那么谁能保证每个任务按要求完成呢？当然是具体执行任务的那群人，关键就是最基层的团队负责人，例如施工现场的班组长、各个专业的设计负责人等，也就是精益施工里所说的末位计划员。

那么谁能消灭项目之间的等待时间呢？当然是上述末位计划员们与项目管理团队（首位计划员们）的全面协作了。

传统的项目管理方法是由首位计划员（项目经理和专门的计划人员）来制定项目

实施计划的,在制定计划的过程中首位计划员们需要使用许多假设和设置很多间隙来解决不确定因素,虽然期间首位计划员们也会和具体实施团队进行互动,但是在这个时候,具体实施团队由于对任务的内容和合作团队等的不了解,一定不会轻易放弃给自己留有足够的余地。因此,经常会发生计划中应该完成的任务到时候没有完成,当然计划中应该启动的任务也就没法按时启动。

二、末位计划员系统（LPS-Last Planner System）

基于末位计划员概念的末位计划员系统（LPS-Last Planner System）的核心就是让施工一线的基层团队负责人（也就是最后一层做计划并保证计划实施的人）充分参与项目计划的制定,通过保障末位计划员负责的每个任务的按要求完成来保障整个项目计划的按时、按价、按质和安全完成。

LPS包括四个主要元素：

- 协同排序：从项目的总体计划开始,首位计划员（项目经理、专业计划员等）和末位计划员（现场施工班组长、设计专业负责人等）就一起协同作业,对不同任务之间的顺序达成共识,并对单个任务的时间和任务之间的间隙进行压缩,缩短项目总体周期。末位计划员需要对达成的计划进行承诺和签署。

- 做好准备：一个任务能够开始需要具备一定的条件,包括人员、材料、机械的到位,合适的作业空间,以及前置任务的完成等（能够开始-CAN DO）,而不是计划说应该开始就可以开始的（应该开始- SHOULD DO）。这个步骤就是保证一个任务需要开始的条件都已经具备,而这些条件的具备是由实施该任务的负责人以及相关负责人（即末位计划员）来确定的。

- 生产计划：通过基本上每周一次由所有末位计划员参加的生产计划会（PPM-Production Planning Meeting）一起确定下一天和下一周的生产计划。

- 持续改进：所有末位计划员通过上述实践不断学习和改进项目、项目计划以及生产流程。

三、BIM（建筑信息模型）和精益施工

美国精益施工学会（LCI-Lean Construction Institute）的研究发现计划完成度（PPC-the Percentage of Promises Completed on time,承诺按时完成的百分比）与生产效率和利润有图4.12所示关系。

即当计划完成度达到75%~90%的时候,生产效率和利润都会有明显增长。而LCI的研究显示,在没有采用LPS以前,只有1/3的任务能够按承诺的计划完成,也就是说只有

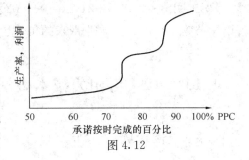

图4.12

33%的PPC。

LCI进一步研究承诺的任务不能按时完成的原因时得出如下结论：

原　　因	发生次数
信息不清晰	×××××××××××
太少工人	××××××××××
没有承诺交付	×××××××
客户/设计变更	××××××
超负荷	××××××
后期请求	××××
要求/满意条件不清晰	××××
准备工作	×××
请求失败	××
满意条件没弄清楚	××
返工	××
其他	××
缺少技工	×
计划外工作	×
没有客户	
没有能做到的人	
没有日期要求	

其中，信息不够清晰和明确是第一原因。

通过本文我们看到了末位计划员系统LPS在解决上述其他原因中可以发挥的明显作用，而BIM由于其三维的直观表达和数据的丰富性却正是解决信息不清晰和不明确的不二良方。

评论与回复

【zfbim 2009-12-21 10∶40∶10】
这样的话，精算师及精算管理（应为精细管理，原文如此）也就不再是空谈！BIM也将使建筑行业的灰色地带逐渐减弱！不知我这样理解是否正确？
【博主回复：2009-12-21 22∶00∶02】
精益施工能够给建筑业带来的价值也会是颠覆性的。

4.13　BIM与相关技术方法——BIM和流程

几乎所有谈BIM（建筑信息模型）的专家和文章都会谈到流程，又几乎一致地都认为要把 BIM 用好就必须要对传统的流程进行改造，着实令想要使用 BIM 的企业和个人踯躅不前。从某种意义上来说，流程被赋予了些许神秘感。

英语里面表达流程的单词有 process 和 workflow 两个，虽然它们的定义有一定的区别。先让我们来看看维基百科对这两者的定义：

Processes are generally defined as " a set of interdependent tasks transforming input elements into products".

A workflow consists of a sequence of connected steps.

意思非常简单明了，流程是把输入元素转换成产品的一系列有顺序和关联的任务或步骤。

依个人之见，用生产力和生产关系之间的关系来描述、解释和比喻 BIM 和流程的关系会帮助受马克思主义教育的同行们的理解。

生产力是人类改造自然和征服自然的能力（BIM），生产关系是在生产过程中形成的人与人之间的关系（流程）。在生产方式的矛盾统一体中，生产力决定生产关系，生产关系对生产力具有反作用，二者间存在着自始至终的矛盾运动。

如果把这段经典解释一下就是：BIM 应用决定流程，流程可以对 BIM 应用产生反作用（促进或阻碍），其实这个道理非常容易明白，只有先把 BIM 用起来，才能知道流程需要如何变化，否则所谓的流程变化就是无源之水、无本之木。而且，把 BIM 用起来是需要时间的，BIM 应用是从一个或几个点开始，逐步变成线和面的，在这个过程中流程也就随之改进了。

跟 BIM 有关的流程可以分为三个层次：

一、个人流程

个人流程是指参与项目的个人（不管是设计、施工、运营还是其他角色）在用 BIM 之前和之后本人工作流程的变化，例如设计师，用 BIM 以前是分别画平、立、剖图的，用 BIM 以后对设计的推敲和表达就要在 BIM 模型上来进行，而平、立、剖图成了 BIM 模型的副产品。

我想情况已经很清楚了，个人只要学会了使用 BIM 工具和方法，个人流程也就自然而然随之变化了。

二、团队流程

团队流程是指一个工种或企业内部项目团队成员之间在使用 BIM 前后的工作流程变化，团队流程是非契约型关系，流程的变化通过人与人、人与子团队以及子团队与子团队之间的协同来解决。

例如设计团队的流程，使用 BIM 之前主要通过互提资料和设计会审来协调专业本身和专业之间的工作，具体工作的时候每个个体是不受约束的（因而可能产生无用功或重复工作）；使用 BIM 以后，系统会自动产生一些流程来约束个人的工作，例如，一个团队成员正在修改他负责的项目某一部分时，系统就自动不允许其他成员对这一部分的修改（无用功或重复工作会减少甚至避免）。

由于团队流程的企业内和非契约性质，其变化和适应总体来说也是相当容易的。

三、项目流程

项目流程是指跨企业边界的流程，通常以契约的形式来表示，项目流程的变化涉及业主、设计、施工、运营等所有项目参与方，以及技术、经济、法律等各个相关领域，因此困难最大。

结合我国工程建设领域的实际情况和全球 BIM 应用现状和发展趋势，我们认为项目流程的变化将是一个由初级阶段逐步向高级段演进的过程：

初级阶段：即目前 BIM 应用的初始阶段，以传统项目流程为主，BIM 服务为辅，如图 4.13-1 所示。

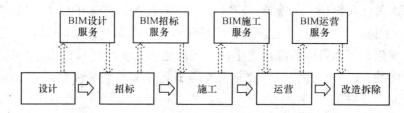

图 4.13-1

此阶段的 BIM 应用可以根据项目和团队的实际情况选择其中任何一项或几项来进行，例如某个项目只采用 BIM 设计服务，或者采用 BIM 设计和招标服务等，不管如何选择，BIM 服务的采用与否基本上不改变项目"设计-招标-施工-运营"的传统流程。此时 BIM 服务的主要工作是通过 BIM 的 3D/4D/5D 等应用，对设计、招标、施工和运营计划和实施过程进行可视化、分析、模拟、优化、跟踪、记录等工作，并最终形成项目的 BIM 竣工模型和 BIM 运营模型。

高级阶段：BIM 完全融入项目流程，如图 4.13-2 所示。

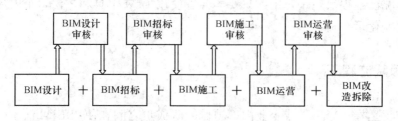

图 4.13-2

进入高级阶段以后，BIM 已经成为项目设计、施工、运营的日常工具，基于 BIM 的项目流程的技术、经济、法律问题已经具备相应的解决方案，此时 BIM 服务的主要工作将转向对项目参与各方提供的 BIM 模型和数据的合理性、正确性、一致性、完整性等的审核和项目完整信息的集成。

虽然我们无法判断进入高级阶段需要多少时间，也许十年、二十年、更短或更长时间，但是我们清楚的是目前我们处于 BIM 应用初级阶段的入口，我们还清楚的是如果我们不跨入并经过初级阶段，我们就永远没有可能到达高级阶段。

评论与回复

【新浪网友 2010-01-09 19：07：26】
当 BIM 应用到一定程度时，才需要考虑流程的改造，特别是项目的流程。但 BIM 应用的难点在于在应用之初或之前就需要大家制定新的规则，并共同遵守。

【博主回复：2010-01-09 20：51：46】
遵守规则还是破坏规则都是利益博弈以后的选择，如果遵守规则的利益大成本小，大家肯定选择遵守规则，反之亦然。

同样是遵守规则也有两种情况：自觉遵守和被迫遵守。BIM 的使用也是一样，早期以自己要使用的为主，到了某一个拐点，就会以被迫使用为主了，和当年的 CAD 普及过程一样。到最后就跟现在 CAD 的情况一样了——没有不会用的人了。

4.14　BIM 与相关技术方法——BIM 和互联网

众所周知，目前几乎所有同行都有三种工作方式：
- 单机方式
- 局域网 LAN（内联网 Intranet）方式
- 广域网 WAN（互联网 Internet）方式

BIM（建筑信息模型）概念的提出和相应技术的研究应用起始于 20 世纪 70～80 年代，当时叫 Building Product Model（建筑产品模型）和 Virtual Building（虚拟建筑），但 BIM 的流行和大量工程使用却是从 21 世纪初才开始的，这里有新技术本身发展和成熟周期的原因，但非常重要的另外一个原因就是互联网的普及。

恩格斯曾经说过，一个市场需求往往比十所大学更能拉动技术进步。一种新技术的市场需求的大小来自于其能够为市场提供的总价值的大小，而市场总价值 = 每个人得到的平均价值×获得该价值的总人数。

下面从几个不同的角度来谈谈 BIM 和互联网的关系。

一、BIM 使用人数和互联网的关系

我们在"BIM 应用"的系列文章中简单地把 BIM 的应用价值归纳为七个层次：回归 3D、协调综合、4D5D、团队改造、整合现场、工业化自动化和打通产业链，现在让

我们一起来看看 BIM 在项目生命周期中是被什么人使用的，见图 4.14。

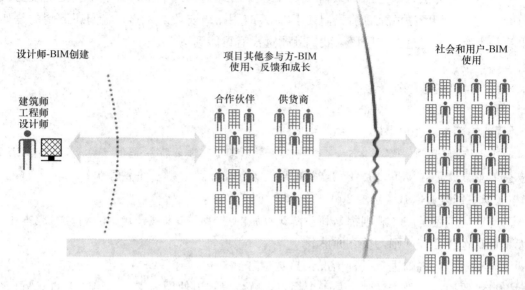

图 4.14

BIM 的操作形式只有创建信息和使用信息两种（也有人把其归纳为创建、管理和分享三种形式，但我认为管理是为使用服务的，分享是管理功能的一部分，其终极目的都是为了使用信息），就目前国内建设行业的实际情况来看，最多设计本身可能在局域网内完成的，其他信息使用和反馈更新操作（无论是项目参与方、物业用户还是其他有关人员）都必须通过互联网才能实现。

不难看出，互联网使能够利用 BIM 价值的人群数量有了成百倍、上千倍的扩大。

二、BIM 信息存储和交换方式跟互联网的关系

法国国立布尔戈尼大学（Universite de Bourgogne）的 Renaud Vanlande 等人总结了五种被认可的 BIM 模型数据存储和交换方法：
- 文件方式
- API 方式
- 中央数据库方式
- 联合数据库方式（Federated Database）
- Web Service 方式

在上述方法里面，前两种方式从理论上还可以在没有互联网的情形下实现，而后面三种方式则完全是以互联网为前提的。

三、BIM 能力成熟度跟互联网的关系

美国 BIM 标准关于 BIM 能力成熟度的衡量标准中有一个 BIM 提交和实施方法

（Delivery Method）的要素，根据不同方法划分为十级成熟度（其中 1 级为最不成熟，10 级为最成熟）如下：

- 1 级：只能单机访问 BIM
- 2 级：单机控制访问
- 3 级：网络口令控制
- 4 级：网络数据存取控制
- 5 级：有限的 web 服务
- 6 级：完全 web 服务，部分信息安全保障
- 7 级：web 环境，人工信息安全保障
- 8 级：web 环境，良好信息安全保障
- 9 级：网络中心技术，SOA 架构，人工管理
- 10 级：网络中心技术，SOA 架构，自动管理

从上面的描述中我们可以得到这样两个信息，其一是在十级 BIM 实施和提交方法中只有 1~2 两级属于单机工作方法，3~4 两级属于局域网工作方法，而 5~10 级都属于互联网工作方法；其二是互联网应用的水平越高，BIM 的成熟度也越高。

根据以上不同角度的探讨，如果我们来总结一下 BIM 和互联网之间的关系可以得出如下结论：互联网是 BIM 得以推广普及发展的不可或缺的市场基础和技术平台，互联网为 BIM 能够给工程建设行业带来的价值实现了数量级的放大，从而形成了市场对 BIM 的强大需求。可以毫不夸张地说，没有互联网的推广普及，就不会有 BIM 的量化应用。

4.15 BIM 与相关技术方法——BIM 和虚拟现实

老话说：一张图胜过一千句话，一个模型胜过一千张图。

在切入 BIM（建筑信息模型）和虚拟现实（VR-Virtual Reality）以及游戏（Game）的关系这个正题以前，非常有必要先回顾和明确一下跟"图"有关的几个概念，此处所说的"图"，应该与另外两个人类用于表达的基本工具或手段的"文"和"数"相对应。

声明一下：以下的英文定义均来自维基百科。

Visualization is any technique for creating images, diagrams, or animations to communicate a message. 根据这个定义，"可视化"应该包括一切用"图"来传递和沟通信息的技巧和方法，包括图表、图像、动画等。而工程建设行业普遍地把电脑效果图（即图像-Image）和动画（Animation）叫做可视化，本系列文章的"4.3BIM 与相关技术方法—BIM 和可视化"里面指的可视化遵循了工程建设行业的习惯，这篇文章也不例外。

Drawing is a visual art that makes use of any number of drawing instruments to mark a two-dimensional medium。Drawing 在 AEC 行业指的就是二维"图形",无论是图纸还是电子文件,是一种用二维几何元素(点、线、圆、弧等)、符号(门、窗、墙、标高、轴线等)和文字(尺寸、说明)来抽象表达工程项目的方法。

An image is an artifact, for example a two-dimensional picture, that has a similar appearance to some subject—usually a physical object or a person。"图像"的关键是和所要描述本体的外观相似,这就是建筑物的电脑效果图,经常用一个词来形容效果图的逼真程度——照片级,没错,是对所要建设项目某个视角的数字照片。

Animation is the rapid display of a sequence of images of 2-D or 3-D artwork or model positions in order to create an illusion of movement,把一个系列图像按某种顺序快速显示就成为"动画"。

Virtual reality (VR) is a technology which allows a user to interact with a computer-simulated environment, whether that environment is a simulation of the real world or an imaginary world。"虚拟现实"可以让人和电脑模拟的环境互动,所以很多时候又叫"漫游",AEC 行业的所谓环境当然是指正在设计建造或运营的工程项目本身。

A game is a structured activity, usually undertaken for enjoyment and sometimes used as an educational tool。"游戏"是一种结构化的活动,可用于娱乐,也可以作为教育工具。AEC 行业用游戏当然是为了作为教育工具,教育物业的设计人员、施工人员、管理人员、维修人员等。

A model is a pattern, plan, representation (especially in miniature), or description designed to show the main object or workings of an object, system, or concept。"模型"是用于显示研究对象本身或者其工作方法的一种模式、方案、表达或者描述。显然 BIM 模型属于这里的"模型"范畴。

相对"文字"和"数字"来说,上述的图形、图像、动画、虚拟现实、游戏和模型都属于"图"的范畴,都是广义的"可视化"方法。这些不同类型的"图"之间的关系如图 4.15-1 所示。

这张图表示了计划建设的工程项目和几种不同类型的表达或表现"图"之间的关系,中间箭头用虚线表示每做一种"图"(图形、图像、动画、虚拟现实、游戏、模型),都需要人把项目翻译成对应类型的"图"。

当使用 BIM 以后,上述关系变成了图 4.15-2 所示的形式:

图 4.15-2 和图 4.15-1 有两个主要区别:其一是中间的工程项目本身被一个数字化虚拟的工程项目(即 BIM 模型)所代替;其二是箭头变成了实线,也就是说,产生各种类型的"图"所需要的信息可以从 BIM 模型中自动获得。

有意思的是,在项目没有建成以前,实际的工程项目是看不见、摸不着的,也就是说是虚的;而虚拟的工程项目(BIM 模型)却反而是看得见、摸得着的,也就是说是实的。因此,没有用 BIM 以前,做出不同类型的"图"来一是费时费工的(重复输入项目信息);二是容易没谱的(建成的项目和效果图不一样)。

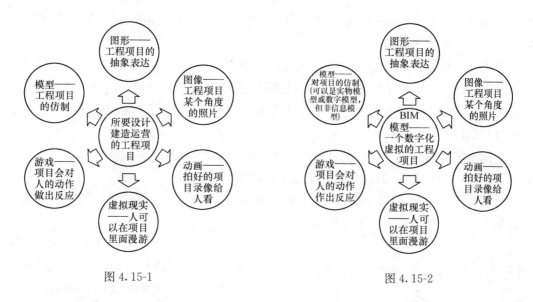

图 4.15-1　　　　　　　　　　　图 4.15-2

真应了红楼梦里的一句话"假作真时真亦假，无为有处有还无"。

而项目建成以后，项目本身又是不能随便可以碰的。例如培训维修人员，不能让设备停下来；培训应急措施，不能让大楼里的人停下工作一起练习；某处水管爆裂，不能简单地关闭整个大楼的阀门。这个时候仍然需要依靠虚拟项目（BIM 模型）进行人员培训、问题诊断等。

花了不少笔墨介绍了"可视化"工程项目可以使用的图形、图像、动画、虚拟现实、游戏、模型等不同类型的"图"元素，而图形、图像、动画在前面的文章《BIM 与相关技术方法（2）-BIM 和 CAD》以及《BIM 与相关技术方法（3）-BIM 和可视化》中已经有过介绍，这里重点说明一下 BIM 和虚拟现实以及游戏之间的关系。

虚拟现实是让人在工程项目的那个环境里面漫游，BIM 模型为虚拟现实提供了和实际项目一致的完整和精确的环境。

游戏是在真实环境里面增加了情景的内容，也就是说，环境会对人的行动作出反应，例如关闭某一个电源开关，就能知道哪些空间的照明没有了，或者哪些设备就停止运转了，游戏的主要作用是人员培训，和飞行游戏培训飞行员、驾驶游戏培训汽车驾驶员类似。当然，这样的游戏必须建立在真实和完整的项目环境基础之上才有意义，而 BIM 就是那个建立真实、完整项目环境基础的基础。

4.16　BIM 与相关技术方法——BIM 和住宅产业化

住宅产业化的终极目标是要把工程项目的建设过程从自古以来的"设计→现场施工"模式进化为"设计→工厂制造→现场安装"模式，事实上工程项目机电系统的设备部分从有史以来就是"设计-制造-安装"模式的，另外钢结构也基本上是"设计-制造-安装"模式，但遗憾的是，这两件比较先进的事情，前者几乎跟工程建设行业沾不上边，那是我们兄弟行业——制造业的功劳；而后者估计也只跟建筑业有一半的关系，另一半光荣仍然属于制造业。

从上面的分析我们清楚，住宅产业化的主要任务是要解决占国内房地产项目绝对比例的钢筋混凝土结构土建工程的"设计-制造-安装"模式转型问题，可以这么说，没有解决钢筋混凝土结构土建工程的"设计-制造-安装"问题，就不能说中国的住宅产业化这件事做好了。

我国十年推行住宅产业化的效果不够理想，有经济的原因（如成本不比现场施工低），也有技术的原因，但归根结底是技术原因和管理原因。

目前住宅产业化采用的实施方法总体上来看有设计主导和制造主导两种，下面我们分别来对这两种方法做一个简单的分析。

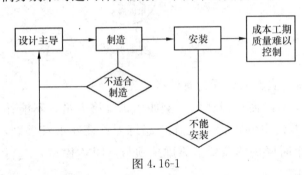

图 4.16-1

图 4.16-1 是设计主导住宅产业化的典型流程，设计过程中没有充分考虑制造和安装的需求，在进入实际制造和安装环节时，碰到没法制造或安装以及制造安装方法不合理、不经济的情形，就需要修改设计，导致制造厂商和安装现场的待工待料，如果这种情况影响到需要调整已经安装好的部分的话，问题会更严重，工程质量也会受到影响。

反之，如果以制造作为主导（图 4.16-2）又会如何呢？在这种情形下，对工期、成本、质量的控制能力会比设计主导的情况要好，但由此带来的问题可能比设计主导的情况还要糟糕，那就是制造主导往往导致产品死板，不受市场欢迎，其结果是业主宁愿选择传统的"设计-现场施工"方案。

很显然，要真正解决住宅产业化的问题，就必须协调好设计、制造、安装之间的关系，在设计阶段充分考虑制造和安装的需求，从而在保障产品本身具有市场竞争力的前提下控制好工期、造价和质量。

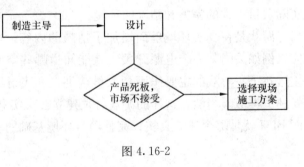

图 4.16-2

这个任务的完成，期望依靠设计、施工和安装当中的任何一方，都由于各自利益立场的原因，成功的可能性不大；而由业主对这三方进行协调，也不会有实质性的效果，因为无论何种项目建设模式，业主的协调一天也没有间断过。

而以 BIM（建筑信息模型）为核心的信息主导方法将有效解决住宅产业化面临的上述技术和管理问题，如图 4.16-3 所示。

借助 BIM 技术，在实际开始制造以前，统筹考虑设计、制造和安装的各种要求，把实际的制造安装过程通过 BIM 模型在电脑中先虚拟地做一遍，包括设计协调、制造模拟、安装模拟等，在投入实际制造安装前把可能遇到的问题消灭在电脑的虚拟世界里，同时在制造安装开始以后结合 RFID、智能手机、互联网、数控机床等技术和设备对制造安装过程进行信息跟踪和自动化生产，保障项目按照计划的工期、造价、质量顺利完成。

BIM 给住宅产业化带来了前所未有的机会。

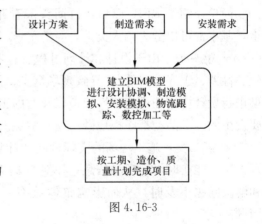

图 4.16-3

评论与回复

【新浪网友 2010-01-08 09：29：42】

我是搞造价的，很想请教何总，住宅产业化后对造价工作有何影响？因为目前在国内造价师 90％的工作都是在算工程量，10％甚至更少的时间在造价控制——这是很畸形的状况。

【博主回复：2010-01-09 20：41：57】

任何一个工作只有当用在不同工作上的时间比例和贡献的价值比例互相匹配的时候，其资源的浪费才是最小的，任何一个职位都有其核心价值，只有当他把主要时间花在这个职位的核心价值上时其贡献才有可能最大化。这就是人们不断探索新技术、新方法以解放人类自己去做核心价值的工作的最根本动力。造价师把 90％的时间用在算工程量，设计师把一半以上的时间用在画施工图，都是时间和核心价值比例不匹配的现象。BIM 就是建筑业同行这种探索到今天为止的一个成果。

4.17　BIM 与相关技术方法——BIM 和 RFID

RFID（无线射频识别、电子标签）并不是什么新技术，在金融、物流、交通、环保、城市管理等很多行业都已经有广泛应用，远的不说，每个人的二代身份证就使用了 RFID。介绍 RFID 的资料非常多，这里不想重复。

从目前的技术发展状况来看，RFID 还是一个正在成为现实的不远未来——物联网的基础元素，当然大家都知道还有一个比物联网更"美好"的未来——智慧地球。

互联网把地球上任何一个角落的人和人联系了起来，靠的是人的智慧和学习能力，因为人有脑袋。但是物体没有人的脑袋，因此物体（包括动物，应该说除人类以外的任何物体）无法靠纯粹的互联网联系起来。而 RFID 作为某一个物体的带有信息的具有唯一性的身份证，通过信息阅读设备和互联网联系起来，就成为人与物和物与物相连的物联网。从这个意义来说，我们可以把 RFID 看做是物体的"脑"。

简单介绍了 RFID 以后，再回头来看看影响建设项目按时、按价、按质完成的因素，基本上可以分为两大类：

● 第一类：由于设计和计划过程没有考虑到的施工现场问题（例如管线碰撞、可施工性差、工序冲突等），导致现场窝工、待工。这类问题可以通过建立项目的 BIM 模型进行设计协调和可施工性模拟以及对施工方案进行 4D 模拟等手段，在电脑中把计划要发生的施工活动都虚拟地做一遍来解决。

● 第二类：施工现场的实际进展和计划进展不一致，现场人员手工填写报告，管理人员不能实时得到现场信息，不到现场无法验证现场信息的准确度，导致发现问题和解决问题不及时，从而影响整体效率。BIM 和 RFID 的配合可以很好地解决这类问题。

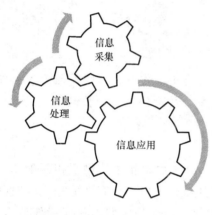

图 4.17

没有 BIM 以前，RFID 在项目建设过程中的应用主要限于物流和仓储管理，和 BIM 技术的集成能够让 RFID 发挥的作用大大超越传统的办公和财务自动化应用，直指施工管理中的核心问题——实时跟踪和风险控制。

利用 RFID 的工作原理可以简单地表现为图 4.17。

RFID 负责信息采集的工作，通过互联网传输到信息中心进行信息处理，经过处理的信息满足不同需求的应用。如果信息中心用 excel 表或者关系数据库来处理 RFID 收集来的信息，那么这个信息的应用基本上就只能满足统计库存、打印报表等纯粹数据操作层面的要求；反之，如果使用 BIM 模型来处理信息，在 BIM 模型中建立所有部品部件的与 RFID 信息一致的唯一编号，那么这些部品部件的状态就可以通过 RFID、智能手机、互联网技术在 BIM 模型中实时地表示出来。

在没有 RFID 的情况下，施工现场的进展和问题依靠现场人员填写表格，再把表格信息通过扫描或录入方式报告给项目管理团队，这样的现场跟踪报告实时吗？不可能。准确吗？不知道。

在只使用 RFID、没有使用 BIM 的情况下，可以实时报告部品部件的现状，但是这些部品部件包含了整个项目的哪些部分？有了这些部品部件明天的施工还缺少其他的部品部件吗？是否有多余的部品部件过早到位而需要在现场积压比较长的时间呢？这些问题都不容易回答。

当 RFID 的现场跟踪和 BIM 的信息管理和表现结合在一起的时候，上述问题迎刃而解，部品部件的状况通过 RFID 的信息收集形成了 BIM 模型的 4D 模拟，现场人员对施工进度、重点部位、隐蔽工程等需要特别记录的部分，根据 RFID 传递的信息，把现场的照片资料等自动记录到 BIM 模型的对应部品部件上，管理人员对现场发生的情况核问题了如指掌。

表 4.17 简单罗列了 RFID 和 BIM 在现场进度跟踪、质量控制等应用中的几种不同情况：

表 4.17

没有 BIM，没有 RFID	• 信息采集：手工填写、照相、扫描、录入 • 信息处理：DOC 文件、Excel 表格、图像、文件夹、数据库 • 信息应用：信息不及时、难查找、与项目进展没有关联，可以存档、不方便使用
没有 BIM，有 RFID	• 信息采集：RFID、智能手机、互联网自动采集 • 信息处理：DOC 文件、Excel 表格、图像、文件夹、数据库 • 信息应用：信息及时、难查找、与项目进展没有关联，用于采购管理、物流管理、库存管理等办公和财务自动化，信息可以存档不方便使用
有 BIM，没有 RFID	• 信息采集：手工填写、照相、扫描、录入 • 信息处理：BIM 模型 • 信息应用：信息不及时、易查找、与项目进展关联，记录的项目信息方便再次查找使用
有 BIM，有 RFID	• 信息采集：RFID、智能手机、互联网自动采集 • 信息处理：BIM 模型 • 信息应用：信息及时、易查找、与项目进展关联，除了传统的办公和财务自动化应用外，还可用于施工现场实际进度和计划进度比较、材料设备动态管理、重点工程和隐蔽工程品质控制等

4.18 BIM 与相关技术方法——BIM 和造价管理

造价是工程建设项目管理的核心指标之一，造价管理依托于两个基本工作：工程量统计（QTO-Quantity Takeoff）和成本预算（Cost Estimation），在 BIM 应用领域，造价管理又被称之为 BIM 的 5D 应用（3D 空间 ＋ 4D 时间 ＋ 5D 造价）。

在目前普遍使用 CAD 作为绘图工具的情形下，造价管理的两个基本工作中，工程量统计会用掉造价人员 50％～80％的时间，原因就是手工图纸或者 CAD 图纸没有存储电脑可以自动计算的项目构件或部件信息，需要人工根据图纸或 CAD 图形重新进行测量、计算和统计。

BIM 的目的是通过提供精确和完整的信息来改进行业的生产效率，BIM 为所有项目参与方提供了一个大家都可以利用的工程项目公共信息数据库，各个参与方可以从项目 BIM 模型中得到构件和部件信息，完成一系列各自负责的任务，例如环境分析、节能计算、工程量统计和成本估算等。

下面我们分几个方面来看看 BIM 和造价管理的关系。

一、造价管理流程

图 4.18 是一个典型的项目发展和造价管理流程,在项目的不同阶段造价人员需要完成不同精细程度的概算、预算和决算等工作。

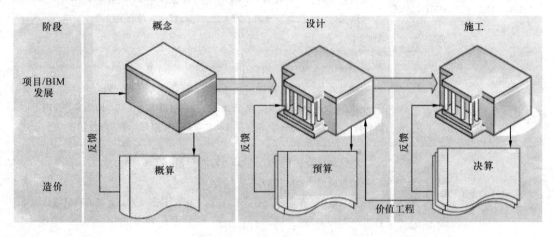

图 4.18

二、BIM 环境下造价管理的特点

传统环境下造价人员从设计人员提供的图纸中获取造价需要的项目信息,结合本专业的有关规定、资料和专业知识进行造价管理,这种情形下,使用或不使用设计提供的某个信息完全由造价人员根据自己的专业判断决定,而设计人员做设计的方法和提交设计成果的方式对造价结果不会产生影响。

而 BIM 模型是一个富有信息的项目构件和部件数据库,可以为造价人员提供造价管理需要的项目构件和部件信息,从而大大减少根据图纸人工统计工程量的繁琐工作以及由此引起的潜在错误,但同时也带来了如下的另外一些问题:

- 工作方法:造价人员利用设计人员建立的 BIM 模型中的信息进行造价管理,首先必须对设计过程形成的信息进行过滤,得到满足项目不同阶段造价管理精细程度需要的项目信息,即设计提供信息和造价管理需要信息的匹配。
- 工作流程:造价人员需要对造价结果负完全责任,要做到这一点,必须在设计早期介入,和设计人员一起定义构件的信息组成,否则将会需要花费大量时间对设计人员提供的 BIM 模型进行校验和修改。
- 约束条件:项目预算不仅仅由工程量和价格决定,还跟施工方法、施工工序、施工条件等约束条件有关,目前并没有一个建立 BIM 模型的标准把这些约束条件考虑进去,需要根据项目和团队情况建立工作标准。

三、基于 BIM 造价管理的实施方法

按照专业分工要求，很显然，建筑师在用 BIM 模型进行设计的时候既不会考虑造价管理对 BIM 模型的要求，也不会把只是造价管理需要的信息放到他的 BIM 模型中去，因此，造价人员基于 BIM 模型的造价管理工作有两种实施方法：

其一是往设计师提供的 BIM 模型里增加造价管理需要的专门信息；其二是把 BIM 模型里面已经有的项目信息抽取出来或者和现有的造价管理信息建立连接。

第一种方法的好处是设计信息和造价信息高度集成，设计修改能够自动改变造价，反之，造价对设计的修改（例如选择和设计不同的另外一种产品替代原有设计）也能在设计模型中反映出来；挑战是 BIM 模型越来越大，容易超出硬件能力，而且对设计、施工、造价等参与方的协同要求比较高，无论是软件技术上的实现还是人员工作流程上的要求都需要付出很大的努力。

第二种方法的好处是无论在软件产品和人员操作层面实现起来相对比较容易，缺点是不管是设计变化引起造价变化还是造价变化反过来导致设计变化都需要人工来进行管理和操作。

四、基于 BIM 造价管理的技术实现手段

利用 BIM 信息进行造价管理的技术实现手段总体上来看有以下三种：

● API（Application Programming Interface 应用编程接口）：由 BIM 软件厂商随 BIM 软件一起提供的一系列应用程序接口，造价人员或第三方软件开发人员可以用 API 从 BIM 模型中获取造价需要的项目信息，跟现有造价管理软件集成，也可以把造价管理对项目的修改调整反馈到 BIM 模型中去。目前 BIM 软件的 API 都还处于快速变化中，API 的变化会导致基于 API 的应用程序做相应升级，这是一个需要考虑的问题。

● ODBC（Open Database Connectivity 开放数据库互联）：ODBC 是微软提供的一套与具体数据库管理系统无关的数据库访问方法，这种方法的编程能力具有普适性，导出的数据可以和所有不同类型的应用（包括造价管理）进行集成，同时对 BIM 模型的轻量化也非常有利。缺点是数据库和 BIM 模型的变化不能同步，需要人工干预。

● 数据文件：通过 IFC 等公开或不公开的各类标准或不标准的数据文件实现 BIM 模型和造价管理软件的信息共享，一般来说，公开数据标准的好处是具有普适性，缺点是效率没有那么高，而自有数据标准的优劣正好恰恰相反。

4.19 BIM 与相关技术方法——小结

《BIM 与相关技术方法》陆续介绍了十几种和 BIM 有关的工程建设行业正在不同

程度应用的信息化相关技术和方法，工程建设行业的同行们正是由于这些技术和方法的帮助才得以把整个行业的运营管理推向一个又一个更高的水平。

对某一个具体的工程项目来说，不一定会用到本系列文章中提到的所有技术和方法，技术和方法的选择要跟项目的类型、投资、时间、参与方等各种因素匹配，以多快好省实现项目总体目标为前提。而全面了解现有技术方法的研发和应用情况是选择决策的基础，这正是本系列文章的目的，希望对同行有所帮助。

前面提到的技术和方法在相当长的时间里是不能被互相取代的，各自都有本身对工程项目建设运营的核心价值和功能，当然我们的主角 BIM 也是这些技术和方法的其中一员。

这么多的技术和方法，在实际应用过程中如何对它们进行分类，从而方便同行选择决策呢？这个问题在 20 年以前基本上还不是一个问题，因为那个时候主要就是 CAD/CAE 技术比较普遍使用，其他如可视化刚开始在工程上尝试使用，GIS 和 CAD 还在两个完全不同的时空里面寻找各自的光明，互联网的应用也才牙牙学语。

今天的情况已经发生了很大变化，在开始一个工程项目的时候，当项目团队知道有十几种乃至几十种信息化技术和方法可以选择，而且这些技术和方法还可以在不同程度上集成使用的时候，为项目选择合适的技术和方法就成为一个不小的问题。据资料介绍，美国有 1000 种信息化软件产品服务于 AEC 行业，国内活跃的工程建设行业软件公司有 100 家左右。

图 4.19

本文提供一个用汽车（图 4.19）的构造对 BIM 以及相关技术方法进行分类的尝试，供同行参考和讨论，同时作为《BIM 与相关技术方法》系列文章的一个暂时的小结。之所以如此说，是因为除了我们已经介绍的与 BIM 相关的这些技术和方法以外，还会有这里尚未包括的部分，以及将来有可能新发展出来的技术和方法。

一辆典型的汽车由动力系统、传动系统、转向系统和车厢组成，如果我们把工程项目的建设运营过程比作一辆正在行驶的汽车的话，那么我们就可以把 BIM 和相关技术方法进行如下的分类：

- 原文：动力系统——提供车子的动力。
- BIM 与相关技术方法：BIM（建筑信息模型）、参数化建模（Parametric Modeling）。
- 解释：BIM 是工程项目的发动机，参数化建模是 BIM 的发动机。
- 原文：传动系统——将发动机的动力传递到车轮。
- BIM 与相关技术方法：CAD（计算机辅助设计）、可视化（Visualization）、CAE（计算机辅助工程）、VR（虚拟现实）和游戏（Game）、RFID（无线射频、电子标签）、互联网（Internet）、工程量统计和造价、项目计划管理。

- 解释：BIM产生的动力通过CAD、可视化等技术和方法驱动项目向前发展。
- 原文：转向系统——负责转向，传递路面信息。
- BIM与相关技术方法：GIS（地理信息系统）、协同（Collaboration）、互用（Interoperability）、BLM（建设项目生命周期管理）、IPD（一体化项目实施）、VDC（虚拟设计施工）、精益施工（Lean Construction）、流程（Workflow/Process）。
- 解释：IPD、协同、互用、GIS等技术和方法为BIM的应用提供正确的方向和有效的组织。
- 车厢——载客。
- BIM与相关技术方法：工程项目、住宅产业化。
- 解释：车的客人当然是我们的产业和项目。

看到这儿，工程建设行业的老少爷们该着急了，所有这些和BIM有关的技术和方法都找到了合适的地方，咱们这些伟大的建筑业从业人员都在哪儿啊？

亲爱的同行们，您能告诉我们吗？

评论与回复

【zfbim 2010-01-31 23：44：55】

关于"参数化建模"一说，我一直理解成针对一个具体模型，比如一扇门：高、宽、厚这些基本参数的调整，对应的模型也随之改变；参数化建模是加速了建模的效率，所以说它是BIM的发动机，不知这样理解是否正确？

再一个概念就是"模型的参数化"，也就是BIM里面的"I"，这个"I"是BIM的核心！

【博主回复：2010-02-01 09：36：35】

用参数变化来生成或调整图形应该叫参数化作图，属于解析几何范畴，是参数化建模的最后一个动作——参数确定了把图形画出来。参数化建模要解决的是这些参数变化的机理，为什么门的参数是这样变而不是那样变，这跟专业领域知识有关（例如建筑行业的门必须放在墙的里面），几部件之间的关系和约束驱动部件参数变化，并最终引起图形的变化。

【zfbim 2010-02-01 13：52：37】

有些明白"参数化建模"的具体所指了！感谢博主的细心指教！

一扇门在结构的墙体上需要开门洞……，门的位置如果调整，门洞也跟着调整，也就是门与墙体的门洞关联，改变了门洞的位置就算改变了墙体

如果混凝土墙体外面是钢支架石材干挂的话……这个应该归到外装修里了吧！

参数化建模应该是一个专业内部的一个建模技巧……

再比如在MEP里的阀门与管道的关系：阀门在管道上沿轴向移动位置，管道会在阀门放置的位置自动断开成两部分！

【博主回复：2010-02-01 18：45：06】

别客气，一起来探讨。BIM的价值实现需要整个行业甚至社会的共同努力。

5　BIM 他山之石

本栏目文章介绍其他国家和地区的 BIM 实践

5.1　BIM2020——美国陆军工程兵的 15 年 BIM 规划

中国的 BIM 经过 21 世纪第一个十年的积累，目前正处于大面积实际工程应用的前夜，如果我们梳理一下目前中国 BIM 的现状，也许可以从以下几个维度来描述：

- 大部分业内同行听到过 BIM；
- 对 BIM 的理解尚处于春秋战国时期，由于受软件厂商的流毒较深，有一个相当大比例的同行认为 BIM 是换一种软件；
- 有一定数量的项目和同行在不同项目阶段和不同程度上使用了 BIM，但总体来说这个数量还很小；
- 建筑业企业（业主、地产商、设计、施工等）和 BIM 咨询顾问不同形式的合作是 BIM 项目实施的主要方式；
- BIM 已经渗透到软件公司、BIM 咨询顾问、行业组织、科研院校、设计院、施工企业、地产商等建设行业相关机构；
- 建筑业企业开始有对 BIM 人才的需求，BIM 人才的商业培训和学校教育已经逐步开始启动；
- BIM 进入"十一五"国家科技支撑计划重点项目，"十二五"预计力度还会加大；
- 建设行业现行法律、法规、标准、规范对 BIM 的支持和适应只有一小部分刚刚被提到议事日程，大部分还处于静默状态。

要实现 BIM 对中国工程建设行业的价值，可谓任重而道远，尤其是处在这样一个放量普及的关键节点上。其中的重中之重首先是要弄清楚我们的目标，即 BIM 到底能为工程建设行业做些什么，我们要到达的那个地方到底在哪里？

他山之石，可以攻玉。

美国陆军工程兵（USACE-the U. S. Army Corps of Engineers）在 2006 年制订了一个 15 年的 BIM 路线图"Building Information Modeling（BIM）A Roadmap for Implementation to Support MILCON Transformation and Civil Works Projects within USACE"，这里的 MILCON 是 Military Construction 的缩写，个人认为对中国 BIM 第二个十年的发展轨迹具有非常直接和现实的参考意义。

图 5.1 是美国陆军工程兵 BIM 十五年规划要实现的目标概要和时间节点。

接下来的几篇文章我们将对此做一个比较详细的介绍，希望能够对我国工程建设行业 BIM 技术的健康和高效发展有所裨益。

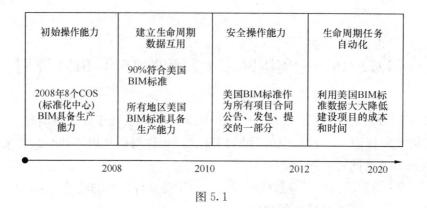

图 5.1

5.2 BIM2020——六大 BIM 战略目标

美国陆军工程兵的 BIM 战略以最大限度和美国国家 BIM 标准（NBIMS）一致为准则，因此对 BIM 的认识也基于如下两个基本观点：
- BIM 模型是建设项目物理和功能特性的一种数字表达；
- BIM 模型作为共享的知识资源为项目全生命周期范围内各种决策提供一个可靠的基础。

文中的 BIM 是指 Building Information Modeling，一种技术和方法；BIM 模型是指 Building Information Model，BIM 的工作成果。

规划认为在一个典型的 BIM 过程中，BIM 模型作为所有项目参与方不同建设活动之间进行沟通的主要方式，当 BIM 完全实施以后，将发挥如下价值：
- 提高设计成果的重复利用（减少重复设计工作）
- 改善电子商务中使用的转换信息的速度和精度
- 避免数据互用不适当的成本
- 实现设计、成本预算、提交成果检查和施工的自动化

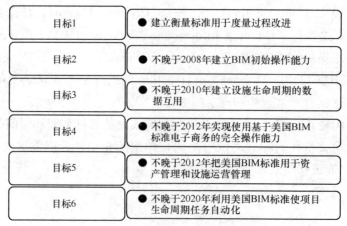

图 5.2

- 支持运营和维护活动

在此基础上，美国陆军工程兵的 15 年 BIM 规划（2006-2020）一共设置了六大战略目标，如图 5.2 所示。

该 BIM 规划涉及美国陆军工程兵的三类下属机构：标准化中心（COS- Center of Standardization）、地区（District）和部门（Division），随后的几篇文章将跟同行们一起分享上述每个战略目标的具体内容。

5.3 BIM2020——建立 BIM 衡量指标和初始操作能力

战略目标 1：建立一套衡量指标测量过程改进

分目标 1.1：为 BIM 过程建立精益 6σ（Lean Six Sigma）

BIM 过程 6σ 分别与建筑工程（MILCON-Military Construction）和土木工程（Civil Works）的 6σ 协调。

BIM 成功实施的关键不是简单地自动化现有的流程，而是建立一个基于 BIM 的更加精益的业务流程，建立这个新的 BIM 流程将应用如下三个关键原则：

- 获取和复用设施模型作为 BIM 模型
- 通过细化用户交换需求最小化数据传输和翻译延期
- 最大化常规任务的自动化程度

分目标 1.2：从 BIM 项目中获取衡量指标

战略目标 2：不晚于 2008 年建立初始操作能力

重点：重复利用 BIM 模型加快规划和设计速度。

衡量指标：规划和设计的时间及成本减少 15%。

分目标 2.1：在建筑工程标准化中心取得 BIM 专家知识

衡量指标：2008 年八个标准化中心 BIM 完成培训并形成生产能力。

根据签署的 BIM 职责备忘录，标准化中心负责开发和维护标准设施类型的 BIM 模型，每个标准化中心将管理 BIM 实施过程，开发、部署和维护他们标准的 BIM 数据集，向他们的设计人员沟通 BIM 要求。

提供下面的目标和实施计划帮助划定 BIM 方向：

- 建立地区 BIM 团队
- 提供软件和培训
- 指定设施类型和项目
- 和设施标准支持者建立期望值和认同
- BIM 支持者的职责
- 和用户组织建立期望值和认同
- 关键设施管理

- 和使用BIM的设计机构建立紧密和长期关系
- 标准化中心将开发大家可以共享的BIM模型

分目标2.2：在剩余的地区建立BIM能力

衡量指标：2008年每个地区一个BIM，可以自己完成也可以自己做管理外包给其他设计机构。

- 建立地区BIM团队
- 提供BIM培训
- 提供使用设施标准BIM数据仓库的指引
- 提供跨工作场所设计机构BIM相关项目的指引
- 目标项目
- 跟有运营维护需求的客户建立关系
- 和使用BIM的设计机构建立紧密和长期关系
- 提供BIM模型给客户

分目标2.3：为BIM开发企业数据仓库

衡量指标：2008年数据仓库最少包括八种设施类型。

- 企业数据/模型（USACE美国陆军工程兵）：企业数据包括全USACE标准的模型
- 设施标准模型/模块（COS标准化中心）：COS数据包括标准化中心负责的设施类型的模型和模块，设施标准模型包含企业模型的参照。
- 项目模型（Districts地区）：项目模型是某个特定项目的模型，可能基于企业和设施模型。

分目标2.4：从BIM转换项目中使用最佳设计/施工实践准备标准设施类型为改造/建设重复利用服务

衡量指标：2008年八个标准设施（每个标准化中心最少一个）。

- 开发电脑可计算的设施标准要求/程序
- 从设计师那里的BIM模型中获取最佳设计实践
- 开发BIM采购的合同语言，包括BIM提交成果要求的描述

2008年以前，BIM提交成果将包括专有的数据交换标准（例如.DGN，.DWG等），当美国国家BIM标准进一步开发以后，BIM成果将以符合IFC/NBIMS的模型形式提交。

分目标2.5：在规划和设计专家会议中使用BIM模型

衡量指标：2008年前标准化中心至少在一次规划专家会议和一次设计专家会议中使用BIM。

- 使用可计算（计算机可理解）的设施标准要求和程序规划设施
- 改造和建设使用完成了的BIM模型和模块
- 获取衡量指标

分目标2.6：使用BIM进行自动的设计分析

衡量指标：50%的项目使用。

(1) 必须的分析
- BIM 模型质量保证分析：数据集元素校核，可视化校核
- 碰撞检查
- 美国 CAD 标准一致性检查

(2) 可选的分析
- 结构分析
- 成本估算
- 规范一致性检查
- 反恐分析

5.4 BIM2020——数据互用、电子商务、运营维护、自动化

战略目标 3：不晚于 2010 年建立设施生命周期数据互用

重点：使用美国国家 BIM 标准进行数据互用，必须保证 USACE 的要求符合美国国家 BIM 标准。

衡量指标：90%符合美国国家 BIM 标准。

分目标 3.1：保证美国国家 BIM 标准符合美国陆军工程兵及其客户的要求
- 参加和引导美国国家 BIM 和空间信息标准的会议
- 参加示范项目测试标准

分目标 3.2：使用美国国家 BIM 标准控制造价、质量和审核设计、施工、运营维护提交成果

衡量指标：定义和示范能力。
- 使用美国国家 BIM 标准定义 BIM 提议者的需求
- 根据提议者需求审核提交成果
- 审核施工提交成果
- 审核竣工/试运行交付成果

分目标 3.3：和生命周期信息技术建立数据互用
- 项目规划和批准
- 规划和设计工具
- 成本预算
- 明细
- 施工计划：4D 模拟
- 协同工具：设计检查
- 保证 BIM 和 GIS 之间的数据互用
- 企业门户：文档管理
- 运营和维护：计算机维护管理系统（CMMS-Compoterized Maintenance Man-

agement System)

- 资产管理

战略目标 4：不晚于 2012 年实现基于美国国家 BIM 标准电子商务的完全操作能力

重点：美国国家 BIM 标准作为合同公告、发包、提交的一部分。

衡量指标：所有项目使用美国国家 BIM 标准。

分目标 4.1：扩大基于美国国家 BIM 标准的模型数量

衡量指标：所有标准设计用 BIM。

分目标 4.2：使用美国国家 BIM 标准处理业务

衡量指标：所有中长期可持续项目使用 BIM。

中长期可持续项目是指要维护很多年的项目，这些项目可以得到 BIM 的利益和投资回报。

战略目标 5：不晚于 2012 年在资产管理和设施运营维护中使用美国国家 BIM 标准

重点：计算机维护管理和资产管理。

衡量指标：为客户示范巨大投资回报。

- 分目标 5.1：把美国国家 BIM 标准信息无缝转换给计算机维护管理系统
- 分目标 5.2：基于美国国家 BIM 标准计划维护行动
- 分目标 5.3：运营维护数据仓库（试运行和客户）
- 分目标 5.4：服务点访问运营维护信息（如 RFID，IBR-Intelligent Business Reminder 智能业务提醒系统）

战略目标 6：不晚于 2020 年利用美国国家 BIM 标准实现生命周期任务自动化

重点：确定下游技术充分利用在美国国家 BIM 标准数据上的投资。

衡量指标：大量减少建设项目的成本和时间。

- 分目标 6.1：用 BIM 数据制造部件
- 分目标 6.2：自动化标准设施的场地改造
- 分目标 6.3：自动化施工现场进度监控
- 分目标 6.4：基于 BIM 模型机器人建造的设施

5.5　BIM2020——USACE 为什么要 BIM

综观上述美国陆军工程兵 2006~2020 年十五年 BIM 路线图的六大战略目标内容，

我们可以看到它们包括了作为一个业主实施BIM需要考虑的以下几个方面：
- 项目阶段：从规划、设计、施工到运营维护各个阶段如何利用BIM；
- 实施方法：从自己建立BIM队伍实施到自己监督管理下的委托外部BIM团队实施；
- 衡量指标：建立BIM实施每个发展时期不同工作目标的衡量指标；
- 循序渐进：BIM使用范围从个别标准化中心扩展到全部标准化中心，从个别地区扩展到全部地区，从部分项目扩展到全部项目，从应用技术到提高效率，从技术信息化到管理信息化，从流程转变到实现价值；
- 注重标准、注重数据、注重项目生命周期、注重与其他相关系统集成。

那么USACE是如何提出这样一些战略目标？又准备用什么样的方式去实现这些目标呢？

一、USACE的BIM愿景

为什么要突然推广BIM？其实很简单，就像CAD是从手绘图纸的一个巨大跨越一样，BIM将是从CAD的一个巨大跨越。

二、USACE为什么要这样做

BIM已经不是一个新东西了，美国联邦政府的其他一些机构，例如美国海岸警卫队（U.S. Coast Guard）和美国总务管理局（General Services Administration）都正在成功地使用BIM，设计机构也在以惊人的数字从CAD向BIM转变，如果USACE不尽快地利用BIM这个新技术而死死抱住传统的CAD不放的话，我们的竞争力和技术优势将会被大大削弱。因此，对于USACE来说，向BIM的转变不是一种选择，而是必须。

下面一些关于BIM的重要内容需要牢记在心：
- BIM服务于项目完整的生命周期：CAD提供项目设计、施工和竣工的文档，而BIM则把整个项目和从概念到施工到运营到改建拆除的整个过程作为服务对象。BIM采用的是服务建设项目"从摇篮到坟墓"的思想方法。
- BIM不仅仅是一套三维软件：BIM产生的二维和三维图形是真正智能化的，你处理的不再是线、圆、弧，你处理的是墙、门、窗，而且它们自己知道它们是墙、门、窗。
- BIM不仅仅是"CAD+GIS"：你可以像用GIS那样查询BIM模型中的信息，但是BIM模型元素知道自己是什么，知道自己有哪些特性，同时能够模拟自己真实的状态。
- BIM使设计师能力更强：有了BIM以后，建筑师和工程师得以在一个真实的虚拟环境中进行设计以及看到各种设计成功地集成在一起。设计师是在真正地设计那些建筑系统和组装支持这些系统的数字,而不是仅仅放置图形。

- BIM 意味着一组完整的信息,而不仅仅是一个单个的图形:BIM 模型包括建设项目各个方面的内容:平面、剖面、清单、立面、大样等。但不是某一个人在输入所有的这些信息,这些数据是在项目生命周期的过程中慢慢生长起来的,这些信息在其他系统(例如项目交付给客户)上的组织和繁殖也将是 BIM 组织的一个重要部分。
- BIM 模型在不同 BIM 软件之间是不能互换的:目前,一个软件产生的 BIM 模型不能完全转换到另外一个厂商的软件中去。BIM 模型中的图形和数据可以转换,但是无法支持模型中物体的参数化特征,因此转换以后数据的用途将受到限制。软件厂商们知道这个问题,同时正在努力工作让 BIM 模型可以互相使用。

5.6 BIM2020——实施 BIM 的困惑

我们应该如何使已经对 CAD 非常熟悉的设计师愿意转换到 BIM 上来呢?任何时候当人们面临新概念和新技术的变化时首先表现出来的都是抗拒。认识到 CAD 技术应用给行业带来的价值和节约人们花了若干年的时间,但是现在如果你问大多数的用户是否可能放弃 CAD 技术回到手工绘图时代,那非得打起来不可。

不要期望管理人员和 CAD 用户会立即拥抱 BIM 技术,请记住 BIM 数据的消费者不仅仅是那些需要处理二维 CAD 图形的人,这些人确实会从 BIM 那里受益,但从 BIM 模型中积累起来的数据还会支持许多其他的系统和用户。

需要的和被认可的东西:要使一个 BIM 实施计划成功,需要提出一定的要求,存在一些可能的机会,解除一些模糊不清的观念。

要求:领导层支持是关键。在实施一种新技术或新流程的时候,如果没有管理团队的支持,通常的结果一定会是失败。

期望值:需要认识到 BIM 是一个逐步累进提高的过程,不能指望第一个项目就有一个完全成熟的产品在整个生命周期中使用,对于任何新流程和新技术来说,都得先学会爬,再学会走。

衡量指标:为 BIM 项目的成功建立衡量指标,为第一个 BIM 模型定义实际的目标,然后在以后的项目中逐步提高目标。最最重要的是要定义清楚你的客户从 BIM 流程中需要的东西,每个项目结束以后,和你的客户讨论,分析成功和问题。

机会:BIM 提供了一个改变流程的机会,而不仅仅是另外一个工具。有一种错误的观点认为 BIM 只是一个工具或者甚至就是另外一套 CAD 软件,事实上 BIM 是一个过程,在这个过程中建立了一个包含信息的模型,用来回答生命周期中关于这个项目的所有问题。BIM 数据超越了设计过程,在整个项目生命周期中不断壮大,特别是在运营和维护阶段。

机会:团队合作方式。在 BIM 模型的开发过程中,由于直接放置实际的建筑构件取代了建筑构件的符号表示,加快了设计创建的速度,再加上即时的可视化能力提供了更高层次的沟通，产生了更快的设计决策能力。这种新的团队合作方式在早期可能会提高人员费用，但同时也会缩短项目建设周期。

误解：转换到 BIM 意味着重要经验的损失。大多数同行会认为转换到 BIM 就把自己已有的二维和三维建模能力丢掉了，这种认识站不住脚，大部分 BIM 软件是在 CAD 软件平台上运行的，所以目前的二维三维 CAD 技巧可以加强 BIM 建模能力。

误解：BIM 只对建筑物有用。这种误解认为 BIM 只能用于建筑这样的"垂直建筑物"，不能用在诸如水闸、大坝这样的结构上，这是不正确的。事实上土木工程项目也可以建立 BIM 模型，而且一旦这个模型建立以后，所包含的信息要远远多于 CAD 图形。尽管已经证明 BIM 用在建筑物上可以产生明确的投资回报，但是把 BIM 用在土木工程项目，尤其是包含多专业的土木工程项目上时，将会产生更大的投资回报。原因有二，首先，在这种情形下我们是自己的客户，BIM 中最困难的一个部分是确定在运营和维护的时候需要追踪哪些数据，对于土木工程项目而言，我们有积累的数据可以容易地确定哪些数据对模型最有益。其次，这些结构的生命周期大大长于建筑物，设计阶段的 BIM 工作将会实现重大的投资回报。

误解：在 BIM 中做设计要比用 CAD 难得多。用 BIM 画门、窗、墙这些对象的过程将 CAD 大大简化，而创建这些构件的步骤也比 CAD 大大减少，由于在构件中输入了带有智能的数据，可以非常容易地生成诸如清单、平面、立面、剖面、大样以及报表等新数据。

误解：BIM 非常简单。这个认识看起来跟上面那些误解的方向完全相反，但却也真实存在。既然 BIM 使用那些已经预先建好的对象做进一步处理，用户就会非常依赖软件提供设施或结构里面需要用到的所有的对象，但是，几乎任何一个设施或结构都包含 BIM 软件已经做好的标准对象以外的对象，因此，需要有预先培训过的少量创建对象（构件、部件、部品）的专门人员来解决工作流程中的这一类问题。

误解：BIM 必须是一个数据库。数据库有多种形式——联邦数据库和非联邦数据库。BIM 数据可以包含在一个单个文件中、一组文件中、或者完整的公共信息资源库里面（关系型数据库或者面向对象数据库等）。

5.7 BIM2020——USACE 的 BIM 实施计划指导方针

把 BIM 引入到实际的业务流程中去需要一个定义明确的实施计划，而且这个计划必须考虑业务流程的变化、工作流程的变化、员工岗位和职责的重新划定以及临时性的生产效率下降等因素。

任何实施计划都必须从领导的支持和承诺开始，BIM 需要来自公司管理层、项目负责人和设计师百分之百的承诺。虽然在 BIM 实施的初始阶段会出现生产效率的降低，但是很快会赶上直至超越原来的生产效率。

下面内容是对各地各部门开始启动 BIM 实施过程的一些建议步骤，不同机构可以根据各自的具体情况做出相应变化。

一、安排到 BIM 团队的过渡

1. 哪些人应该参加向 BIM 团队的过渡
- 发起人：发起人应该是工程总负责人，他可以指定一个专人来做发起人，但是需要授权能够创建职位和设置部门工作的优先级；
- 高级设计师：高级设计师既可以是设计部门的负责人也可以是建筑专业的负责人，此人要能够处理工作量、项目计划和个人工作分配；
- 现任 CAD 经理。

2. 过渡到 BIM 团队有哪些事情要做
（1）指定一个项目用 BIM 技术建模
（2）指派一个实施团队，成员包括：
- BIM 经理
- CAD 经理
- 技术主管
- 建筑师
- 设备工程师
- 结构工程师
- 电气工程师
- 土木工程师

（3）组织和建立一个 BIM 执行计划
- 设立衡量指标
- 设置期望值
- 和设计团队成员清晰地沟通 BIM 愿景
- 向 BIM 团队分配工作任务
- 监控和支持 BIM 实施过程
- 向总部沟通 BIM 成果

二、启动实施团队

1. 选择 BIM 经理
（1）BIM 经理的培训准备
- BIM 软件管理
- BIM 软件基本知识
- 管理信息管理软件
- 网络安全管理

- 参加其他地区或标准化中心的 BIM 研讨班
- 加入 BIM 数据集帮助小组

（2）BIM 经理的任务

- 管理 BIM 实施过程：管理会议，管理"BIM 小窝"（不同专业的建筑师和工程师在一个房间里面、一个模型上同时做设计的环境）；
- 沟通 BIM 愿景：非正式午餐会，演示会等；
- 部署/发展/维护地区或标准化中心的数据集：从研发中心数据集模板中获取数据，把数据集变化反馈给研发中心（研发中心将评估这些变化，决定是否把这些变化加入数据集模板，对这些变化进行质量控制）；
- 充当所有外部 BIM 相关问题的联络点：设计协调等。

2. 协调和计划 BIM 研讨班

（1）设置研讨班和项目的期望值

- 哪些专业要参与
- 他们要把 BIM 模型做到什么程度
- 需要哪些预期的输出（平面、立面、清单、QA 等等）

（2）确定研讨班范围：时间、形式等

（3）指派学生

哪些人应该是学生：项目设计师、技术主管（负责项目输出例如合同文档、明细规格、数量报表、QA、效果图等等）、绘图员、BIM 经理、CAD 经理

3. 时间花费

包括所有人参加研讨班需要的时间总量和生产效率损失的时间等

4. 成本花费

包括培训成本、劳动力成本、生产效率损失成本、数据集协调实施成本、设计团队协调成本等。

5.8 BIM2020——BIM 团队组织

合适的团队是保证计划得以成功实施的战术关键，USACE 对 BIM 团队的组织提供的下面一些指引对国内企业 BIM 团队的建立和管理具有非常直接的参考意义。

BIM 团队的发展方式和 CAD 向 BIM 的转换一样都需要一些变化和调整，大部分地方做出的即时反应就是把 CAD 经理变成 BIM 主协调员。但是根据其他地方已经使用 BIM 的经验来看，这不是实施 BIM 的最好办法。在每一个地方，需要有三类跟 BIM 有关的人员：BIM 经理、技术主管和设计师。

一、BIM 经理

每一个地方都需要指定一人作为 BIM 经理，在 BIM 实施的头 6 个月之内，BIM 经

理需要投入100%的时间，6个月以后可以根据BIM工作量的需要逐步减少到50%。但是如果BIM工作量大的话，BIM经理仍然要保证100%的时间投入。

如前所述，大家的本能反应是把现在的CAD经理也赋予BIM经理的职责，但基于对BIM经理时间投入的需要，这种做法无论如何必须避免。如果最终确实把CAD经理变成了BIM经理，那么必须指定另外一个人担任CAD经理。

另外一点需要说明的是，被指定为BIM经理的人也不能是本身具有生产任务的人员。

BIM经理的职责如下，而且在项目生命周期的所有阶段都保持一致：
- 协调"BIM小窝"（"BIM小窝"的定义请看本文第四部分）
- 安排BIM培训
- 配置和更新BIM相关的数据集
- 提供数据变化到项目中心数据集以及，如果必要的话，最终到企业级数据集样板
- 安排设计审查

二、技术主管

强烈建议在每个地方指定一位员工作为技术主管，再次强调，技术主管不能同时是BIM经理，设计师也不能承担技术主管的职责，设计师的任务就是做设计。当然年轻建筑师或工程师是可以作为技术主管使用的。

技术主管的职责包括：
- 管理BIM模型
- 负责从模型中提取数据、统计工程量、生成明细表
- 保证所有的BIM工作遵守美国国家CAD标准和BIM标准
- 使用质量报告工具保证数据质量

三、设计师

设计师是指分配来设计BIM模型的建筑师和工程师，他们是在"BIM小窝"中协调工作的那些人。有一件事必须记住，绘图员不能被指派为设计师。在使用BIM进行设计的过程中，需要经常性和快速地进行设计决策，因此这里的建筑师和工程师必须是自己干活的那些人，而不是只是告诉绘图员模型什么地方需要修改的那些人。

设计师的职责包括：
- 负责本专业的设计要求
- 在三维环境里执行设计和设计修改

四、"BIM 小窝"

"BIM 小窝"是指所有建筑师和工程师在一个房间里、在一个 BIM 模型上、在同一时间内进行协同设计的环境，在这里关于 BIM 模型的沟通和协同都将是即时发生的。

对于陆军工程兵来说这是设计理念的根本变化，因为典型情况下不同专业在不同的地方，每个专业都分别做他们各自负责的部分。

在"BIM 小窝"里为每个设计师准备联网的计算机以及投影仪、白板和会议电话，这个环境应该对所有的设计师来说都是舒适的，可以访问 BIM 模型和互联网。最终的目标是当设计师离开"BIM 小窝"的时候每人手里都有了 50% 的设计和图形。

五、其他经验

从其他成功实施 BIM 的案例中学到的有关 BIM 团队组织的经验如下：

- 被选择成为 BIM 经理、技术主管或者设计师的人，他们的技能没有他们的态度重要。如果你指派的人不能 100% 投入学习 BIM，或者对设计协同没那么关心的话，请立即替换他们。BIM 对陆军工程兵来说是一个巨大的新机会，不要把不关心最终实施目标的人放在那里来降低一个地方对 BIM 的努力。
- 尽快培训指定的 BIM 经理、技术主管和设计师，然后把他们立即投入到一个实际项目中去。最理想的情形是使用这个实际项目做项目练习，一旦 BIM 团队在培训过程中完成了一个实际项目，那么这些人就可以被用来做下一批设计师的师傅。这样，技巧和经验可以从一个团队传递到下一个团队了。

评论与回复

【新浪网友 2010-03-22 11：25：16】

何老师，有这个意识的，基本都是大单位，像中建国际、上海现代和其他大型设计院，并且他们在 BIM 方面已有不同深度的应用。现在的业主方似乎还没有接受这样的改变。

【博主回复：2010-03-23 11：37：12】

任何类型的企业要成功实施 BIM 都需要一个配置合理的团队，这个团队可以是企业内部的，也可以是外聘的。您说的没错，目前有这个意识的还是少数企业，但同时 BIM 应用比较好的也是这些少数企业，这个结果从另外一个角度说明了团队组织的重要性。

5.9 BIM2020——BIM 提交要求

任何新技术的应用普及都是从标准和工具还没有完全成熟开始进行的,BIM 也不例外。

在公开的 BIM 标准和信息交换标准还没有完全成熟以前,数据互用依赖于特定的软件工具和版本,因此 USACE 对 BIM 提交的具体要求既保证了不同发展阶段 BIM 的成功实施,同时又为在公开标准成熟以后的顺利接轨做好了准备。事实上,标准和实施本身就是鸡和蛋的关系,互相促进就生生不息,互相等待就什么也不会发生。下面介绍 USACE 的 BIM 提交要求。

所有提交的 BIM 模型、提取文件、提取定义、图纸文件、效果图、导航文件和输出文件都必须在统一提供的软件工具和软件版本上创建,数据集依赖于特定的软件版本,只允许使用明确规定的软件版本。

既然 BIM 的概念是用数字化手段虚拟建造建筑物,那么,按照将要实地施工的构件和构件之间的关系来做设计工作就是自然而然的事情,当设计师把构件放到 BIM 模型中去的时候必须做出与工程、建筑、施工有关的完整判断。数据集中提供的族库和部件库没有想要也不可能包括所有类型的构件,其目的只是建立一个很好的可以继续发展的基础。设计师必须理解部件在 BIM 模型中的应用以便为特定的项目需求做扩展,构件、部件、族库在 BIM 模型中的组织方式要考虑以下信息利用因素:

- 工程量统计计算材料和相应施工活动的成本
- 提取信息创建合同要求的图纸
- BIM 模型的效果图用于和客户沟通设计
- 支持施工模型数据提取
- 构件查询以便根据设计需要做出修改
- 数据提取过程构件的符号表示重新设置
- 层级管理
- 设计计划

一、中期提交

BIM 中期提交包括土木、建筑、室内设计、结构、设备、电气、消防和信息系统的所有主要构件以及完整的建筑立面,所有支持该提交的图形必须使用标准提取过程直接从模型中得到。

对于现有 BIM 软件不支持的设计构件,目前情况下只允许土木、电气和消防构件在 BIM 模型以外创建和存储,接下来的内容将介绍在大多数情形下一种构件在什么时候应该进入或者不进入 BIM 模型。在超越最低要求的情况下由设计师来判断某一种构件对模型的价值以及是否应该包含在 BIM 模型中。

二、建筑模型最低要求和输出

对于 BIM 模型中的单个构件而言建筑系统模型的详细等级可能是变化的，但是一个最低的要求是要包括 1∶50 图纸上必须包括的所有内容，其他的最低要求包括：

- 墙体：建筑模型应该包括所有的墙体，不管是内墙还是外墙。应该按照墙体将要实际建造的方式建模，即其详细程度需要足够对所有施工使用的建筑材料进行准确的工程量统计，精确程度足够使提取的平面和立面精确反应设计意图；每一个墙体的高度、长度和厚度都必须是精确的以便空间分配；墙体的防火等级必须通过使用合适的族库来指明；提取内容需要重新符号化以便分辨他们。
- 门和窗：门和窗必须按照实际尺寸和在所有外墙立面上的实际位置建模，必须在各个方面（包括尺寸和样式）都符合建筑师的意图。门窗必须用规定的专门工具创建，支持 BIM 数据集模版系统的标签和其他 BIM 功能，而不能被创建成独立的单元，以便系统统计和保存门窗数据。
- 屋面：屋面系统必须在 BIM 模型中创建，屋面系统的详细等级应该要能够可以沟通屋面配置和排水的方法，当然屋面也必须按照其将要实际建造的样子建模。
- 楼面：楼板可以在建筑模型或结构模型中创建并作为所有建筑模型的参照。
- 天花：所有天花必须使用软件的专门工具建模以便创建不同天花的特点，本次提交必须包括所有天花，包括天花底面和一些专门条件。
- 空间：空间是本次提交中非常重要的一个元素，空间必须按照实际的精度建模以便得到精确的净面积需求以及存储数据从中提取房间和面层清单，房间命名和编号也必须在模型中确定下来用于为所有专业输出清单。
- 家具：USACE 的 BIM 数据集中已经提供了家具单元库。
- 清单：从 BIM 模型中提供门和房间装修清单标明设计中使用的材料和面层，如果设计中需要某些专门的物品也要提供相应的专项物品清单。数据集中提供了房间面层清单模板，但由于这类特殊物品清单的特殊性质，我们不要求面层清单是 BIM 模型的输出结果，而是另外的模板。
- 数据提取：在本次提交中要充分建立数据提取流程，除了极个别数据提取定义外其他数据提取定义都必须在 BIM 主模型内完成和提交，建议设计团队从统一提供的 BIM 数据集中开始建立数据提取定义。
- 数据集：所有的数据集问题都必须在中期提交的时候解决，任何标准 BIM 数据集中没有包括的族库、部件、线型、特殊尺寸标注形式等都必须在本次提交和其他每一次提交中提交给 BIM 经理。
- 质量验证：需要对所有文件和专业进行"数据集变化质量保证和检查"中规定的所有质量检查工作，检查结果和正常的提交材料一起提交。此外，还必须提交所有关于尚未解决的碰撞、标准、构件等的解释文本。
● 设计分析：模型必须在任何时候支持设计分析，我们必须通过对模型的输出价值和需要增加的工作量（由模型的详细等级决定）的比较做出决策。
● 图形：所有包含存储在模型中的信息的图形都必须根据数据提取流程从模型中产生，标准大样、图纸目录和其他一些标准的图形不需要包含在BIM模型中。在目前情形下，由于缺乏应用软件的支持，土木和电气图形也不需要通过BIM过程获得。提交内容必须包括从BIM模型中输出图形需要使用的各种提取文件、图纸文件、专门图案、线型、单元、参照文件以及其他一些专门的文件。所有文件必须放在BIM数据集规定的USACE工作空间的适当位置，所有地区必须能够重现上述BIM过程对图形和模型进行审核。

BIM提交要求是保证提交的BIM模型具备标准的和符合要求的信息以及详细等级，从而支持项目生命周期后续阶段各种工作的生产效率和信息重复利用的基本前提。

5.10 BIM2020——BIM经理职位描述

BIM经理是建筑业各种机构和组织由CAD向BIM转变的关键角色之一，USACE关于BIM经理的职位描述内容除了可以供我们在物色和培训BIM经理时参考外，还提供了另外一种途径让我们了解成功实施BIM所必须要面对的工作或问题。

美国陆军工程兵把其所属机构BIM经理的主要职责分为四个部分，见表5.10

表5.10

工作职责	时间分配	工作职责	时间分配
数据库管理	25%	培训	20%
项目执行	30%	程序管理	25%

下面我们来介绍每个部分的具体内容。

一、摘要

负责执行、指导和协调所有与BIM有关的工作，包括项目规划、设计、技术管理、施工、运营和总体协调，以及在所有和BIM相关的事项上提供权威的建议、帮助和信息，领导和管理其他工程师、建筑师和技术人员。

涉及的项目类型包括全国范围内陆军预备役和空军预备役军事设施项目、导航、防洪、大坝安全的土木工程项目、环境恢复，以及其他非传统客户项目。

工作内容需要和其他技术及管理成员之间的深度协调以保障完成产品在技术上的合适性、完整性、及时性和一致性，工作需要应用数字化项目设计相关的各类工程原理、方法技巧和标准，担任在BIM环境中工作的所有项目团队的协调员。

二、数据库管理—25%

基于工作经验、完整的工程知识和一般设计要求以及其他相关成员的意见开发和维护一个标准数据集模版、一个面向标准设施的专门数据集模板，以及模块目录和单元库，准备和更新这些数据产品供内部和外部的设计团队、施工承包商、设施运营和维护人员用于项目从概念到运营整个生命周期内的项目管理工作。

审核在使用BIM设计项目过程中产生的单元（例如门窗等）和模块（例如卫生间、会议室等），同时把最好的元素合并到标准模板和标准库里面去。审核所有信息以保证它们和有关的标准、规程和总体项目要求一致。

协调项目实施团队、软硬件厂商、其他技术资源和客户，直接负责解决和确定跟数据库关联的各种问题。确定来自于组织其他成员的输入要求，维护和所有BIM相关组织的联络，及时通知标准模板和标准库的任何修改。

作为和用BIM做项目设计的设计团队、使用BIM模型产生竣工文件的施工企业、使用BIM导出模型进行设施运营和维护的设施管理企业的接口，为其提供对合适的数据集、库和标准的访问，在上述BIM用户需要的时候回答问题和提供指引。

对设计和施工提交内容跟各自合同规定的BIM有关事项一致性提供审核和建议，把设计团队和施工企业产生的BIM模型中适当的元素并入标准数据库。

三、项目执行—30%

- 协调所有内部设计团队在BIM环境中做项目设计时有关软硬件方面的问题。
- 给管理层建议设计团队的构成。
- 和设计团队成员、软件厂商、客户等协调安排项目启动专题讨论会的一应事项。
- 基于项目和客户要求设立数字工作空间和项目初始数据集。
- 根据需要参加项目专题讨论会包括为项目设计团队成员提供培训和辅导。
- 为设计团队提供随时的疑难解答。
- 监控和协调模型的准备以及支持项目设计团队组装必要的信息完成最后的产品。
- 监控BIM环境中生产的所有产品的准备工作。
- 监控和协调所有项目需要的专用信息的准备工作以及支持所有生产最终产品必需的信息的组装工作。
- 审核所有信息保证其符合标准、规程和项目要求。
- 确定各种冲突并把未解决的问题连同建议解决方案一起呈报上级主管。

四、培训—20%

- 提供和协调最大化BIM技术利益的培训。

- 根据需要协调年度更新培训和项目专用培训。
- 根据需要本人参与更新培训和项目专题研讨培训班。
- 根据需要在项目设计过程中对 BIM 个人用户提供随时培训。
- 和设计团队、施工承包商、设施运营商接口开发和加强他们的 BIM 应用能力。
- 为管理层提供有关技术进步以及相应建议、计划和状态的简报。
- 给管理层提供员工培训需要和机会的建议。
- 在有需要和被批准的前提下为会议和专业组织做 BIM 演示介绍。

五、程序管理—25%

- 管理 BIM 程序的技术和功能环节最大化客户的 BIM 利益。
- 和 USACE 总部、软件厂商、其他地区/部门、设计团队以及其他工程组织接口始终走在 BIM 相关工程设计、施工、管理软硬件技术的前沿。
- 本地区或部门有关 BIM 政策的开发和建议批准。
- 为管理层和客户代表介绍各种程序的状态、阶段性成果和应用的先进技术。
- 跟设计团队、地区管理层、USACE 总部、客户和其他相关人员协调建立本机构的 BIM 应用标准。
- 管理 BIM 软件,实施版本控制,研究同时为管理层建议升级费用。
- 积极参加总部各类 BIM 规划、开发和生产程序的制定。

5.11 BIM2020——对国内建筑业同行实施 BIM 的启发

美国陆军工程兵十五年 BIM 路线图规划介绍到这里准备告一个段落,按照习惯应该要有一个总结才算大功告成,我想借这个机会谈谈 USACE BIM 路线图对国内工程建设行业的启发。

美国是 BIM 的发源地,USACE 又是美国实施 BIM 的先行者,从他们制定的 BIM 中长期规划中笔者看到和体会到下面一些启示,个人认为对国内行业或企业制定 BIM 战略和实施计划有非常直接和实用的参考意义。

一、长期战略和短期计划结合

USACE 认识到实施 BIM 不是简单地更换一个软件工具,BIM 将引起工程建设行业工作方法、工作流程和工作内容的广泛而深刻的变化,将涉及工程项目生命周期内从规划、设计、建造到运营、维护、更新、拆除的每一个阶段和所有的从业人员,因此,这是一个长期而巨大的系统工程,必须有一个长期的 BIM 战略。

在制定整个 USACE 系统 15 年路线图的时候,长期目标方向明确,都是今天的科学技术能力可以预计得到的事情，不是无中生有，也不是空中楼阁。而短期计划则十分具体，都是只要投入资源按要求去做都立即可以做到的事情。

二、自上而下推动

虽然整个工程建设行业从理论上和实践上都已经证实了 BIM 的价值，但是具体到某一个企业或某一个系统要实施 BIM 都不是一件简单的事情，人员有惰性是一种障碍，需要资源投入是一种障碍，短期内生产力会下降又是一种障碍，因此 BIM 的整体推动必须来自于组织管理层的决策。

USACE 的 BIM 十五年规划路线图是由美国陆军工程兵总部制定和自上而下推动的，路线图中在解释 USACE 为什么要实施 BIM 的时候是这样回答的：BIM 对于 USACE 来说不是一件可做可不做的事情，而是一件必须做的事情，否则 USACE 的竞争力和技术优势将会消失殆尽。

三、遵守标准，但不等待标准

不管是哪种技术或者方法，标准永远落后于实际的应用和发展，标准只能是一个价值的放大器（或者当阻碍生产力发展的时候就是缩小器），而不是价值本身。等待 BIM 标准成熟以后再实施 BIM，会使整个 USACE 成为技术的后进者。

USACE 的 BIM 规划路线图并没有等待美国 BIM 标准完善以后再启动，但是制定了一个最大程度和美国 BIM 标准一致的发展策略，那就是只要国家 BIM 标准成熟了的内容，USACE 的 BIM 规划就必须遵守国家 BIM 标准。

四、建立衡量指标

用数字说话是 USACE 十五年 BIM 路线图的又一个特点，作为一个行业的中长期战略规划，短期目标的达成是中长期目标得以真正实现的前提。USACE 对每一个阶段的目标规定了具体的数字指标，例如 15% 的规划设计时间和成本的降低，跟美国 BIM 标准达到 90% 的一致等，使得下属地区、部门等机构有清晰可衡量的目标来检查、管理和调整自己的工作计划。

五、技术信息化和管理信息化集成

BIM 的其中一个目的就是要为项目的所有参与方在整个生命周期的不同阶段提供决策需要的有效而准确的信息，从而支持有关人员快速做出高质量的决策。

USACE 的 BIM 规划中除了设置技术目标（如提高设计施工效率、降低成本等）外，还设置了 BIM 和电子商务集成、BIM 和资产管理以及设施运营维护系统集成的目标，以充分发挥 BIM 对企业总体效益提高的贡献。

六、BIM 团队组织和过渡

为了保障 BIM 规划的顺利实施，USACE 对下属机构的 BIM 团队组织提出了"BIM 经理 - 技术主管-设计师"三种角色的设置指引，以及能够帮助和加速设计师掌握 BIM 应用、实现 CAD 到 BIM 转换的工作环境-"BIM 小窝"的建设和运营方针。

另外一个保障措施是明确向 BIM 转换的过渡计划，包括组织、人员、时间以及成本费用等，具有很强的可操作性。

七、建立 BIM 提交标准

工程项目的设计、建造、运营过程是一个多方协同参与、各司其职、接力棒式的集体运动，因此接力棒（工作成果）定义的清晰与否直接关系到项目的成败。

那么当大家都开始用 BIM 以后，什么样的工作成果是合格的工作成果呢？

USACE 的 BIM 提交标准对提交的 BIM 模型从软件版本、标准构件库、信息今后的利用可能以及所含的信息内容都做了具体规定，并且设立了对提交 BIM 模型的下列四种类型检查：

- 可视化检查
- 碰撞检查
- 标准检查
- 构件元素检查

八、确定关键人员（BIM 经理）的工作职责

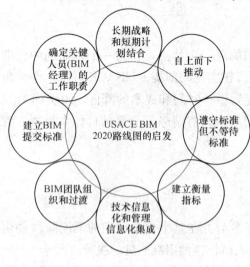

图 5.11

BIM 经理是一个企业能否顺利实施 BIM 的关键，也在很大程度上影响这个企业的 BIM 能走多远。USACE 对 BIM 经理确定了数据集管理、项目执行、培训和程序管理四大职责以及时间分配要求，对 BIM 经理的培养、招聘和日常工作管理以及绩效考核都提供了可以参照执行的依据。

把上面的八个方面汇总在一起，如图 5.11 所示，作为这个系列文章的结尾。

6　BIM 名词和术语

本栏目文章介绍与 BIM 有关的常用名词和术语

6.1 BIM 名词和术语——序言

自己在查阅 BIM 相关资料的时候经常碰到用英语缩写表示的专业名词和术语，也常常有同行互相之间询问类似的问题，忽然认识到有必要做一点这方面的工作，或许能对目前来为数还不是很多但数量正在急剧增加的 BIM 同道中人有所裨益。

事实上，要理解和掌握一种新技术或者新方法，首当其冲的一定是首先要了解与之相关的一系列名词和术语的含义。BIM 也不例外，跟 BIM 相关的常见名词和术语也有数十个之多，对这些名词和术语的把握是进入 BIM 研究和应用的第一道门槛。

大家知道，BIM 的发源地在美国，因此大部分与 BIM 相关的名词和术语是英文单词首字母的缩写（俗称"三字经"，因为这样的缩写以三个字母的居多），在"BIM 名词和术语"这个系列的文章里面，我们将按照下列模式作为标题来对与 BIM 相关且已经成型和常用的名词和术语进行一个比较系统的介绍：

- 标题模式：英语缩写—英语全文—汉语翻译
- 标题举例：BIM-Building Information Modeling-建筑信息模型

从汉语科技资料的习惯和实际使用情况来看，常用的名词和术语基本上都会使用英语缩写，汉语翻译通常只在英语缩写第一次出现的时候加以说明或解释。

例如，对"计算机辅助设计"这个专业名词或术语来说，今天不管是口语还是书写大家真正使用的都是 CAD，除了第一次出现的时候在括号里面加以说明外，还有多少机会使用"计算机辅助设计"或"计算机辅助绘图"这个汉语名词（或者说汉语翻译、汉语解释、汉语术语）呢？这样的例子还有很多，CAE/CFD/CAFM/ERP/PDM/VR 就是业内经常使用的其中另外一些英文缩写名词和术语。

这是一件有意义的事情，但个人的水平和力量非常有限，因此衷心希望来自五湖四海的专家和同行一起参与建议和讨论，帮助大家梳理和理解跟 BIM 有关的常用名词和术语，为 BIM 技术在我国工程建设行业的普及应用添砖加瓦。

评论与回复

【新浪网友 2010-04-08 08：38：16】
很好，我也正在做这件事。实际上，一个很完整的专业名词清单，即使对专业老手来讲，也是非常有价值的。

【博主回复：2010-04-08 15：11：55】
所见略同，欢迎一起来努力！

【妮妮妈和妮妮 2010-05-04 11：40：51】
窃以为，BIM 的中文释义貌似应该是"建筑信息模型方法"，因为应用的是 model-

ing 而不是 model。

【博主回复：2010-05-05 10：02：25】

完全同意，从行业对 BIM 的探索和期望角度理解"方法"说最贴切。

【新浪网友 2010-05-05 08：48：47】

modeling 是 model 的动名词形态或现在进行时态，确切的意思是：形成或制作 model 的状态或动作。因此，正确的说法就是：建模。也就是创建模型的状态或动作。

【博主回复：2010-05-05 10：06：14】

"建模"和"模型"似乎都只说明了 BIM 的一个侧面，前者强调的是过程，后者偏重的是结果。

【新浪网友 2010-05-12 15：47：07】

实际上，bSa 对此有很明确的说法。

一个是名词：BIM-Building Information Model 意思：模型；

另一个是动词：BIM-Building Information Modeling 意思：建模。

【博主回复：2010-05-13 09：22：56】

没错。前者解释为模型意思准确，后者解释为建模似乎不够全面，目前人们赋予 BIM 的使命是"利用数字模型对项目进行设计、施工、运营的过程"，建模只是这个过程其中一种类型的动作。供这位网友参考。

【新浪网友 2010-06-07 10：50：12】

博主说得有道理。但是，中文中实在是很难找到非常贴切的对应的词语了！

只有建模这个词比较接近。

【博主回复：2010-06-08 10：29：57】

同意网友的意见，谢谢！

6.2 BIM 名词和术语——BIM/BIM 模型/BIM 建模软件

一、BIM—Building Information Modeling—建筑信息模型

这个标题的内容大家都不陌生，对于其中的中文名词或者术语而言，准确一点说应该叫做"建筑信息建模"、"建筑信息模型方法"或者"建筑信息模型过程"更为贴切，但约定成俗，就叫"建筑信息模型"吧，只是大家在交流的时候应该记住 BIM 或"建筑信息模型"是指"Building Information Modeling"，而不是"Building Information Model"。

BIM 的定义或解释有多种版本，个人认为 McGraw Hill（麦克劳·希尔）在 2009 年名为"The Business Value of BIM"的市场调研报告中对 BIM 的定义比较简练、清晰、易记，也容易传播：

<u>BIM 是利用数字模型对项目进行设计、施工和运营的过程。</u>

美国国家 BIM 标准对 BIM 的含义进行了如下四个层面的解释，内容颇为完整（也免不了有些许艰深）：
- 一个设施（建设项目）物理和功能特性的数字表达
- 一个共享的知识资源
- 一个分享有关这个设施的信息，为该设施从概念开始的全生命周期的所有决策提供可靠依据的过程
- 在项目不同阶段不同利益相关方通过在 BIM 中插入、提取、更新和修改信息以支持和反映其各自职责的协同作业

二、BIM Model—Building Information Model—BIM 模型

由于约定成俗把 BIM 和建筑信息模型用在了 Building Information Modeling 身上，我们就又一次约定成俗把 Building Information Model 叫做 BIM 模型。

BIM 模型是 BIM 这个过程的工作成果，或者说上一节 BIM 定义中那个为建设项目全生命周期设计、施工、运营服务的"数字模型"。

目前在实际工作中，一个建设项目的 BIM 模型通常不是一个，而是多个在不同程度上互相关联的用于不同目的的数字模型，虽然在逻辑上，我们可以把跟这个设施有关的所有信息都放在一个模型里面。

一个项目常用的 BIM 模型有以下几个类型：
- 设计和施工图模型
- 设计协调模型
- 特定系统的分析模型
- 成本和计划模型
- 施工协调模型
- 特定系统的加工详图和预制模型
- 竣工模型

三、BIM Authoring Software—BIM 建模软件

通常业界同行说的 BIM 软件大多数情况下是指"BIM 建模软件"，而真正意义上的 BIM 软件所包含的范围应该更广一些，包括 BIM 模型检查软件、BIM 数据转换软件等。为防止可能出现的混淆，个人觉得还是使用 BIM 建模软件比较稳妥一些，如果我们把 BIM 定义为利用数字模型服务于建设项目全生命周期各项工作的过程的话。

下面是目前具备一定市场影响力的几个主要用于工业与民用建筑类项目的 BIM 建模软件：
- Autodesk 公司的 Revit 系列
- Bentley 公司的 Bentley Architecture 系列

- Gery Technology 公司的 Digital Project
- Graohisoft 公司的 ArchiCAD
- Nemetschek 公司的 AllPLAN（Vectorworks）

评论与回复

【新浪网友 2010-04-18 22：33：25】
个人认为，英文的 BIM 应该对应中文的"建筑信息模型化"，是一种技术，英文的 BIM Model 才对应"建筑信息模型"。博主的说法有点牵强，容易混淆。约定俗成的不一定是对的，改成大家好理解的才对。

【博主回复：2010-04-19 10：04：24】
理论上我完全同意这位网友的意见，真正实践起来影响的因素很多，就像"看医生"的说法一样，意思不对，但也不会产生歧义。一起来努力，最后哪一个说法成立都不会影响 BIM 对建筑业的价值。

【东阳之杂草 2010-05-23 23：11：31】
MagiCAD 软件也可以做 BIM，而且是专门做设备专业的，个人比较喜欢。

【博主回复：2010-05-24 08：59：06】
谢谢东阳之杂草的意见，这个说法很对！除了 MagiCAD 以外，还有做钢结构设计的 Xsteel 等也同样都可以归类为专项的 BIM 软件，博文中介绍的 BIM 建模软件是指把整个建筑物作为工作对象的软件。

6.3 BIM 名词和术语——NBIMS/NCS

四、NBIMS—United States National Building Information Modeling Standard—美国国家 BIM 标准（简称美国 BIM 标准）

图 6.3 是 2007 年由美国建筑科学研究院（NIBS-National Institute of Building Sciences）发布的美国国家 BIM 标准封面的一部分。

封面传递了有关美国国家 BIM 标准的如下信息：

- 目前的 BIM 标准是"第一版-第一部分"，包括"概论、原理和方法"，这个标准尚处于发展的初期
- BIM 标准的目的是"通过开放和互通的信息交换来改造建筑供应链"

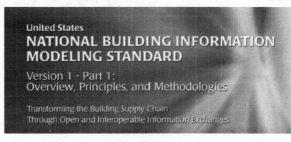

图 6.3

美国 BIM 标准现在这个版本包括下面几个部分：
- 美国 BIM 标准导论
- 美国 BIM 标准序言
- 信息交换概念
- 信息交换内容
- 美国 BIM 标准开发过程

美国 BIM 标准将由为使用 BIM 过程和工具的各方定义相互之间数据交换要求的明细和编码组成，计划中将完成的工作包括：
a) 出版交换明细用于建设项目生命周期整体框架内的各个专门业务场合
b) 出版全球范围接受的公开标准下使用的交换明细编码作为参考标准
c) 促进软件厂商在软件中实施上述编码
d) 促进最终用户使用经过认证的软件来创建和使用可以互通的 BIM 模型交换

五、NCS—United States National CAD Standard—美国国家 CAD 标准（简称美国 CAD 标准）

NCS 也是同行在研究实施 BIM 时经常会碰到的一个名词，这就是美国 CAD 标准的简写。

美国 CAD 标准是唯一一个在设计、施工和设施管理行业使用的全面完整的 CAD 标准，其目的是实现建筑业设计、施工、运营领域对 CAD 标准的广泛使用，从而建立起一套服务于设计和制图过程的共同语言。

美国 CAD 标准的使用将帮助各类机构去除目前正在承担的多余费用，包括维护企业标准、培训新员工、协调团队成员之间的实施等。

同时，2D 标准将在朝 BIM 软件系统和基于对象的 3D 标准的转换中承担关键角色。

目前的美国 CAD 标准是第四版（Version 4.0），包括以下主要内容：
- 导论
- 图形文件组织
- 图形概念
- 图层分配
- 标准符号

6.4 BIM 名词和术语——IFC/STEP/EXPRESS

引言：诚如以下正文所言，谈 BIM 一定离不开谈数据交换，谈数据交换一定离不开谈 IFC。博主的 IFC 功力十分有限，因此特地请了中国 BIM 门户-

www.ChinaBIM.com 的掌门人黄锰钢先生在这里给各位同行介绍 IFC 有关的名词和术语，下面的文字除标题编号外均为黄锰钢先生原文。谢谢黄锰钢先生！

六、IFC—Industry Foundational Classes—工业基础类（IFC 标准）

谈 BIM 必谈数据共享和交换，谈数据共享和交换就不得不谈谈数据标准。标准的建立是解决信息交换与共享问题的关键。为此，buidingSMART 国际组织（即 International Alliance for Interoperability，IAI）发布了 Industry Foundation Classes（IFC），中文译名为"工业基础类"，但业者更习惯于称之为"IFC 标准"。

6-1 IFC 标准的目标

IFC 标准的目标是为建筑行业提供一个不依赖于任何具体系统的、适合于描述贯穿整个建筑项目生命周期内产品数据的中间数据标准（neutral and open specification），应用于建筑物生命周期中各个阶段内以及各阶段之间的信息交换和共享。

6-2 IFC 标准的定义和内容

IFC 标准是一个计算机可以处理的建筑数据表示和交换标准（我们传统的 CAD 图纸上所表达的信息只有人可以看懂，计算机无法识别一张图纸所表达的信息）。IFC Schema（IFC 大纲）是 IFC 标准的主要内容。IFC Schema 提供了建筑工程实施过程所处理的各种信息描述和定义的规范，这里的信息既可以描述一个真实的物体，如建筑物的构件，也可以表示一个抽象的概念，如空间、组织、关系和过程等。IFC Schema（由下至上）整体由资源层、核心层、共享层和领域层 4 个层次构建，如图 6.4 所示。

■ 资源层（Resource layer）：包含了一些独立于具体建筑的通用信息的实体（entities），如材料、计量单位、尺寸、时间、价格等信息。这些实体可与其上层（核心层、共享层和领域层）的实体连接，用于定义上层实体的特性。

■ 核心层（Core Layer）：提炼定义了一些适用于整个建筑行业的抽象概念，如 actor, group, process, product, control, relationship 等。比如说，一个建筑项目的空间、场地、建筑物、建筑构件等都被定义为 Product 实体的子实体，而建筑项目的作业任务、工期、工序等则被定义为 Process 和 Control 的子实体。

■ 共享层（Interoperability layer）：分类定义了一些适用于建筑项目各领域（如建筑设计、施工管理、设备管理等）的通用概念，以实现不同领域间的信息交换。比如说，在 Shared Building Elements schema 中定义了梁、柱、门、墙等构成一个建筑结构的主要构件；而在 Shared Services Element schema 中定义了采暖、通风、空调、机电、管道、防火等领域的通用概念。

■ 领域层（Domain Layer）：分别定义了一个建筑项目不同领域（如建筑、结构、暖通、设备管理等）特有的概念和信息实体。比如说，施工管理领域中的工人、施工设备、承包商等，结构工程领域中的桩、基础、支座等，暖通工程领域中的锅炉、冷却器等。

以上是笔者根据自己的理解总结的 IFC 相关概念和 IFC Schema 中各层所包含的内

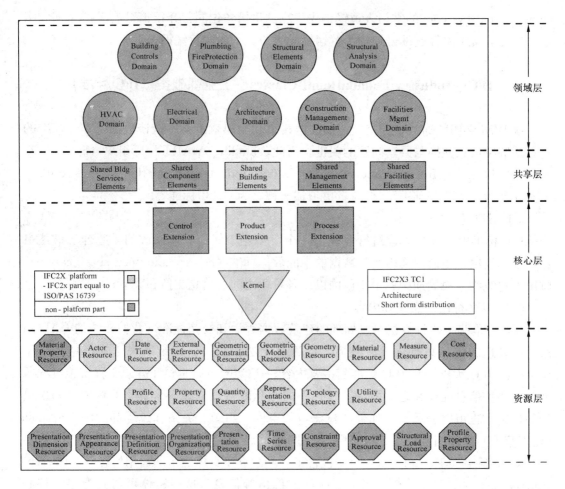

图 6.4

容,由于描述过程中涉及很多计算机和信息学专业词汇(笔者尽量用非信息学词汇表达以便建筑师和工程师们阅读),也由于笔者知识和理解有限,因此在表达上难免有不当之处,望予谅解。

IFC 标准已被接收成为了 ISO 标准(ISO/PAS 16739)。各大 BIM 软件商如 Autodesk、Bentley、Graphisoft、GT、Tekal、Progman 等均宣布了各自旗下软件产品对 IFC 标准的支持,但实现真正基于 IFC 标准的数据共享和交换还有很长一段路要走。

IFC 标准使用形式化的数据规范语言 EXPRESS 来描述建筑产品数据。EXPRESS 语言定义在 STEP 国际标准中。下面,我们简单介绍 STEP 标准和 EXPRESS 语言。

七、STEP—Standard for teh Exchange of Product Model Data—产品数据交换标准(STEP 标准)

国际标准化组织(ISO)工业自动化与集成技术委员会(TC184)下属的第四分委会(SC4)开发的 Standard for the Exchange of Product Model Data(STEP),中文译

为"产品数据交换标准",也称"STEP 标准",是一个计算机可读的关于产品数据的描述和交换标准。它提供了一种独立于任何一个 CAX 系统的中性机制来描述经历整个产品生命周期的产品数据。STEP 标准已成为 ISO 国际标准(ISO 10303)。

八、EXPRESS/EXPRESS-G—EXPRESS/EXPRESS-G 语言

EXPRESS 是一种表达产品数据的标准化数据建模语言(data modeling language),定义在 ISO 10303-11 中。EXPRESS-G 是 EXPRESS 语言的图形表达形式。EXPRESS 和 EXPRESS-G 是 IFC Schema 使用的数据建模语言。只有能看懂 EXPRESS 和 EXPRESS-G,才能看懂 IFC Schema。关于 EXPRESS 和 EXPRESS-G 的入门材料,请见扩展阅读内容。

【参考和扩展阅读】

1. IFC Implementation Manual V2.:http://www.chinabim.com/bbs/viewthread.php?tid=249&extra=page%3D1

2. http://www.iso.org/iso/catalogue detail.htm?csnumber=38056

3. www.buildingsmart.com

4. http://en.wikipedia.org/wiki/EXPRESS (data modeling language)

5. EXPRESS-G 符号语言入门材料:http://www.chinabim.com/bbs/viewthread.php?tid=202&extra=page%3D1

6. EXPRESS 语言入门材料:http://www.chinabim.com/bbs/viewthread.php?tid=203&extra=

6.5 BIM 名词和术语——NIBS/bSa

九、NIBS—National Institute of Building Sciences—美国建筑科学研究院

大家知道,美国建筑科学研究院是美国国家 BIM 标准(NBIMS)的研究和发布机构,大量的 BIM 及其关联概念、技术、方法、流程、资料都跟这个机构有关。

美国国家建筑科学研究院是根据 1974 年的住房和社区发展法案(the Housing and Community Development Act of 1974)由美国国会批准成立的非营利、非政府组织,作为建筑科学技术领域沟通政府和私营机构之间的桥梁。

NIBS 的使命是通过支持建筑科学技术的进步改善建成环境(built environment,与自然环境—natural environment 对应)来为国家和公众利益服务。NIBS 集合政府、专家、行业、劳工和消费者的利益,专注于发现和解决影响既安全又支付得起的居住、商业和工业设施建设的问题和潜在问题。NIBIS 同时为私营和公众机构就建筑科学技术的应用提供权威性的建议。

NIBS 奉命每年为美国总统提供一份建筑科学技术方面的年度报告。

美国建筑科学研究院包括下列专业委员会和专项计划：

- 咨询委员会（Consulatative Council）
- 安全和灾害预防（Secuity and Disaster Preparedness）
    - 建筑抗震安全委员会（Building Seicmic Safety Council）
    - 多重灾害减缓委员会（Multihazard Mitigation Council）
    - 多重灾害风险评估（Multihazard Risk Assessment）
- 设施性能和可持续（Facility Performance and Sustainability）
    - 建筑围护技术和环境委员会（Building Enclosure Technology and Environment Council）
    - 高性能建筑委员会（High Performance Building Council）
    - 国家设备绝缘保温委员会（National Mechanical Insulation Committee）
- 信息资源和技术（Information Resources and Technologies）
    - buildingSMART 联盟（buildingSMART Alliance）
    - 整体建筑设计指南和施工准则基础（Whole Building Design Guide and Construction Criteria Base）
    - ProjNet-在线项目设计、招标、施工协同管理系统
    - 设施维护和运营委员会（Facility Maintenance and Operation Committee）
    - 整体建筑试运行（Total Building Commissioning）
    - 国家教育设施信息情报交换所（National Clearinghouse for Educational Facilities）

十、bSa—buildingSMART alliance—buildingSMART 联盟

从上面对 NIBS 的介绍我们可以了解到，buildingSMART 联盟是美国建筑科学研究院在信息资源和技术领域的一个专业委员会。

buildingSMART 联盟成立于 2007 年，是在原有的国际数据互用联盟（IAI—International Alliance of Interoperability）的基础上建立起来的。

2008 年底，原有的美国 CAD 标准和美国 BIM 标准成员正式成为 buildingSMART 联盟的成员。

据估计，建筑业设计、施工的无用功和浪费高达 57%，而制造业只有 26%，buildingSMART 联盟认为通过改善我们提交、使用和维护建筑信息的流程，建筑行业完全有可能在 2020 年消除高出制造业的那部分浪费（31%），按照美国 2008 年大约 1.2 万亿美元的设计施工投入计算，这个数字就是每年将近 4000 亿美元。buildingSMART 联盟的目标就是建立一种方法抓住这个每年 4000 亿美元的机会，以及帮助应用这种方法通往一个更可持续的生活标准和更具生产力及环境友好的工作场所。

buildingSMART 联盟愿景：A global environment where all participants can readily and transparently share, apply and maintain information about facilities and infrastructure to enhance quality and economy of design, construction, operation and maintenance. 一个所有参与方可以方便和透明地进行建筑物和基础设施信息交换、应用和维护以加强设计、施工、运营和维护质量及经济效益的全球环境。

buildingSMART 联盟使命：Improve all aspects of the facility and infrastructure lifecycle by promoting collaboration, technology, integrated practices and open standards. 通过推动协同、技术、一体化实务和公开标准改善建设项目生命周期的方方面面。

buildingSMART 联盟目前的主要产品包括：

- IFC 标准
- 美国国家 BIM 标准 第一版 第一部分（National Building Informational Modeling Standard Version 1 Part 1）
- 美国国家 CAD 标准 第 4 版（United States National CAD Standard Version 4.0）
- BIM 杂志（JBIM-Journal of Building Information Modeling）（图 6.5）

图 6.5

6.6 BIM 名词和术语——CIS/XML

BIM 模型的信息一旦建立起来以后，被越多的项目参与方、越多的专业分析研究模拟和越多的项目阶段使用，就越能发挥 BIM 模型对项目生命周期的价值。

要实现以上的这些不同类型、不同专业、不同阶段的信息应用，就必须解决一个关键问题：信息交换。而要实现信息交换，就必须有一种交换双方之间互相认可的机制，这种机制可以是某种协议，也可以是某种标准，可以是公开的，也可以是不公开的。

前面的文章我们介绍了IFC标准，这里再介绍两种BIM应用中常见的公开信息交换标准CIS和XML。

下面的内容由靳金先生撰写，靳先生是韩国庆熙大学建筑系建筑信息技术研究室硕士研究生，ChinaBIM网站的主要技术成员之一，主要研究方向为BIM与参数化设计、BIM数据品质管理和能量分析等。作为主要成员参与制订了韩国BIM指南手册以及韩国传统房屋三维BIM的数据库的建设项目等。

十一、CIS/2（CIMsteel Integration Standard Version2）

同大家了解的IFC一样，CIS/2同样是一个数据结构（Data Structure），一个数据标准（Data Standard），只不过IFC主要是为了整个建筑生命周期的建筑设计、施工、管理的信息交换，而CIS/2主要是为了钢结构的工程建造的数据交换。两个数据模型都可以表现建筑数据的几何外形、关系、过程、材料、施工信息以及其他的属性，都使用EXPRESS语言，并且基于用户的需要经常被扩展。目前为止IFC和CIS/2是仅有的两个公开的和被国际ISO组织承认的标准。

此外，CIS/2是针对钢结构的设计、分析以及建造而开发的，它由美国钢结构研究院（AISC-American Institute of Steel Construction）和英国钢结构研究院（CSI-Construction Steel Institute of the UK）支持。

十二、XML（eXtensible Markup Language）

前面提到了两个世界范围内公开的和被国际ISO组织承认的数据交换标准IFC和CIS/2，然而我们还有一些别的方法可以用来交换数据，其中一个重要方法就是利用XML语言。

XML（eXtensible Markup Language）是一个HTML的扩展，是一个可以在网络上发送信息的语言。XML允许定义一些用户感兴趣的数据结构和意义，这个结构就叫做Schema。不同的XML Schema支持在各种应用软件之间进行各种不同的数据交换，一些特定的XML Schema在进行少量的和某些特定的数据交换中非常有优势。这样在一些小的项目或者特定的项目中需要数据交换的时候，我们只需要定义这些领域需要的XML Schema，就可以利用这些特殊用途的XML来实现数据的记录和交换。

下面是AEC领域常使用的几个XMLSchema的介绍，这些不同的XML Schema都定义了他们自己的实体属性（Entity attribute）和关系（Relations）来实现他们所需要的数据交换。

12-1 IFCXML

IFCXML和IFC一样，都是由buildingSMART联盟开发支持的，是IFC Schema映射到XML文件的一个子集。目前为止它具有以下的数据支持：材料记载、工程量清单和添加用户设计工程量等。

12-2 gbMXL (Green Building XML)

gbXML 是为了传递建筑围护（Building envelopes）结构信息（比如墙体结构信息等）来为初期的能量分析以及空间和设备模拟开发而成的 Schema。目前最近的版本是 2009 年发布的。这里要说明一下的是空间（Space/zone）的概念在进行能量分析的时候非常重要，所以在基于 BIM 的软件中要准确地定义好建筑的各空间组成。一般基于 BIM 的能量分析软件都会支持 gbMXL。

12-3 aecXML

aecXML 是由 Bentley 公司最先在 1999 年 8 月发布的，aecXML 主要侧重于以下几个方面，首先它可以用来表示资源，比如合同和项目文件［投标请求（request for proposal）、报价请求（request for quotation）、资料请求（request for information）、明细表、附录、变更要求、购买需求等］、材料、产品和设备；其次可以用来描述元数据，比如组织的、专业的和参与者；另外还可以表示活动，比如提案、工程项目、设计、估价、计划书等方面的信息。

几点说明：

对于绝大多数 BIM 技术的应用人员来说，有了这些各有侧重的、可以用来记录和传递数据信息的 XML Schema 以后，我们只需要了解所使用的软件有没有支持这些标准以及支持的版本和程度等，然后有针对性地利用上述各 XML Schema 中包含的特有的信息支持，就可以通过他们来实现高效、准确的数据交换了。而数据的转换是由各软件的相关翻译器来自动实现的。

虽然对于 BIM 用户来说，大部分情况下并不需要涉及信息交换的细节，但是了解这些信息交换的方法和标准对于选择和建立自身的 BIM 系统却是必不可少的，因为一个企业和其他企业的协同工作、一个个人和另外一些个人的协同工作是工程建设行业的典型工作状态，当然也一定是 BIM 应用的典型工作状态。

6.7　BIM 名词和术语——2D/3D/4D/5D/6D/nD

从事 BIM 的同行对"xD"都比较熟悉，事实上大家知道，谈 BIM 就离不开"xD"。虽然目前把 BIM 的中文名称叫做建筑信息模型已经成为一个相当普遍的事实，但行业专家仍然认为"多维工程信息模型"是对 BIM 最贴切的解释，本人也非常同意这个观点。

以下内容是对上面提到的"xD"的简单介绍。

十三、2D—Two Dimensional—二维

2D 是对绘画和手绘图的模拟，是一种抽象的符号和字符表达方式，其基本的处理

对象是几何实体，包括点、线、圆、多边形等，目前使用的各类方案图、初步设计图和施工图都是 2D 的。

对电子版本的 2D 图纸有一个很形象的叫法"Electronic Paper-电子纸"。

还有一种混合使用 2D 和 3D 表达的技术，习惯上称之为 2.5D。

十四、3D—Three Dimensional—三维

有两种类型的 3D，第一类是 3D 几何模型，最典型的就是 3DS MAX 模型，其主要作用是对工程项目进行可视化表达；第二类是我们要介绍的 BIM 3D 或 BIM 模型，制造业称之为数字样机（Digital Prototype）。

此外还有一种称之为 3.5D 的技术，在 3D 几何模型基础上增加有限的对象技术，例如风吹树动或者人员移动等，也不属于 BIM 3D 范畴。

BIM 3D 包含了工程项目所有的几何、物理、功能和性能信息，这些信息一旦建立，不同的项目参与方在项目的不同阶段都可以使用这些信息对建筑物进行各种类型和专业的计算、分析、模拟工作。BIM 文献中讨论的 3D 除非特别说明，一般是指 BIM 3D。这样的 3D 也叫做虚拟建筑（Virtual Building）或数字建筑（Digital Building）。

3D 的价值可以简单归纳成两句话：

● 做功能好的建筑：建筑师可以直接在 3D 上工作，设计过程中不再需要把 3D 建筑翻译成 2D 进行表达（2D 图纸变成了 3D 的输出结果之一），并与业主进行沟通交流，而业主也不再需要通过理解 2D 图纸来审核建筑师的方案是否满足自己的需要了。

● 做没有错的建筑：综合所有专业的 3D 模型，可以非常直观地发现互相之间的不协调，在实际施工开始前解决掉所有的设计错误。

十五、4D—Four Dimensional—四维

4D 是 3D 加上项目发展的时间，用来研究可建性（可施工性）、施工计划安排以及优化任务和下一层分包商的工作顺序的。

因此我们给 4D 的价值归纳为"做没有意外的施工"。

如果我们能够在每周跟分包商的例会上直接向 BIM 模型提问题，然后探讨模拟各种改进方案的可能性，在虚拟建筑中解决目前需要在现场才能解决的问题，那会是一种什么样的情况？

如果我们能够通过使用 4D 在整个项目建设过程中把所有分包商、供货商的工作顺序安排好，使他们的工作没有停顿、没有等待，那会是一种什么样的效果？

十六、5D—Five Dimensional—五维

5D 是基于 BIM 3D 的造价控制，工程预算起始于巨量和繁琐的工程量统计，有了

BIM 模型信息，工程预算将在整个设计施工的所有变化过程中实现实时和精确。

随着项目发展 BIM 模型精度的不断提高，工程预算将逼近最后的那个数字。

我们给 5D 的价值定义一句话是"做精细化的预算"。

十七、6D—Six Dimensioal—六维

迄今为止，对 2D/3D/4D/5D 的定义是比较明确和一致的，对于 6D 有一些不同的说法。跟一些同行讨论交流，认为把 6D 定义为"做性能好的建筑"比较合理。

下面是建筑性能分析的一些内容：
- 建筑单体日照分析与采光权模拟
- 建筑群空气流动分析
- 区域景观可视度分析
- 建筑群的噪声分析
- 热工分析

这些工作不但影响到建筑物的性能（运营成本），而且也直接影响人的舒适性。目前大部分这方面的分析主要是事后验算，以满足规范要求作为目的。显然这无法满足社会和业主对低能耗、高性能、可持续建筑的要求。

6D 应用使得性能分析可以配合建筑方案的细化过程逐步深入，做出真正性能好的建筑来。

十八、nD—n 维（多维）

随着 BIM 应用的不断扩大和深入，期待更多的 BIM 应用被业内人士研究、实践、归纳、总结出来。

7 BIM 与信息

本栏目文章介绍 BIM 与信息创建、管理、使用有关的内容

7.1 BIM 与信息——缘起

法国著名雕塑家罗丹说过一句妇孺皆知的至理名言:"美是到处都有的。对于我们的眼睛来说,缺少的不是美,而是发现。"用这句话来描述工程建设行业的信息创建、管理和应用现状最贴切不过:"信息是到处都有的。对于我们的建设项目来说,缺少的不是信息,而是有效的发现和利用。"

大家知道,一个建设项目完成以后,关于这个项目的资料成千上万,可以堆满一个到几个房间,包括批文、图纸、合同、预决算、变更、通知单、申请单、采购单、验收单、设备使用维护保养手册等,所有信息一个都没少,都用信息创建者或收集者习惯的方法"管理"起来了,要想快速找到并确定某个信息,就得找第一次创建信息的那个人,遗憾的是,这个人现在不知道在哪里又为哪个项目创建信息呢,别说找到这个人不容易,即使找到了他自己也早就记不清或找不到您那个项目的有关信息了。

这种找不到拿不准信息的情况随着时间的变化会越来越严重,要命的是建筑物的问题也是随着时间的变化越来越多、越来越严重的。2000~2001 年期间我们曾经为当时的上海第一高楼做过一个重建给水排水系统数字模型和相应管理系统的项目,原因非常简单,有一条水管爆裂,熟悉系统的人正好下班了,值班的人花了九牛二虎之力查看图纸就是找不到控制该水管最近的阀门,大楼又不可能因此整体停水,一直等到把那个熟悉系统的人从家里叫回来才解决问题,前后花了大半天时间。很幸运,此人没有外出旅游。

软件和信息是 BIM 应用的两个关键要素(事实上 BIM 以外的其他应用也是如此),其中软件是 BIM 的手段,信息是 BIM 的目的。目前能够看到的 BIM 资料,特别是中文资料,基本上以介绍软件和案例为主,对信息方面的介绍资料相对比较少,成系统的就更是凤毛麟角了。

今天花时间看了看自己最近写的东西,发现了几篇跟信息有关的内容,觉得应该继续在这方面做点工作,因此计划建立一个新的分类"BIM 与信息",以本文作为开篇,把原来已经发表的几篇跟信息有关的文章标题和分类做一个调整,统一归入"BIM 与信息"这个分类中,求教于各方大侠。

评论与回复

【bim 新人 2010-07-28 23:24:10】
前辈:您好,我是 BIM 二期的新人,我想咨询一下,最早是谁提出 BIM 这个词的啊?

【博主回复:2010-08-01 10:03:30】

普遍认为行业分析家 Jerry Laiserin 在 2002 年 12 月 16 日发表的一篇文章是 BIM 这个名词被行业广泛使用的开始。

7.2 BIM 与信息——信息互用的四种基本方式

美国标准和技术研究院（NIST-National Instituite of Standards and Technology）在研究信息互用问题给固定资产行业带来的额外成本增加时是这样给信息互用下定义的：

Interoperability is defined as "the ability to manage and communicate electronic product and project data between collaborating firms and within individual companies' design, construction, maintenance, and business process systems."

"协同企业之间或者一个企业内设计、施工、维护和业务流程系统之间管理和沟通电子版本的产品和项目数据的能力"谓之信息互用。

事实上，不管是企业之间还是企业内不同系统之间的信息互用，归根结底都是不同软件之间的信息互用。不同软件之间的信息互用尽管实现的语言、工具、格式、手段等可能不尽相同，但是站在软件用户的角度去分析，其基本方式只有双向直接、单向直接、中间翻译和间接互用四种，兹分别介绍如下。

一、双向直接互用

在这种情形下，两个软件之间的信息转换由软件自己负责处理，而且还可以把修改以后的数据再返回到原来的软件里面去。人工需要干预的工作量很少，可能存在的信息互用错误主要跟软件本身有关，即软件本身不出错信息互用就不会出错。这种信息互用方式效率高、可靠性强，但是实现起来也受到技术条件和水平的限制。

BIM 建模软件和结构分析软件之间信息互用是双向直接互用的典型案例。在建模软件中可以把结构的几何、物理、荷载信息都建立起来，然后把所有信息都转换到结构分析软件中进行分析，结构分析软件会根据计算结果对构件尺寸或材料进行调整以满足结构安全需要，最后再把经过调整修改后的数据转换回原来的模型中去，合并以后形成更新以后的 BIM 模型。

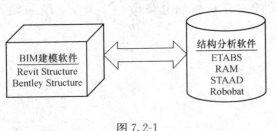

图 7.2-1

在实际工作中只要条件允许，就应该尽可能选择这种信息互用方式。图 7.2-1 是双向直接互用的一些例子。

二、单向直接互用

单向直接互用意味着数据可以从一个软件输出到另外一个软件,但是不能转换回来。典型的例子是 BIM 建模软件和可视化软件之间的信息互用,可视化软件利用 BIM 模型的信息做好效果图以后,不会把数据返回到原来的 BIM 模型中去,实际上也没有必要这样做。

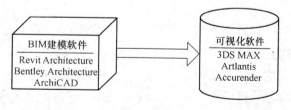

图 7.2-2

单向直接互用的数据可靠性强,但只能实现一个方向的数据转换,这也是实际工作中建议优先选择的信息互用方式。单向直接互用举例如图 7.2-2 所示。

三、中间翻译互用

两个软件之间的信息互用需要依靠一个双方都能识别的中间文件来实现,这种信息互用方式称之为中间翻译互用。这种信息互用方式容易引起信息丢失、改变等问题,因此在使用转换以后的信息以前,需要对信息进行校验。

DWG 是目前最常用的一种中间文件格式,典型的中间翻译互用方式是设计软件和工程算量软件之间的信息

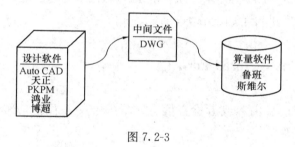

图 7.2-3

互用,算量软件利用设计软件产生的 DWG 文件中的几何和属性信息,进行算量模型的建立和工程量统计。其信息互用的方式如图 7.2-3 所示。

四、间接互用

信息间接互用需要使用人工方式把信息从一个软件转换到另外一个软件,有些情况下需要人工重新输入数据,另外一些时候也可能需要重建几何形状。

根据碰撞检查结果对 BIM 模型的修改是一个典型的信息间接互用方式,目前大部分碰撞检查软件只能把有关碰撞的问题检查出来,而解决这些问题则需要专业人员根据碰撞检查报告在 BIM 建模软件里面人工调整,然后输出到碰撞检查软件里面重新检查,直到问题彻底更正。如图 7.2-4 所示。

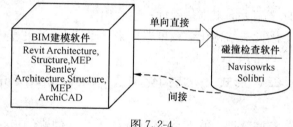

图 7.2-4

7.3 BIM 与信息——信息的形式和格式

同行都明白，信息是 BIM 的核心，BIM 是一个富含项目信息的三维或多维建筑模型。大家看 BIM 资料的时候，经常会碰到描述 BIM 特点的 3 个 C——Coordinated（协调的）、Consistent（一致的）和 Computable（可计算的），前面两个 C 理解起来比较容易，最后一个 C（Computable）理解起来和解释起来稍微有点费劲，原因在于这个概念和信息的形式与格式有关。

在实际工作中，我们每天碰到很多不同形式和格式的信息，信手拈来，就有 word 文件、excel 文件、powerpoint 文件、ms project 文件、DWG、DXF、DGN、3DS、JPG、WMV、IFC、CIS/2 等，建立、修改、使用、保存不同的信息有不同的特点，word 文件描述能力强，excel 文件计算能力强，DWG 效率高但适用范围受软件限制，DXF 效率低但适用范围更广。

美国标准和技术研究院（NIST-National Institute of Standards and Technology）对建设项目的信息从形式和格式两个维度进行了如下分类：

一、形式 1：非结构化形式（Unstructured Form）

非结构化形式信息的特点就是解释信息内容或者检查信息质量的唯一途径就是靠人工阅读，电脑没有办法自动理解和处理。

目前以电子形式创建和管理的建设项目信息比例越来越大，包括合同、备忘录、成本预算、采购订单、图纸、校审记录、设计变更、施工计划等，这类信息大部分都没有一个正式的结构。

虽然非结构化形式的信息也可以在多个软件产品之间兼容，但是从理论上来说，这类非结构化信息无法被机器真正地解释，信息的接收方必须安排人力来解释这些数据。

图层管理是一个很好的例子，一个项目的项目成员可以在图层上使用某种标准请各方遵守，从表面上看起来这样的 CAD 文件具有了某种结构，但事实绝非如此。由于这种结构不是内置的，软件用户完全可以把一个家具放在墙体的图层上，显而易见，在此基础上的工程量统计一定会出错。

因此非结构化信息可以用来"参照"，如果要"直接使用"就必须十分小心。

二、形式 2：结构化形式（Structured Form）

有些软件，特别是 BIM 建模工具，创建结构化形式的信息，这类信息电脑可以直接解释。这个就是上文所谓 BIM 信息特点的第三个 C（Computable）可计算性的意义。

结构化形式信息的好处是可以提高生产效率、减少错误，我们可以直接使用电脑工具对这类信息进行管理、使用和检查。

如果我们的目标是在每一次信息提交给其他人员做进一步应用时消除接收方处理和解释信息的成本的话，那么就必须使用结构化信息。结构化信息是实现高度设计优化、供应链效率提高、下游运营维护应用不需要额外成本就能够使用设计施工过程收集的信息的关键。

三、格式1：专用格式（Proprietary Format）

由某个特定软件定义和拥有的数据格式就是一种专用格式，大部分软件使用专用格式信息。因为是某个软件的专用格式，因此任何时候软件厂商可以自行修改这个格式，如果这件事情发生，那么以原来格式存档的数据在新版本的软件中就不能使用了。同时，软件厂商也可以停止输出某类数据格式软件的商业运作，这些情况都会引起相应专用数据格式的无法使用。

经常碰到的情况是，某个用户机构使用一个专门的应用软件从而要求以那个软件的专用格式存储的信息，这种方法提供了信息创建软件产生的信息被重复利用的可能，但也限制了信息被其他机构或应用软件使用的能力，以及该信息创建软件被替换以后这些信息被使用的能力。

专用格式信息既可以是结构化形式也可以是非结构化形式的信息，例如 BIM 建模软件创建的就是专用格式的结构化形式信息。由于 BIM 软件产生的是富含信息的模型，因此越来越多的平行流程或后续流程有可能重复利用这些信息，这个时候的专用格式信息如果碰到上面描述的情形时，就会出现问题。

但是在同一个软件厂商的不同产品之间，专用格式的信息交换最快、最容易、也最可靠。使用专用格式支持设计、施工阶段发生的反复多次的数据交换是一种合适的选择，尤其是当这种信息交换需要双向进行的时候。

四、格式2：标准格式（Standard Format）

标准格式有两类，一类叫"事实标准-Defacto Standrds"，另一类称之为"法律标准-De jure Standards"。标准格式对于需要长期存档的任何数据来说都应该是首选的。

1. 事实标准格式

事实标准是指由一个软件厂商研制并公开发行，然后取得其他厂商和产品支持的标准。其中一个最典型的事实标准例子就是 DXF，自从这个格式公布以后，任何人都可以编写软件访问用此格式存储的信息，任何用户机构都可以保证他们的信息可以被重新读取。

但 Autodesk 已经决定不再扩展 DXF 格式以包含其完整的产品数据结构，可以预计，读写 DXF 的商业软件将越来越少，而且 DXF 格式也不会扩展到 BIM 对象。

2. 法律标准格式

法律标准是指由标准研发组织，例如国际标准化组织 ISO（International Organization for Standardization）、国际信息互用联盟 IAI（International Alliance for Interoperability）、开放地理空间协会 OGC（Open Geospatial Consortium）等，维护的标准。

法律标准格式信息除了具备使用寿命长的优势以外，其依靠共识和投票的研发过程通常考虑了众多机构的信息使用需求，因此法律标准格式具有更强的适应性和可用性，同时其特殊的研发过程也保证了更多的机构有兴趣来使用这类标准。这样，一个软件厂商的单方面决定不会停止对这类标准的支持和扩展。

法律标准的不足之处是共识研发过程的速度太慢，这已经成为 BIM 标准的一个特别问题了。

五、不同形式和格式信息的特点

上述不同形式和格式的信息在使用过程中的特点可以用图 7.3 表示，其中格式决定信息可以保存、传递、使用的寿命，

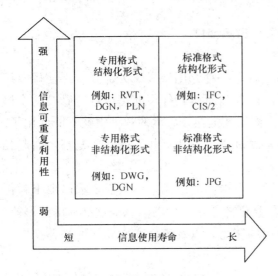

图 7.3

一般来说，标准格式比专用格式的寿命长；形式决定信息可重复利用的能力，当然结构化形式比非结构化形式的信息可重复利用的能力要强。

7.4 BIM 与信息——信息的质量要素

信息的质量是决定信息价值的基础，每个项目在刚刚启动的时候就必须建立信息质量保证的流程，并且作为整个项目质量保证体系的一部分。

信息质量保证需要考虑的因素主要包括以下几个方面：

一、信息的清晰度和一致性

信息的创建者和使用者对同样的对象使用相同的编码和术语吗？从不同来源接受的信息他们的命名、度量单位、关系一致吗？

在开发和执行标准术语上需要详尽考虑上述因素。

二、信息的可访问性

什么人在什么地方、用什么方法可以得到或者没法得到这些信息？

信息访问容易吗？安全适当吗？每个项目成员机构至少需要委派一名项目团队成员负责管理信息的提交事宜，最好能够使用自动化系统协助项目成员交付和记录他们的信息传递，以及访问他们需要的信息。

三、信息的可使用性

这些信息可以用不同的方式组织和提供给不同的用户吗？例如，造价师观察和使用信息的方法和要求与创建这个信息的设计师有很大不同。这些信息有不同的备份和版本吗？如果是的话，是否有一个原版，然后其他备份和版本都可以从这个原版中导出？

对于 BIM 来说，通常设计团队建立模型的方法和施工团队建立模型的方法有很大不同，举例来说：设计师会把一大块楼板建成一个对象，但承包商可能会根据混凝土浇筑的要求分成几块小的楼板分别创建对象。

处理这种区别的一个办法是请承包商在设计阶段就介入，把他的对象提供给设计师，并整合到一个模型中去；另外一个办法当然是单独建立一个施工模型。在用后一种办法处理的时候施工模型需要建立某种和设计模型的关联或参考以便维护和设计内容之间的关系。

四、信息完整性

需要的信息有多少可以得到？

每个信息包的完整内容都有提供吗？所有需要的信息是在项目成员的日常工作过程中自然而然创建的呢，还是需要做专门的工作去实现？

还有另外一类问题，有些信息包可能需要由多个项目成员和（或者）在多个项目阶段产生，在这种情况下，一个信息包的提交就不是一次完成的，而是多次完成的，这时候就需要有一定的方法合并这些信息从而建立一个需要的信息包。

五、信息及时性

需要的时候信息是否可以得到？

项目成员需要的当前版本信息是否可以得到，是否在需要的时候马上可以得到？什么时候需要信息提交应该在项目计划中准确地反映出来。

值得注意的是，当提交的信息需要转换或者检查时，信息传递就需要增加时间，这个情况项目计划中未必能反映出来。

另外一个需要注意的问题是，当过程信息需要和其他成员进行沟通时，过于透明的过程共享会导致其他成员把原本不是更新的内容误以为是某种更新，而事实上信息创建团队可能只是在进行一些不同方案的比较探讨。

六、信息精度

信息和真实情况的接近程度。

我们知道信息的精度吗？这个精度满足要求吗？在项目过程的每一个节点上确定我们期望的信息详细等级（LOD-Level of Detail）和精确等级（Level of Precision）非常重要。

实际建造以前先数字化模拟建造的方法需要在进入现场施工以前对项目中的所有系统建立非常完整和精确的模型，而且这个精确等级和概念设计阶段要求的精确等级不同。

美国建筑师学会（AIA-American Institute of Architects）等机构都根据项目发展里程碑的要求定义了模型详细等级。

七、信息成本

获取信息以及使信息能够应用所需要的成本。

信息提供的形式和格式是否意味着在设施整个生命周期内维护信息的成本最低？项目过程中对信息提交的管理和质量保证成本如何？对于不少机构来说信息管理将会成为一个新的成本项。业务经理在确定项目人工和费用时需要认识到信息提交这个活动也有一个成本必须考虑进去。

评论与回复

【亮眼睛 2010-06-29 09：13：15】

您好。以上几个问题确实是现阶段我所遇到的困惑。可能这个过程在国内暂时没有完美的案例可参考（或者本人才疏学浅上尚不知道）。我所能期待的就是尽量把控设计阶段信息的完整性，但是精度应该达不到我最初设想的程度。

所以很想请教一下，如果BIM模型在施工管理阶段需要重新建立，无法延续，是不是不能称之为完整的BIM体系？设计阶段使用BIM如果不能将所有设计内容涵盖，有时甚至仅仅是为了碰撞检查，那还有意义吗？从实际工程操作的角度来讲，有什么是我们做甲方的需要特别关注的吗？

【博主回复：2010-06-29 14：40：40】

好问题！不光是国内就是全世界也还没有完美的案例可参考。BIM还是一个正在快速成长的技术和方法，无论是其本身，还是行业对它的认识和应用。

因此，BIM 应用是否完美不重要，重要的是投资回报，跟所有其他东西一样，就是使用 BIM 的投入有没有给您带来您期望的回报。只要您满意这种投资回报，这次的 BIM 使用就算完美了（达到目的了）。

甲乙丙各方在同一个项目里面的目的是不一样的，因此甲方要特别关注的就是请参与项目的各种乙方、丙方按照甲方的要求应用 BIM，从而最大限度实现甲方的目的。

【ekson 2010-07-01 22：24：23】

对于信息是 BIM 体现价值的地方，而其信息的可用性，表现在您提到的这几点，当然还有可操作性！

【博主回复：2010-07-07 21：32：35】

同意。创建、收集、管理信息的最终目的是为了使用信息为认识世界和改造世界服务，没有可操作性价值就没法实现。

7.5 BIM 与信息——工程项目及其信息的生命周期

美国标准和技术研究院（NIST-National Institute of Standards and Technology）关于工程项目信息使用的有关资料把项目的生命周期划分为如下 6 个阶段：

- 规划和计划
- 设计
- 施工
- 交付和试运行
- 运营和维护
- 清理

上述每个阶段都有相应的信息使用要求，现简单介绍如下：

一、规划和计划阶段

规划和计划是由物业的最终用户发起的，这个最终用户未必一定是业主。这个阶段需要的信息是最终用户根据自身业务发展的需要对现有设施的条件、容量、效率、运营成本和地理位置等要素进行评估，以决定是否需要购买新的物业或者改造已有物业。这个分析既包括财务方面的，也包括物业实际状态方面的。

如果决定需要启动一个建设或者改造项目，下一步就是细化上述业务发展对物业的需求，这也是开始聘请专业咨询公司（建筑师、工程师等）的时间点，这个过程结束以后，设计阶段就开始了。

二、设计阶段

设计阶段的任务是解决"做什么"的问题。

设计阶段把规划和计划阶段的需求转化为对这个设施的物理描述,这是一个复杂而关键的阶段,在这个阶段做决策的人以及产生信息的质量会对物业的最终效果产生最大程度的影响。

设计阶段创建的大量信息,虽然相对简单,但却是物业生命周期所有后续阶段的基础。相当数量不同专业的专门人士在这个阶段介入设计过程,其中包括建筑师、土木工程师、结构工程师、机电工程师、室内设计师、预算造价师等,而且这些专业人士可能分属于不同的机构,因此他们之间的实时信息共享非常关键,但真正能做到的却是凤毛麟角。

传统情形下,影响设计的主要因素包括设施计划、建筑材料、建筑产品和建筑法规,其中建筑法规包括土地使用、环境、设计规范、试验等。

近年来,施工阶段的可建性和施工顺序问题,制造业的车间加工和现场安装方法,以及精益施工体系中的"零库存"设计方法被越来越多地引入设计阶段。

设计阶段的主要成果是施工图和明细表,典型的设计阶段通常在进行施工承包商招标的时候结束,但是对于DB/EPC/IPD等项目实施模式来说,设计和施工是两个连续进行的阶段。

三、施工阶段

施工阶段的任务是解决"怎么做"的问题,是让对设施的物理描述变成现实的阶段。

施工阶段的基本信息是设计阶段创建的描述将要建造的那个设施的信息,传统上通过图纸和明细表进行传递。施工承包商在此基础上增加产品来源、深化设计、加工、安装过程、施工排序和施工计划等信息。

设计图纸和明细表的完整和准确是施工能够按时、按造价完成的基本保证,而事实却非常不乐观。由于设计图纸的错误、遗漏、协调差以及其他质量问题导致大量工程项目的施工过程超工期、超预算。

大量的研究和实践表明,富含信息的三维数字模型可以改善设计交给施工的工程图纸文档的质量、完整性和协调性。而使用结构化信息形式和标准信息格式可以使得施工阶段的应用软件,例如数控加工、施工计划软件等,直接利用设计模型。

四、项目交付和试运行阶段

当项目基本完工最终用户开始入住或使用设施的时候,交付就开始了,这是由施工向运营转换的一个相对短暂的时间,但是通常这也是从设计和施工团队获取设施信息的最后机会。正是由于这个原因,从施工到交付和试运行的这个转换点被认为是项目生命周期最关键的节点。

1. 项目交付

在项目交付和试运行阶段,业主认可施工工作、交接必要的文档、执行培训、支付保留款、完成工程结算，主要的交付活动包括：
- 建筑和产品系统启动
- 发放入住授权，设施开始使用
- 业主给承包商准备竣工查核事项表
- 运营和维护培训完成
- 竣工计划提交
- 保用和保修条款开始生效
- 最终验收检查完成
- 最后的支付完成
- 最终成本报告和竣工时间表生成

虽然每个项目都要进行交付，但并不是每个项目都进行试运行的。

2. 项目试运行

试运行是一个确保和记录所有的系统和部件都能按照明细和最终用户要求以及业主运营需要执行其相应功能的系统化过程。随着建筑系统越来越复杂，承包商趋于越来越专业化，传统的开启和验收方式已经被证明是不合适的了。根据美国建筑科学研究院（NIBS-National Institute of Building Sciences）的研究，一个经过试运行的建筑其运营成本要比没有经过试运行的减少8%～20%。比较而言，试运行的一次性投资大约是建造成本的0.5%～1.5%。

在传统的项目交付过程中，信息要求集中于项目竣工文档、实际项目成本、实际工期和计划工期的比较、备用部件、维护产品、设备和系统培训操作手册等，这些信息主要由施工团队以纸质文档形式进行递交。

使用项目试运行方法，信息需求来源于项目早期的各个阶段。最早的计划阶段定义了业主和设施用户的功能、环境和经济要求；设计阶段通过产品研究和选择、计算和分析、草稿和绘图、明细表以及其他描述形式将需求转化为物理现实，这个阶段产生了大量信息被传递到施工阶段。连续试运行概念要求从项目概要设计阶段就考虑试运行需要的信息要求，同时在项目发展的每个阶段随时收集这些信息。

五、项目运营和维护阶段

虽然设计、施工和试运行等活动是在数年之内完成的，但是项目的生命周期可能会延伸到几十年甚至几百年，因此运营和维护是最长的阶段，当然也是花费成本最大的阶段。毋庸置疑，运营和维护阶段是能够从结构化信息递交中获益最多的项目阶段。

计算机维护管理系统（CMMS-Computerized Maintenance Management System）和企业资产管理系统（Enterprise Asset Management System）是两类分别从物理和财务角度进行设施运营和维护信息管理的软件产品。目前情况下自动从交付和试运行阶段为上述两类系统获取信息的能力还相当差，信息的获取还得主要依靠高成本、易出错的人工干预。

运营和维护阶段的信息需求包括设施的法律、财务和物理等各个方面，信息的使用者包括业主、运营商（包括设施经理和物业经理）、住户、供应商和其他服务提供商等。

- 物理信息几乎完全可以来源于交付和试运行阶段：设备和系统的操作参数，质量保证书，检查和维护计划，维护和清洁用的产品、工具、备件
- 法律信息包括出租、区划和建筑编号、安全和环境法规等
- 财务信息包括出租和运营收入，折旧计划，运维成本

此外，运维阶段也产生自己的信息，这些信息可以用来改善设施性能，以及支持设施扩建或清理的决策。运维阶段产生的信息包括运行水平、满住程度、服务请求、维护计划、检验报告、工作清单、设备故障时间、运营成本、维护成本等。

最后，还有一些在运营和维护阶段对设施造成影响的项目，例如住户增建、扩建改建、系统或设备更新等，每一个这样的项目都有自己的生命周期、信息需求和信息源，实施这些项目最大的挑战就是根据项目变化来更新整个设施的信息库。

六、清理

设施的清理有资产转让和拆除两种方式。

设施如果出售的话，关键的信息需要包括财务和物理性能数据：设施容量、出租率、土地价值、建筑系统和设备的剩余寿命、环境整治需求等。

如果是拆除的话，需要的信息就包括需要拆除的材料数量和种类、环境整治需求、设备和材料的废品价值、拆除结构所需要的能量等，这里的有些信息需求可以追溯到设计阶段的计算和分析工作。

评论与回复

【ekson2010-08-01 18：38：04】
这个周期也是顺序之说，同样也是循环的。
【博主回复：2010-08-12 09：37：44】
解释得好，周期本身就蕴含循环的意思。建设是为了使用，不能满足使用了就要重新建设。

7.6 BIM 与信息——工程项目信息应用管理路线图

工程建设行业目前仍处于生产和使用互相独立的图纸文档阶段，大部分结构化信息标准也仍然处于开发阶段，还没有在行业中得到普遍使用，大量应用软件现阶段也还没有完全支持这些结构化信息标准。

从信息用户的角度看，工程建设行业的主要参与方，包括业主、运营商、设施用户、设计咨询机构、承包商、产品制造商、管理部门，自身也还没有准备好在集成和自动环境下进行工作。而标准需要通过用户的使用和反馈才能不断改进。

随着一些项目团队通过使用集成工作流程和结构化信息传递获得良好表现，越来越多的公司会开始尝试这种方法。当越来越多数量的企业在信息传递中使用结构化数据时，就会对生产和使用结构化数据的软件产生越来越多的需求。

大量应用才能使标准改进，使用标准的企业多了，应用软件才会主动去支持标准，那么怎么样让这个球开始滚起来呢？

2002年荷兰工艺和电力协会（Dutch Process and Power Industry Association）设计了一套实现基于结构化信息标准进行流程和电力工厂项目生命周期数据交换、共享和管理的路线图，该路线图划分了企业内部和外部两种"数据准备就绪"状态，其中这两种状态是交叉发生和完善的，一个企业不可能在内部没有准备就绪的情况下跟外部进行设施生命周期结构化数据交换。如图7.6所示。

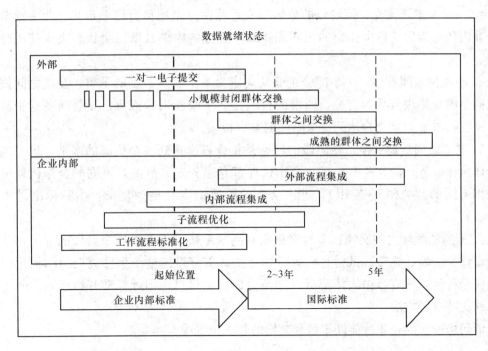

图7.6

该路线图分别为内部和外部数据交换准备各定义了4个阶段，不管是企业内部还是企业外部的数据准备都需要借助于工作流程调整和新的操作工具。

一、内部数据准备路线图

1. 工作流程标准化：这个阶段的工作专注于一个专业或一个小组内的重复工作流程，每个组织都在试图通过发现和实施最佳实践来持续改善工作流程，这种努力通常是自下而上和注重实效的，这一阶段并不关心结构化信息的国际标准。

2. 子流程优化：该阶段仍然只关注离散的工作流程，但是开始通过简化流程来提高效率，包括减少不必要的流程步骤以及自动化必须的流程步骤等。

3. 内部流程集成：从这个阶段开始整合离散的工作流程，减少数据冗余，争取更高的效率。数据之间的相互关系已经清晰，但是由于缺少数据定义使得集成工作实施起来非常困难，企业认识到如果数据定义不清晰、不唯一的话，和外部合作伙伴的数据交换将会非常困难，企业认识到对国际数据标准的需求。

4. 外部流程集成：这个阶段的工作重点集中在设施生命周期内的数据交换，以及把外部合作伙伴集成到内部工作流程中来，既然内部流程已经集成，那么进一步提高效率就必须依靠解决集成仍然缺失的那部分——即他们的外部合作伙伴。

二、外部数据准备路线图

1. 一对一电子提交：该阶段的数据提交程序由每个项目自己来定义，业主通常根据企业内部标准定义数据提交的内容和格式，业主的内部数据就绪状态决定使用什么标准。

2. 小规模封闭群体：一小部分企业共同定义一个完整数据的子集，互相之间按照大家同意的规则进行数据交换，通常的目的是为了改善采购流程，互联网使这个阶段加速来临，外部数据交换达到这个阶段的案例很多。

3. 群体之间数据交换：该阶段的特点是集成程度达到一个更高的水平，更多的外部合作伙伴介入，而且并不是每个合作伙伴都是事先定义好的，不同的合作伙伴可能有数据不同的"视图"（应用）。进入这个阶段数据定义更为复杂，国际标准越来越重要。

4. 成熟的群体之间交换：多对多集成和高水平协同作业是这个阶段的标志，从概念到设计、采购、施工、试运行、运营和维护，贯穿设施整个生命周期的结构化信息交换成为可能，所有合作伙伴都可以交换生命周期信息，国际标准开始成熟，所有应用软件支持这种方法。

请问您所在的企业目前处于信息交换的什么位置呢？

7.7 BIM 与信息——工程项目生命周期信息战略

一、基本要求

工程项目生命周期的信息战略由组织对此设施的业务目标决定，例如：
- 组织在进行与设施有关的业务决策时需要这些设施的什么信息？

- 从设施有关财务、实物和运营等的不同角度需要考虑一些什么问题？
- 哪些业务流程需要设施信息？
- 哪些特定的信息对这些流程起关键作用？
- 谁是这些业务流程的参与方？
- 在这些业务流程中使用什么软件工具？

项目生命周期信息战略必须对所有信息进行优先级排序，同时对每一组信息确定一个相应的商业价值。

在不同工作流程中创建的信息有些需要支持设施的几十年运营，另外一些可能只是在施工阶段有用，还有一些可能只是为了满足法规要求而本身并没有实际功能上的意义。

在建立设施信息战略的过程中，组织对需要设施信息的业务法规、决策和流程进行研究，然后精确定义他们各自需要的信息，信息的优先级由其自身的业务价值大小决定。例如：一个全面的灯管支架的库存数据应该是会对工作有帮助的，但相对而言，其业务价值要比保证生产设备安全运行所需要的信息的价值要低。

如果一类信息在多个业务流程中被使用，那么这类信息的商业价值也就会随之增大。另外一个判断信息优先级的方法是检查那些因为缺少信息而导致效率不高或成本增加的业务流程。

一旦组织定义清楚了高优先级的信息以后，接下来的事情就要决定在设施的整个生命周期中这些信息在什么时候由谁来创建。值得注意的是，有些信息是在不同项目阶段由多个项目参与方互相接力建立的，系统试运行所需要的信息就属于非常典型的这种情况。

信息提交应该建立在整个设施生命周期所需要的信息基础上，因此每一个提交点的信息需求就不能仅仅只考虑下一阶段参与方的要求，而应该考虑此后整个下游所有参与方的要求。例如，建筑物制冷系统的储备功率信息对于承包商来说可能并不重要，但是当该建筑物需要扩建或者改变用途的时候这就是一个非常重要的信息了，因此这个信息就必须包括在设计到施工的信息提交点上。

从保证信息完整性和维护信息可靠性的角度考虑，明确每一类信息的接收者和该信息的下一个使用者同样至关重要。

工程项目生命周期信息战略通过定义具有较高业务价值的信息内容，以及明确什么时候、如何、什么人创建信息以及使用信息，为项目所有参与方提供相应的信息提交要求。

二、内容

工程项目生命周期信息战略应该至少包括如下内容：
1. 管理政策声明，强调成功信息提交对业务工作的重要性
2. 以下有关信息提交和公司政策的一致性问题
   - 合同和采购政策

- 法律法规一致性
- 安全
- 信息技术资源的分配和管理

3. 确定主要的信息内容、创建这些信息的生命周期阶段、以及使用这些信息的业务流程

4. 责任指定
- 建立相应的合同和采购术语保证需要的信息被提交上来
- 保证信息提交过程中安全政策得到加强
- 保证信息提交在特定的项目上在进行着
- 建立系统基础设施接收信息
- 确保信息提交的质量
- 不断管理和维护提交的信息。

三、关键说明

所有项目参与方必须理解的关键点是信息要在设施的整个生命周期内被管理起来，而不仅仅是在当场使用的时候。项目设计阶段创建的信息在设施运营阶段仍然需要使用，因此，信息不仅要管理好为当时的用途服务，还要管理好使其能够在整个设施生命周期内能够被重复利用。

项目信息战略的目的就是为了保证做到下面两点：
- 未来信息系统需要的信息能够马上可以得到，同时可用
- 提交的项目信息能够适合相应的每个项目阶段，包括规划、设计、施工、移交/试运行、运营维护以及清理

项目信息规划过程和项目团队成员按信息规划做事的过程都需要相应的成本，但是如果不投入这些成本将会导致下游流程产生与之相比大得多的成本，特别是在运营和维护阶段。

控制成本是每个项目都必须面对的问题，在项目生命周期信息战略开发过程中，我们应该分析建立信息战略的一次性成本和在整个生命周期的不同阶段不断获取和管理各种不同类型信息的成本这两者之间的关系。企业一方面要根据业务价值确定信息的优先级；另一方面要持续不断地在每个项目上收获由于开发和遵守信息提交计划而带来的长期成本节省。

7.8 BIM 与信息——信息的特性

信息的使用方法决定信息的特性以及相应的形式和格式，在这个过程中需要考虑

如下因素：
- 需要信息的哪个版本？
- 信息需要不断更新还是冻结在提交时刻的状态
- 法律对信息保持的要求
- 信息将被保留多长时间
- 访问和更新信息的频度有多高
- 信息访问有些什么要求：什么人、什么系统将会使用信息？需要在什么地方被访问（办公室、施工现场、生产车间等）？访问方式只是浏览还是需要更新？

关于信息的形式和格式已经在"7.3 BIM 与信息——信息的形式和格式"中作了介绍，本文主要介绍信息的特性。

在进行信息提交的过程中需要对信息的以下三个主要特性进行定义：
- 状态：定义提交信息的版本
- 类型：定义该信息提交后是否需要被修改
- 保持：定义该信息必须保留的时间

一、状态

随着信息在项目中流动，其状态通常是在一定的机制控制下变化的。例如同样一个图形，开始时的状态是"发布供审校用"，通过审校流程后，授权人士可以把该图形的状态修改为"发布供施工用"，最终项目结束以后将更新为"竣工图"。定义今后要使用的状态术语是标准化工作要做的第一步。

对于每一组信息来说，界定其提交的状态是必须要做的事情，很多重要的信息在竣工状态都是需要的。另外一个应该决定的事情是该信息是否需要超过一个状态，例如"发布供施工用"和"竣工图"等。

二、类型

信息有静态和动态两种类型，静态信息代表项目过程中的某个时刻，而动态信息需要被不断更新以反应项目的各种变化。

当静态信息创建完成以后就不会再变化了，这样的例子包括许可证、标准图、技术明细以及检查报告等，后续也许还会有新的检查报告，但不会是原来检查报告的修改版本。

动态信息比静态信息需要更正式的信息管理，通常其访问频度也比较高，无论是行业规则还是质量系统都要求终端用户清楚了解信息的最新版本，同时维护信息的版本历史也可能是必须的。动态信息的例子包括平面布置、工作流程图、设备数据表、回路图等。当然，根据定义，所有处于设计周期之内的信息都是动态信息。

每组信息都需要决定是下列哪种情况：

- 静态
- 动态不需要维护过去版本
- 动态需要维护版本历史
- 所有版本都需要维护
- 只维护特定数目的前期版本

三、保持

所有被指定为需要提交的信息都应该有一个业务用途，当该信息缺失的时候，会对业务产生后果，这个后果的严重性和发生后果的经常性是衡量该信息的重要性以及确定应该投入多大努力及费用保证该信息可用的主要指标。从另一方面考虑，如果由于该信息不可用并没有产生什么后果的话，我们就得认真考虑为什么要把这个信息包括在提交要求里面了，例如我们很难找出理由为什么要提交已经安全到达现场同时成功试车的设备的运输和包装详细信息。当然法律法规可能会要求维护并不具有实际操作价值的信息。

信息保持最少需要建立下面几个等级：

- 基本信息：设施运营需要的信息，没有这些信息，运营和安全可能发生难以承受的风险，这类信息必须在设施的整个生命周期中加以保留。
- 法律强制信息：运营阶段一般情况下不需要使用，但是当产生法律和合同责任时在一定周期内需要存档的信息，这类信息必须明确规定保持周期。
- 阶段特定信息：在设施生命周期的某个阶段建立，在后续某个阶段需要使用，但长期运营并不需要的信息，这类信息必须注明被使用的设施阶段。
- 临时信息：在后续生命周期阶段不需要使用的信息，这类信息不需要包括在信息提交要求中。

在决定每类信息的保持等级的时候，建议要同时定义信息的业务关键性等级，而不仅仅只是给其一个"基础"的等级了事。

7.9 BIM 与信息——企业信息中心的人员构成

过去几十年中，根据业务需要，大多数设计和施工企业基本上积累和发展了两类IT人员（或者团队）。

第一类是传统的IT人员或者叫"基础IT人员"，他们的任务是保证企业的IT系统正常、高效、安全运行，包括解决系统容量规划问题、正常开机时间和性能、通信架构、数据安全和内部系统管理等。

第二类是专业IT人员，他们由既具有工程建设行业专业知识又具有IT技能的人员组成，辅助企业评估和实施面向客户系统，例如BIM、项目管理和项目协同系统等，这一类我们可以称之为"专业IT人员"。

专业IT人员队通常有如下三个层面（图7.9-1）：

● 项目型：为项目团队提供一线专业意见、技术培训和技术支持。

● 战略型：为企业建议、评估和实施新技术和新产品。

● 研发型：通常大型企业会具备某些产品和技术的专家，他们的主要工作是为某个特定的市场、客户或项目开发客户化（或者说定制）解决方案，以提高工作效率和竞争力。

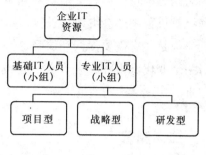

图 7.9-1

专业IT人员在帮助商务经理进行投标方案准备时，评估客户的数字化协同和信息提交要求对企业用人、培训和成本等诸方面影响的过程中能够提供非常有价值的专业意见。随着我国工程建设行业在项目实施过程中对数字协同和信息提交要求的日益合约化，专业IT人员在这方面的作用也将随之日益重要起来。

以上我们从企业IT资源的知识和技术构成对工程建设行业企业信息中心的人员构成进行了一个介绍，如果换一个角度，从企业信息化的工作内容和信息中心的组织架构出发，我们可以得到图7.9-2。

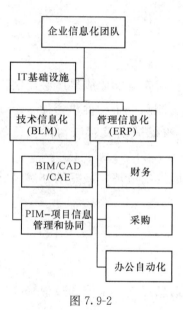

图 7.9-2

企业的信息化团队由IT基础设施、技术信息化和管理信息化三个部分组成，IT基础设施的目标是保证企业IT系统的正常运行，技术信息化的目标是实现建设项目生命周期管理（BLM），管理信息化的目标是实现企业资源的有效计划（ERP）。

7.10 BIM与信息——实施信息提交要考虑的几个关键因素

信息提交的实施必须和硬件、软件、数据通讯以及IT运营的具体情况一致，从而保证高质量信息以合适的形式和格式进行及时创建和提交，同时必须建立适当的访问控制、数据备份和安全措施。

一、配置管理

对于所有的动态信息来说，不管是标准格式还是专用格式，配置管理极其重要。

因为动态信息的内容会随着项目的进展过程逐步发展变化，有一部分甚至在设施运营和维护过程中还会继续生长。

但是，有需要保留和访问这些信息在项目关键时间节点的各种"快照"，以及清楚每一个变化都由什么人负责。在设计和施工过程中，配置管理应该是模型经理的工作职责。

二、测试

应该进行一个初始测试以保证使用的软件能够正确地读写首选信息格式，同时要衡量信息翻译和数据迁移需要的时间。此外对用于维护模型变化记录的软件和技术也要进行相应的测试。

三、记录最佳实践和项目过程

测试完成以后，非常重要的一件事情是详细记录所有为获得期望成果所必需的详细用户实践。例如，对于 BIM 来说，应该建议用户不要去删除一个构件再增加一个新构件，而是去修改这个构件，这样有利于构件唯一 ID 的维护以及对该构件变化的跟踪。

记录和信息提交有关的项目过程有利于新角色和新职责的澄清，最好的办法是针对使用的软件一步一步地写清楚工作指令。

四、员工培训

建议在每个公司的项目团队设立一位专人负责有关信息提交、系统和过程修改以及员工培训和支持等方面的沟通，包括负责新用户的初始化。

不管项目团队成员是否曾经有过将要使用的软件的经验，大家都必须接受有关信息提交计划、相关过程和最佳实践等内容的培训。所有参与信息生产和提交的个人都必须理解下列内容：

- 他们涉及的信息的目的和用途
- 信息的生命周期情况（特别是为满足未来生命周期需求对该信息的要求，以及该信息的即时用途）
- 质量保证事项（如何校验信息）
- 如何创建和使用信息
- 安全事项，包括保密、病毒检查以及备份等

项目团队不是静止不变的，人员经常进进出出，因此需要一个机制来识别和培训新用户。

五、一致性检查

改变一个人的工作方式会受到自然的抗拒,因此,为了保证规定的项目流程得到遵守,必须定期进行一致性检查。

六、持续改进

定期根据用户反馈意见对信息提交计划进行持续改进无论对于鼓励项目流程一致性还是找出更好的工作方法都非常有效。

7.11 BIM 与信息——信息提交的方法、责任和质量管理

信息提交需要为在项目执行过程中信息的创建、管理、使用和交换一致性定义一整套方法,包括:
- 每组特定信息的来源和产生的阶段
- 项目过程中产生的信息在后续生命周期阶段的所有应用
- 每组信息的格式
- 需要的元数据
- 所有信息创建和提交活动明确的责任分配

信息的详细等级应该使接收信息的管理系统能够容纳所有需要的信息。

一、信息提交方法

信息提交的方法某种程度上要取决于需要提交的信息形式,业主可能继续要求以纸质形式提交需要的信息,同时提交数字版本。这种情况在项目信息提交计划中必须给予明确说明。

对于信息的电子化提交,有几种方法可以采用。努力的方向应该使整个项目团队有控制的访问一个共享的精确项目信息库,同时最小化数据冗余、数据重复输入以及花费在使同样信息的多个版本保持一致这个工作上的投入。一些可能的方法包括:

(1) 业主自建系统:业主本身实施一个信息系统,给所有项目成员(包括内部和外部)提供有控制的访问,各个项目成员根据自己的项目职责在要求信息提交的时间节点上传资料,同时获取自身项目活动需要的信息。这种方法被设计用来支持以业主为主的设施生命周期成本和运营优化信息战略,这类系统的缺点是不支持项目团队成员之间所必需的各种信息交换。

(2) 基于业主需求的第三方系统:咨询顾问、项目经理或者承包商建立一个系统

用于记录业主需要的项目信息，然后在项目结束的时候把这个系统提交给业主。这个方法可以在其他外部机构已经建立了良好的基础设施而业主还没有相应条件的情形下使用。其特点和上述业主自建系统一致，对于在设计施工阶段项目成员之间的信息交换仍然不支持。

（3）跨组织系统：咨询顾问、应用服务供应商（ASP）、项目经理或者承包商实施和管理一个共享的信息系统，支持所有项目成员在项目从头至尾的过程中存放项目信息，这种方法和供应链管理及项目实施过程优化战略一致。在这种方法下，提交给业主的信息将是所有积累信息的一个子集。

（4）信息提交作为一个独立的项目交付任务：参与项目的每个机构都用自己的信息系统来管理信息，然后项目成员之间或者向业主定期进行一对一数据交换。在项目交付的时候，有些项目成员被指派回头收集整理业主需要的项目信息。这种方法除了需要支付额外的成本外，也无法支持项目更高层次的协同和集成，这种需要在事后收集信息不受管理的数据交换方法在任何战略下都是不受欢迎的。

二、信息提交的时间计划

信息交换的频率和时间节点需要预先设定，内容包括：
- 是否会有一些特定的里程碑，让所有参与方提交信息？或者信息在整个项目过程中不间断提交？
- 需要进行一些试验性的提交吗？建议尽早测试提交方法以及参与方对提交要求的理解，以避免大量数据的重复工作。
- 如果数据需要转化，这个工作需要多少时间？

三、信息提交责任

一旦要求提交的信息被确定下来以后，项目参与方需要就下列责任达成一致意见：
- 信息创建
- 信息安全
- 信息质量保证
- 第三方信息的收集（例如设备厂商的文档）
- 把信息转换成大家认可的格式
- 附加元数据
- 信息管理系统的实施
- 项目整个过程中的信息管理
- 项目交付时的信息责任

四、信息质量管理

项目信息提交计划应该提供一份信息质量管理框架，说明信息提交的范围、内容、约束、编码、时间安排和过程等，包括：
- 提交的内容是什么？以什么格式？
- 需要的元数据；
- 如何提交信息？如何告知接受者？
- 允许转换校验和检查的时间段；
- 信息的质量要求，保证信息达到质量要求的过程；
- 当发现不正确或不完整数据时必须采取的流程。

五、信息提交物流

信息提交物流方面需要明确下列事项：
- 谁来负责生产每一个要求的信息包？
- 他们什么时候交付这些信息包？
- 他们如何交付这些信息包？
- 谁来接收这些信息包？
- 这些提交的信息包将被存放在什么地方？
- 谁来负责信息的管理和完整性？

7.12 BIM 与信息——不同形式和格式信息的成本与收益

本文中关于信息形式和格式的定义请参见 "7.2 BIM 与信息——信息的形式和格式"。

一、结构化和非结构化形式

标准格式的结构化信息提交在信息技术开发和培训上需要的投资最大，因此，结构化形式应该优先给予那些频繁更新、特别是在多个图形及其他文档上需要使用的信息，如果这些高优先级的信息以结构化形式提供，那么其他文档将会是这些信息的衍生物从而可以自动生成。通过确定这些衍生物就可以减少需要提交文档的数量，从而减少信息管理的成本，以及下游获取、更新和协调多个文档的努力，为整个设施生命周期提供巨大效益。

例如，药厂需要为他们的生产设施维护非常精确的文档，在一个传统的文档系统中,每当流程重新配置,所有图形必须全部更新和协调,包括工艺流程图、概念设计、流程和仪表图、平面布置图等。早在1980年,一些药厂开始探索为生产设施建立结构化数据模型,而不是维护各种各样的图纸。一个实际变化可以在结构化数据模型中一次完成,然后所有必需的图形都可以自动衍生出来。

虽然以结构化形式维护任何信息都有效益,但是对于哪些从来不更新的信息来说效益不大,例如某一个设备的安装说明书,这一类型的信息可以接受使用非结构化形式。

二、专用和标准格式

下一个问题是,专用格式而非标准格式文件是否可以接受。首先要考虑的是,你需要的信息是否存在标准格式?如果有,这个标准有没有相关的软件实施?在没有标准格式的情况下,我们只能使用专用格式。

有很多标准格式处在开发、评审、在软件产品中商业部署的不同阶段,例如:ISO 15926是用于工艺流程工厂设施描述的标准格式,将成为ISO 16739的IFC是用于通用建筑物的标准格式,当然还有一些固定资产例如交通基础设施还没有被这些标准覆盖。

决定专用格式和标准格式的第二考虑因素是信息想要保存的年限。如果信息的生命超过5~10年,那么使用专用格式就会有风险,鉴于新技术发展和老技术废弃的快速步伐,标准格式更可取。在没有标准格式的情况下,必须对专用格式制定明确的保护战略,包括对该格式不间断的监控、当新版本发布的时候进行数据更新、以及当该格式有被废弃的威胁时对数据进行转换。这些数据保护成本的考虑显示出标准格式在生命周期成本上的收益。

反之,如果信息的生命周期非常短的话(低于5年),那么专用格式就可能是一种可以接受而且成本更低的选择,例如,临时设施的结构化信息对拆除和构件的重复利用极其有帮助,但没有必要和整个标准模型一致。

在决定一个标准格式的时候,必须对该标准格式的实际应用程度、可靠实施的有效性以及使用成本进行评估,同时还要考虑谁将会是这些数据的下游用户?这些用户能以合理成本使用支持该标准格式的软件吗?此外,潜在信息提供者的技术知识也是要考虑的关键因素。

假定有一个很全面的标准格式,商业应用软件的支持程度也很高,那么可能的咨询公司、承建商、供货商有能力创建一个完整和精确的模型吗?如果市场上的技术资源水平无法支持最优的信息提交方法,设施业主要么必须提供培训,要么修改自己的信息战略。必须仔细研究短期的培训成本是否超过设施信息采用结构化形式和标准化格式可以得到的收益,这些收益包括:

- 更好的信息
- 更快的访问
- 改善运营和维护生产率

- 改善安全和应急处理能力
- 方便和法规要求一致
- 方便和 ISO 质量登记的文档要求一致

三、格式详细说明书

无论提交的信息是结构化的还是非结构化的、标准的还是专用的，必须精确记录文件的格式和版本，因为即使是国际标准也在不断变化，这可能会带来某些问题，除非下游可以准确地确定所使用标准的版本。

虽然标准格式一般都保持向后兼容，即能够阅读版本 3 的应用软件应该可以阅读版本 1 和 2 的标准格式，但有可能出现技术错误导致不能向后兼容，尽管标准格式出现这类问题的可能性大大小于专用格式，我们无论如何还是希望用户能够明确标准的版本。

第二部分

中国商业地产 BIM 应用研究报告 2010

本部分为中国房地产业协会商业地产专业委员会 2010 年 8 月主持发布、作者牵头负责的《中国商业地产 BIM 应用研究报告 2010》，该报告通过问卷调查的形式，呈现了当前以业主和房地产开发商为主要对象的建筑业主要参与方对建设项目在设计、施工招投标、施工和运营维护阶段存在的主要问题、BIM 的潜在价值和目前应用现状等的反馈情况，以及他们的 BIM 应用计划和期望。

2010中国商业地产
应用研究报告 **BIM**

2010
中国商业地产BIM
应用研究报告

中国房地产业协会商业地产专业委员会

2010年8月

版权声明

中国房地产业协会商业地产专业委员会对《中国商业地产 BIM 应用研究报告 2010》中所有内容（除特别注明信息来源外），包括但不限于：文字表述及其组合、图标、图饰、图表、色彩、版面设计、数据等均享有完整的版权，并受《中华人民共和国著作权法》等相关法律法规和中国加入的所有知识产权方面的国际条约、国际公约等的保护。

任何单位、组织或个人对《中国商业地产 BIM 应用研究报告 2010》的内容进行复制、修改、抄录、转载、引用或传播等任何形式的使用，都应注明真实出处"来源：中国房地产业协会商业地产专业委员会《中国商业地产 BIM 应用研究报告 2010》"。违者，将依法追究其法律责任。

特此郑重声明！

中国房地产业协会商业地产专业委员会
通信地址：北京市海淀区翠微南里 8 号楼
邮　　编：100036
电　　话：010-68176754
传　　真：010-68176754
电子邮件：cccrea@sina.com

BIM 项目负责人：何关培
电子邮件：heguanpei@hotmail.com
中国房地产业协会商业地产专业委员会有关 BIM 技术的问题可直接与 BIM 项目负责人联系。

《中国商业地产BIM应用研究报告2010》工作委员会

主持发布机构	中国房地产业协会商业地产专业委员会
行业指导委员会	朱中一　肖晓俭　顾建平　房　超　李　明　刘晓钟 董少宇　韩建徽　邢和平　蔡　云　沈耀明　蔡鸿岩
专家委员会	
主任委员	李云贵
委　员	马智亮　王国俭　葛　清　何关培　于晓明 李　刚（Elvis，香港）　叶燕勇（Y.Y.Yip，香港）
编委会主任	何关培
编委会副主任	李刚（Elvis）　何　波　黄亚斌
编委会委员	张家立　王轶群　应宇垦　李　雪　张晓阳　魏朝凌　谢　宜　杨　帆
执行机构	广州优比建筑咨询有限公司
支持机构	上海中心大厦建设发展有限公司 同济大学建筑设计研究院 深圳思贝德软件咨询有限公司 广州南方建筑设计研究院成都分院 上海优建建设工程咨询公司 北京柏慕进业工程咨询有限公司
官方媒体	新浪乐居 中国BIM门户网站www.chinaBIM.com 楼市杂志
法律顾问	康小鹈

前言

房地产行业高速运行20年中，随着社会对其使用质量要求的不断提高，新技术、新工艺被广泛用于房地产开发的各个领域。

经过21世纪近十年的快速发展，BIM技术（英文全称：Building Information Modeling，中文名称：建筑信息模型）已经成为建筑业向技术向管理要效益的主要支撑技术和方法。专家预计，BIM将为房地产开发带来一次全面的信息革命。对于商业地产而言，BIM的应用贯穿于整个项目全生命周期的各个阶段：策划、设计、招投标、施工、租售、运营维护和改造升级，实现项目全程信息化管理。

在美欧、日本以及我国香港地区，BIM技术已经广泛应用于各类型房地产开发；在美国等经济发达国家和地区，已经出台相应的BIM国家标准。在我国，BIM建筑信息模型作为一个重要项目，从"十一五"开始已经列入科技部建设部国家科技攻关计划。

为了提高全行业科技水平和核心竞争力，使行业发展更加有序，提高生产效率，中国房地产业协会商业地产专业委员会计划从2010年开始每年组织研究和发布《中国商业地产BIM应用研究报告》，用于指导和跟踪商业地产领域业主、设计、施工等相关行业BIM技术的应用和发展。

中国房地产业协会商业地产专业委员会

目　　录

1. 商业地产和 BIM 236
   1.1 商业地产的特点 236
   1.2 什么是 BIM 237
   1.3 BIM 的价值 237
   1.4 BIM 的位置 238
   1.5 本报告的目的 240

2. BIM 问卷调研结果统计分析 241
   2.1 概述 241
   2.2 设计阶段 241
      2.2.1 在设计阶段有否因图纸的不清或混乱而引至项目或投资上的损失？ 241
      2.2.2 BIM 信息模型技术是否比 CAD 和可视化能让发展商和业主更容易了解
　　　　和参与设计方案的探讨论证？ 242
      2.2.3 您认为对设计的物业性能是否需要有更深入和科学化的分析？ 242
      2.2.4 后期项目参与方是否应该在设计的早期介入及提供意见？ 242
      2.2.5 您认为在设计阶段引入独立的 BIM 咨询服务进行设计审计对项目的
　　　　整体投资效益（包括质量、工期、造价等）是否有帮助？ 242
      2.2.6 其他在设计阶段期望得到的改进，请说明。 242
   2.3 施工招标阶段 243
      2.3.1 在过去的项目中，是否有招标图纸中存在重大错误（改正成本超过
　　　　100 万元人民币）的情况？ 243
      2.3.2 您认为在施工招标阶段引入综合管线图、结构预留孔洞图及施工方案
　　　　4D 模拟对整体的项目风险控制有帮助吗？ 243
      2.3.3 贵单位曾经提供过综合管线图（CSD）吗？ 243
      2.3.4 贵单位曾经提供过结构预留孔洞图（CBWD）吗？ 243
      2.3.5 贵单位曾经使用过形象化和量化手段对投标施工方案进行模拟、
　　　　分析、优化吗？ 243
      2.3.6 其他在招标阶段期望得到的改进，请说明。 243
   2.4 施工阶段 244
      2.4.1 您认为利用现场动态跟踪技术如 RFID 做实际进度和计划进度的比较，

　　　　是否会减低施工延误等风险？······················ 244
　2.4.2　您认为利用动态记录技术如智能手机做重点环节和隐蔽工程记录是否
　　　　会帮助日后维护及管理工作？······················ 244
　2.4.3　您认为利用动态收集和记录技术如 RFID 及智能表格作检查及记录，
　　　　是否会加强对施工质量的管理？····················· 244
　2.4.4　您认为利用收集和记录技术如 RFID 及智能表格掌握每天工程量完成
　　　　情况和成本费用数据是否有利于加强成本控制？··············· 244
　2.4.5　其他在施工阶段期望得到的改进，请说明：················ 244
2.5　运营维护阶段······························· 244
　2.5.1　您认为是否需要从设计和施工成果中自动获取项目信息，为项目
　　　　运营维护服务？··························· 244
　2.5.2　其他在运营阶段期望得到的改进，请说明。················ 245
2.6　对 BIM 的了解程度···························· 245
　2.6.1　作为发展商或业主，您对 BIM 的了解程度················ 245
　2.6.2　如果您对 BIM 有所了解，请列出您认为 BIM 能够帮助开发商和业主
　　　　解决的主要问题或带来的主要价值····················· 245
2.7　BIM 的应用计划或期望··························· 246
　2.7.1　贵单位 2010 年内有使用 BIM 的可能吗？················ 246
　2.7.2　在具备什么主要条件的情况下，贵单位会在项目中使用 BIM？········ 246
　2.7.3　如果贵单位在项目中使用 BIM，最希望得到哪 3 个方面的价值？······· 246
　2.7.4　您理想中开发商或业主的 BIM 使用方式应该是什么样的？········· 246

3. BIM 在商业地产中的应用案例······················ 247
3.1　成本控制难度大······························ 247
3.2　信息量大，有效传递难度大························· 248
3.3　行业整体生产力水平较低·························· 248

4. 商业地产 BIM 实施策略建议······················ 251
4.1　信息不能互用的成本-业主占 85%····················· 251
4.2　应用 BIM 的价值-70％业主 BIM 投资获得回报················ 252
4.3　业主 BIM 实施策略建议·························· 252
　4.3.1　制定企业 BIM 战略·························· 252
　4.3.2　建立 BIM 管理团队·························· 253
　4.3.3　建立 BIM 应用环境·························· 253
　4.3.4　设立 BIM 合同条款·························· 253
　4.3.5　审核 BIM 实施过程和提交成果····················· 254
4.4　业主 BIM 实施的商业模式························· 254
4.5　业主 BIM 应用路线图··························· 254

5. 附录

5.1 调研方法 ... 255
5.2 专家委员会 ... 255
5.3 调查问卷 ... 258
第一部分：单位基本资料 ... 258
第二部分：项目设计、施工、运营过程中希望得到的改进 ... 258
第三部分：对 BIM 的了解程度 ... 261
第四部分：BIM 的应用计划或期望 ... 261
第五部分：结尾 ... 262

1. 商业地产和 BIM

1.1 商业地产的特点

众所周知，商业地产项目和一般的地产项目比较起来有其自身的一些特点，例如：

- 单个项目的规模都比较大
- 项目的设计、建造和使用的复杂程度普遍都比较高
- 项目对工期的要求更加严格
- 项目在生命周期内由于使用和功能要求需要改建的次数多
- 业主自己持有和运营的比例比较高，项目性能直接影响投资收益
- 如果需要销售，以整体出售方式和机构客户为主
- ……

这些特点直接导致工程建设项目中普遍存在的问题对进度、造价、质量以及运营回报的影响被放大，有时甚至会出现致命错误，严重影响业主的投资收益：

- 策划阶段：如何找到对投资回报最有利的设计方案？
- 设计阶段：利用传统手段（CAD、效果图、动画）进行专业之间的协调随着项目复杂程度的增加开始由比较困难变成非常困难甚至不太可能。
- 招投标阶段：业主如何提供没有错误的招标图？如何尽可能消灭设计变更？如何综合评价投标方案的经济技术指标和投标企业的技术水平？
- 施工阶段：如何预先找到关键施工难题并对此进行可建性分析以减少现场停工返工？如何进行有效的施工组织和计划？如何跟踪每天的进度？如何管理和协调预制构件或部件的设计、加工、运输、存放、安装问题？如何跟踪每天的资金需求？
- 租售阶段：如何让客户通过互联网身临其境地了解项目的周边环境、空间布置、室内设计、机电系统等客户关心的问题？如何跟客户互动提供客户需要的商业空间？
- 运营阶段：如何实现项目的最佳设计性能价格比？如何使各种系统达到最优运营状态？如何预防和快速有效处理各类使用中出现的故障和问题？如何进行诸如火灾、地震、恐怖袭击等各类应急事件的处理？
- 改建阶段：如何快速提供改建方案？如何评估改建对原有建筑物的影响和衔接？
- 出让阶段：如何提供完整项目信息支持项目价值评估？
- ……

应该说，上述每件事情都非常重要，也非常专业，涉及项目的各类不同利益相关方，而且每件事情都直接影响到业主的项目投资收益。

那么是否存在这样的方法或者技术能够使得商业地产项目生命周期内各个阶段的工作都能提高一个档次，从而实现业主的投资回报最大化呢？

美国建筑业用户圆桌会议（CURT - The Construction Users RoundTable）在其编号为 WP-1202 的行业白皮书中为解决上述建筑业存在的普遍问题提供了四点建议：

- 业主的领导力
- 集成的项目结构

- 开放的信息共享
- 虚拟建筑信息模型（BIM）

BIM就是其中的核心技术或者方法之一。

1.2 什么是BIM

BIM（英文全称：Building Information Modeling，中文直译：建筑信息模型，中文含义：多维工程信息模型，以下简称BIM）可以理解为建设项目的一个完整的信息承载器，而且这些信息具有协调性（Coordinated）、一致性（Consistent）和可计算性（Computable），除几何信息以外，还可以存储材料、造价、工法、使用等各类信息。BIM将逐步使建筑业的生产和运营管理方式转变为"三维构思（BIM概念模型）-三维设计（BIM设计模型）-三维建造（BIM施工/竣工模型）-三维运营（BIM运营管理模型）"。

集成的BIM模型可以支持项目所有参与方在项目各个阶段的业务决策，如下图：

BIM既不仅仅是比CAD更先进的另外一种软件，也不仅仅是建筑物的一个数字模型（那只是BIM的其中一个结果）。BIM是一种技术、一种方法、一种过程，BIM把建筑业业务流程和表达建筑物本身的信息更好地集成起来，从而提高整个行业的效率。美国联邦政府统计说明，在目前的情况下合适地使用BIM可以让建设项目节省5%~12%的投资。

BIM在项目策划、设计、施工、运营过程中的应用可举例如下：

- 精确的成本控制和管理：从概念到完工过程任何阶段的实时成本计算；
- 直观、便捷的进度管理：4D/5D模拟（BIM模型和进度计划及造价信息集成）优化施工方案、提高工厂化比例、快速解决施工现场的突发问题；
- 高效的建设环境校核：集成BIM模型支持对组织、金融、法律、规范的自动检查；
- 高效的可持续建筑分析：利用BIM模型进行多种可持续分析、模拟；
- 克服劳动力技术力量短缺、教育和语言障碍：精益施工、帮助项目团队培训和沟通；
- 更有效的设计协调和评估：多专业协调、碰撞检查、空间分析、多方案比较、运营模拟；
- 更有效的物业和信息资产管理：完整一致的竣工模型，快速生成物业管理数据库，快速评估维修、重建、改建对物业的影响。

1.3 BIM的价值

BIM经过21世纪第一个十年在全球工程建设行业的实际应用和研究，已经被证明是未来提升建筑业和房地产业技术及管理升级的核心技术。美国建筑科学研究院（NIBS - National Institute of Building Sciences）在2007年颁布美国国家BIM标准第一版第一部分。

根据上述美国国家BIM标准的资料，建筑业的无效工作（浪费）高达57%，而制造业的这个数字是26%，两者相差31%。如果建筑业通过技术升级和流程优化能够达到目前制造业的水平，按照美国2008年12800亿美元的建筑业规模计算，每年可以节约将近4000亿美元。美国BIM标准为以BIM技术为核心的信息化技术定义的目标是到2020年为建筑业每年节约2000亿美元。

我国近年固定资产的投资规模为10万亿人民币左右，其中60%依靠基本建设完成，生产效率与发达国家比较也还存在不小差距，如果按照美国建筑科学研究院的资料来进行测算，通过技术和管理水平提升可以节约的建设投资将是惊人的。

我国工程建设行业从 2003 年开始 BIM 技术在实际工程项目中的应用及研究工作，国家"十五"科技攻关和"十一五"科技支撑计划中均包含了关于 BIM 技术的研究内容，北京奥运会和上海世博会个别项目的建设和管理都在不同程度上使用了 BIM 技术。目前，我国已经拥有了一定数量在一定程度上应用过 BIM 技术的业主、设计和施工企业，国内主流的科研院校也已经在不同范围内开展以 BIM 技术为研究方向的本科生、研究生和博士生培养工作。

但是 BIM 技术和目前已经普及使用的 CAD 技术有着本质的区别，BIM 不是靠一个软件和一个技术人员能够完成的工作，BIM 的关键是所有项目成员在一定规则下使用各自工种和专业不同的软件，协同建立统一的项目信息模型，而这个信息模型又为后续工种和专业的决策提供该工程项目的核心数据。也就是说，BIM 的应用涉及不同的项目阶段、不同的项目参与方以及不同的应用深度，BIM 对项目建设和管理的价值取决于项目模型信息采集和利用的深度及广度。因此，项目业主的领导力和所有项目成员的广泛参与是 BIM 价值最大化的必要条件。

1.4 BIM 的位置

BIM 在工程建设行业的信息化技术中并不是一个孤立的存在，大家耳熟能详的就有 CAD、可视化、CAE、GIS 等，那么 BIM 到底处在一个什么位置呢？

当 BIM 作为一个专有名词进入工程建设行业的第一个十年到来的时候，其知名度正在呈现爆炸式的扩大，但对什么是 BIM 的认识却也是林林总总，五花八门。

在众多对 BIM 的认识中，有两个极端尤为引人注目。其一是把 BIM 等同于某一个软件产品，例如 BIM 就是 Revit 或者 Archi-CAD；其二是认为 BIM 应该囊括跟建设项目有关的所有信息，包括合同、人事、财务信息等。

要弄清楚什么是 BIM，首先必须弄清楚 BIM 的定位，那么 BIM 在建筑业究竟处于一个什么样的位置呢？

我国建筑业信息化的历史可以归纳为每十年解决一类问题：

● 六五~七五（1981~1990）：解决以结构计算为主要内容的工程计算问题（CAE）；

● 八五~九五（1991~2000）：解决计算机辅助绘图问题（CAD）；

● 十五~十一五（2001~2010）：解决计算机辅助管理问题，包括电子政务（e-government）和企业管理信息化等。

十一五结束以后的建筑业信息化情况可以简单地用下面这张图来表示：

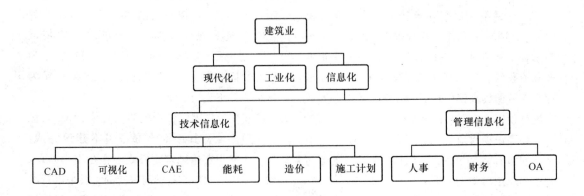

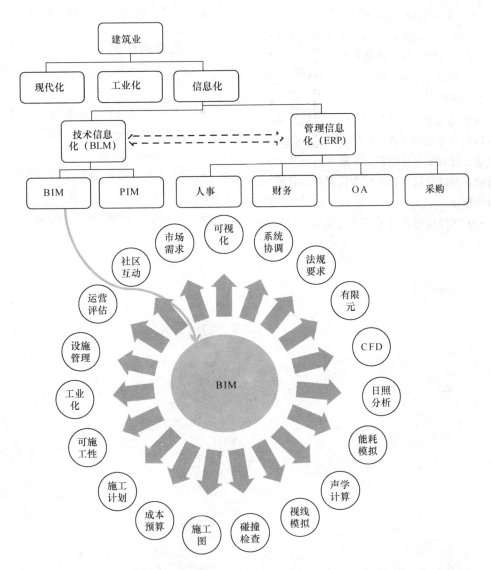

用一句话来概括就是：纵向打通了，横向没打通。从宏观层面来看，技术信息化和管理信息化之间没关联；从微观层面来看，例如，CAD 和 CAE 之间也没有关联。

换一个角度也就是，接下来建筑业信息化的重点应该是打通横向。而打通横向的基础来自于建筑业所有工作的聚焦点就是建设项目本身，不用说所有技术信息化的工作都是围绕项目信息展开的，即使管理信息化的所有工作同样也是围绕项目信息展开的，是为了项目的建设和营运服务的。

就目前的行业发展趋势分析，BIM 作为建设项目信息的承载体，作为我国建筑业信息化下一个十年横向打通的核心技术和方法之一已经没有太大争议。

基于对我国建筑业信息化发展和 BIM 技术的理解，我们可以用下面这张图来描述 BIM 在建筑业的位置：

现代化、工业化、信息化是我国建筑业发展的三个方向，建筑业信息化可以划分为技术信息化和管理信息化两大部分，技术信息化的核心内容是建设项目生命周期管理（BLM - Building Lifecycle Management），企业管理信息化的核心内容则是企业资源计划（ERP -

239

Enterprise Resource Planning）。

如前所述，不管是技术信息化还是管理信息化，建筑业的工作主体是建设项目本身，因此，没有项目信息的有效集成，管理信息化的效益也很难实现。

BIM 通过其承载的工程项目信息把其他技术信息化方法如 CAD/CAE 等集成了起来，从而成为技术信息化的核心、技术信息化横向打通的桥梁以及技术信息化和管理信息化横向打通的桥梁。

我们可以这样预计中国建筑业信息化的未来十年：

- 十二五～十三五（2011～2020）：BIM

1.5 本报告的目的

《中国商业地产 BIM 应用研究报告》的目的如下：

- 了解建设项目特别是商业地产以及公共建筑等复杂项目开发商和业主对 BIM 技术的熟悉、需求和应用程度；
- 为上述开发商和业主了解和应用 BIM 技术提供参考和指导；
- 为 BIM 软件和服务供应商提供参考。

2. BIM 问卷调研结果统计分析

本次调研共收集调查问卷 65 份，调研结果按问卷顺序说明如下。

2.1 概述

（1）设计阶段

近八成的受访者碰到由于设计图纸问题而引起的项目或投资损失的情况，其中半数受访者认为损失超过建造投资的 1%，14% 的受访者认为损失超过 5%。

认为项目后期参与方（施工、预制加工、供应商、运营商等）应该在项目设计的早期介入，要求对物业性能进行更深入更科学的研究，以及认为 BIM 能够支持业主和开发商了解和参与项目设计方案论证的受访者都超过八成。

三分之一的受访者认为引入独立 BIM 服务对设计进行审核对项目总体投资效益有帮助。

（2）招标阶段

约半数受访者碰到过改正成本超过 100 万元人民币的招标图纸问题，八成以上的受访者认为基于三维模型的 4D 模拟、综合管线图、结构预留孔洞图等可以有效控制项目风险，但是使用过综合管线图和结构预留孔洞图的不到一半，而使用过形象化、量化手段进行模拟、分析、优化的更是不足四分之一。

（3）施工阶段

七成受访者认为使用 RFID、智能手机等技术对现场施工情况进行记录和跟踪有利于项目质量、工期、造价和风险控制。

（4）运营阶段

接近八成的受访者认为应该从设计和施工过程中获取运营维护所需要的信息，而目前回答能够自动获取的只有 20%，55% 的受访者回答目前运营维护信息依靠人工重新输入。

（5）对 BIM 的了解程度、应用计划及期望

六成受访者听说过 BIM，但只有两成认为 2010 年有可能使用 BIM。项目复杂、有 BIM 人才和费用合理是企业选择使用 BIM 的最主要理由。控制成本、提高预测能力和缩短工期是受访者最希望通过 BIM 得到的价值。委托设计方、委托专业 BIM 咨询服务公司或开发商自己建立队伍是对业主/开发商应用 BIM 方式最多的三种选择。

2.2 设计阶段

2.2.1 在设计阶段有否因图纸的不清或混乱而引至项目或投资上的损失？

在设计阶段有否因图纸的不清或混乱而引至项目或投资上的损失？

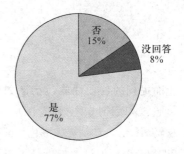

请估计此项损失占项目建造投资的比例

2.2.2 BIM 信息模型技术是否比 CAD

请估计此项损失占项目建造投资的比例

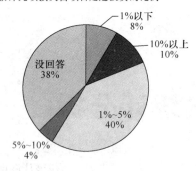

和可视化能让发展商和业主更容易了解和参与设计方案的探讨论证？

BIM技术是否能让发展商和业主更容易了解和参与设计方案的探讨论证？

2.2.3 您认为对设计的物业性能是否需要有更深入和科学化的分析？

您认为对设计的物业性能是否需要有更深入和科学化的分析？

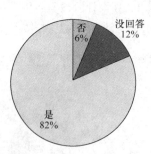

上面提到的物业性能包括诸如结构、视线、日照、采暖通风、空调、消防、疏散、照明、材料消耗、能源消耗、绿色认证等。

2.2.4 后期项目参与方是否应该在设计的早期介入及提供意见？

2.2.5 您认为在设计阶段引入独立的

后期项目参与方是否应该在设计的早期介入及提供意见？

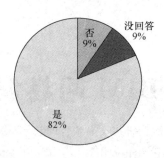

BIM咨询服务进行设计审计对项目的整体投资效益（包括质量、工期、造价等）是否有帮助？

您认为在设计阶段引入独立的BIM咨询服务进行设计审计对项目的整体投资效益（包括质量、工期、造价等）是否有帮助？

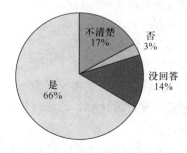

2.2.6 其他在设计阶段期望得到的改进，请说明。

受访者回答的内容如下：
- 加强沟通
- 过程变更应反映变更前后情况
- 更为全面合理的分析
- 图纸交付更完善些，综合考虑更合理些。
- 与客户多交流，了解客户的想法及时改进设计
- 能准确模拟工程
- 综合协调能力
- 对基地的各方的了解，对空间形态的把握
- 加强各方面专业的合作
- 深化设计

- 图纸设计更合理，明了
- 质量
- 施工材料的统计
- 建筑与其他专业接口
- 细节方面更生动具体
- 完善深化设计，不要出现变更现象，会使施工方及业主出现大量浪费
- 图纸质量、功能组合及区分、效益分析
- 可以提前预警诸如管线碰撞等错误
- 各专业之间的协调

2.3 施工招标阶段

2.3.1 在过去的项目中，是否有招标图纸中存在重大错误（改正成本超过 100 万元人民币）的情况？

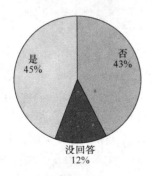

2.3.2 您认为在施工招标阶段引入综合管线图、结构预留孔洞图及施工方案 4D 模拟对整体的项目风险控制有帮助吗？

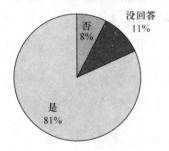

2.3.3 贵单位曾经提供过综合管线图（CSD）吗？

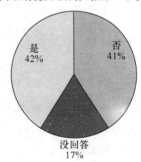

2.3.4 贵单位曾经提供过结构预留孔洞图（CBWD）吗？

2.3.5 贵单位曾经使用过形象化和量化手段对投标施工方案进行模拟、分析、优化吗？

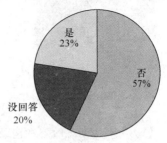

2.3.6 其他在招标阶段期望得到的改进，请说明。

以下是受访者回答的内容：
- 所有图纸均能准确指导施工
- 提高各工种的配合

- 详细
- 对设计图的管理及后续跟进
- 招标文件修改处愈少愈好
- 工程量及物资的细化
- 用来招标的图纸是完善的,后期没有大的修改。

2.4 施工阶段

2.4.1 您认为利用现场动态跟踪技术如RFID做实际进度和计划进度的比较,是否会减低施工延误等风险?

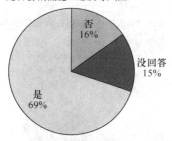

您认为利用现场动态跟踪技术如RFID做实际进度和计划进度的比较,是否会减低施工延误等风险?

否 16%
没回答 15%
是 69%

2.4.2 您认为利用动态记录技术如智能手机做重点环节和隐蔽工程记录是否会帮助日后维护及管理工作?

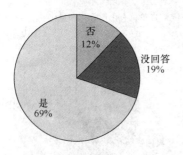

您认为利用动态记录技术如智能手机做重点环节和隐蔽工程记录是否会帮助日后维护及管理工作?

否 12%
没回答 19%
是 69%

2.4.3 您认为利用动态收集和记录技术如 RFID 及智能表格作检查及记录,是否会加强对施工质量的管理?

2.4.4 您认为利用收集和记录技术如RFID及智能表格掌握每天工程量完成情况和成本费用数据是否有利于加强成本控制?

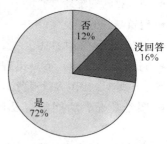

您认为利用动态收集和记录技术如RFID及智能表格作检查及记录,是否会加强对施工质量的管理?

否 12%
没回答 16%
是 72%

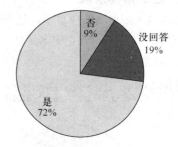

您认为利用收集和记录技术如RFID及智能表格掌握每天工程量完成情况和成本费用数据是否有利于加强成本控制?

否 9%
没回答 19%
是 72%

2.4.5 其他在施工阶段期望得到的改进,请说明:

以下是受访者对此问题回答的内容:

- 遇到问题可直接有效的解决
- 不确定及不能预期因素太多
- 预算与实际成本及工程量完成情况的具体信息
- 对现场情况的把握
- 成本控制,施工质量,进度
- 成本管理
- 如果从施工角度分析还是利润越大越好,工程越简单越好
- 设计、强弱电、风、水、监理、业主对进度计划的认识水平及执行力在同一水平是最理想的
- RFID 须与中国国内施工现状匹配,粗放型管理的扭转需更多时间

2.5 运营维护阶段

2.5.1 您认为是否需要从设计和施工成

果中自动获取项目信息,为项目运营维护服务?

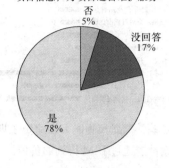

您认为是否需要从设计和施工成果中自动获取项目信息,为项目运营维护服务?
- 否 5%
- 没回答 17%
- 是 78%

目前运营维护的项目信息如何获取?
- 软件自动转换 20%
- 没回答 25%
- 人工重新输入 55%

2.5.2 其他在运营阶段期望得到的改进,请说明。

以下是受访者对此问题的回答:
- 用户都能得到详细的设计图纸方便使用
- 通常使用情况和设计不太一致
- 对市场的分析
- 信息的分析、展现
- 复杂建筑
- 整体系统/平台架构

2.6 对 BIM 的了解程度

2.6.1 作为发展商或业主,您对 BIM 的了解程度

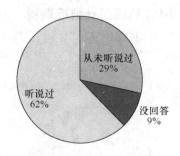

作为发展商或业主,您对BIM的了解程度
- 从未听说过 29%
- 听说过 62%
- 没回答 9%

2.6.2 如果您对 BIM 有所了解,请列出您认为 BIM 能够帮助开发商和业主解决的主要问题或带来的主要价值

关于这个问题的反馈意见罗列如下,基本相同的内容进行了合并,由括号中的重复次数表示:

- 可视化介绍、分析、易于汇报,使许多外行业主及管理人员比较直观了解工程,减少沟通误差(9次重复)
- 设定数值,检测不满足净高或间距的位置,管线综合,解决专业交叉之间带来的矛盾(即碰撞检查)(9次重复)
- 提供材料清单,有利于成本控制(7次重复)
- 有利于施工组织,有利于工期管理(5次重复)
- 优化设计,重复使用设计,提高设计效率(5次重复)
- 便于工程管理,提高工程质量(4次重复)
- 动态控制,变更便利(2次重复)
- 维修或竣工后保养时,能提供系统性的资料(2次重复)
- 设计更准确,沟通无障碍
- 采购更准确,沟通无障碍
- 施工更准确,沟通无障碍
- 运营更准确,沟通无障碍
- 建筑生命全周期管理
- 更清晰,生动的向业主提供设计方案
- 提早了解工程的实际情况
- 预留孔洞
- 自动生成数据
- 提高标准化程度
- 不了解,在快餐式的住宅设计中,无用武之地

- 综合性分析，专业测评等

2.7 BIM 的应用计划或期望

2.7.1 贵单位 2010 年内有使用 BIM 的可能吗？

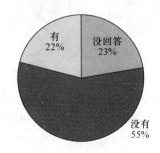

2.7.2 在具备什么主要条件的情况下，贵单位会在项目中使用 BIM？

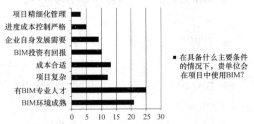

有 BIM 人才、BIM 应用环境成熟和费用合理是企业选择使用 BIM 的最主要条件。

2.7.3 如果贵单位在项目中使用 BIM，最希望得到哪 3 个方面的价值？

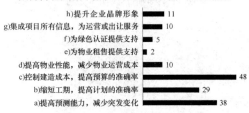

控制成本、提高预测能力和缩短工期是最多受访者最希望通过 BIM 得到的价值。

2.7.4 您理想中开发商或业主的 BIM 使用方式应该是什么样的？

委托设计方、委托专业 BIM 咨询服务公司或开发商自己建立队伍是对业主/开发商应用 BIM 方式最多的三种选择。

3. BIM 在商业地产中的应用案例

上海中心项目位于上海浦东陆家嘴地区，主体建筑结构高度为 580 米，总高度 632 米，共 121 层，建成后有望成为新的中国第一高楼，在世界超高层建筑中排名前三。

上海中心总建筑面积 57.6 万平方米，其中地上建筑面积 38 万平方米，绿化率 33%。总投入将达 148 亿元，项目预计在 2012 年 12 月低区办公及裙房部分试营业，2013 年 12 月主楼结构封顶，2014 年 12 月竣工交付使用，建设周期为 72 个月。

上海中心围绕可持续发展的设计为理念，力求在建筑的全生命周期，实现高效率的资源利用，把对环境的影响降到最低。大厦以中国绿色建筑和美国 LEED 绿色建筑认证体系为目标，力争成为中国第一座得到"双认证"的绿色超高层建筑。

上海中心项目沿用了目前国内普遍采用的"设计-招标-建造"的项目管理模式，按照线性顺序进行设计、招标、施工的管理工作。上海中心大厦建设发展有限公司作为上海中心项目的建设单位，在项目开发建设过程中面临巨大的挑战：

3.1 成本控制难度大

项目复杂，不同的参与方在不同阶段参与项目，设计与施工的协调困难导致潜在的变更风险大，造成的项目返工和延误将使建设单位利益受损。同时，建设周期长使得建设单位管理的成本相对较高，也易导致投资成本失控。而且，上海中心大厦建设发展有限公司还负责建成后的运营工作，如何提高建筑运营的管理水平，控制运营成本也是公司关注的问题。

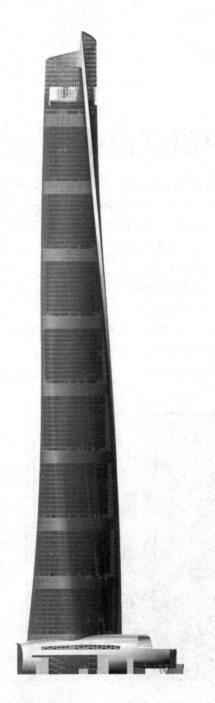

等，信息量大且缺乏有效的管理。如何保证所有资料的高效传递、权限准确、版本一致、历史纪录有据可查，成为必须解决的问题。

3.3 行业整体生产力水平较低

建筑业整体生产力水平较低，行业整体经济效益、劳动生产率、队伍综合素质、资金融运能力、国际市场竞争能力以及科技管理水平比较低。上海中心作为我国在建的最高的地标性建筑物，设计施工技术难点多，项目管理难度大，需要更多新技术的支持，以提高企业市场竞争力，进而带动和影响行业的发展。

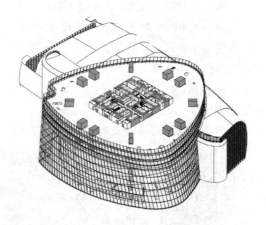

因此，为了提升上海中心项目的工程信息管理水平，保证项目的顺利推进，上海中心大厦建设发展有限公司提出建立基于BIM的工程信息管理系统，从建筑的全生命周期的角度出发，以现代信息技术为手段，在建筑的设计、施工、运营全过程中有效地控制工程信息的采集、加工、存储和交流，用经过处理的信息流指导和控制项目建设的物质流，支持项目管理者进行规划、协调和控制。

上海中心项目从2008年底开始全面规划和实施BIM技术，通过与项目设计方、施工方和业内专家的合作，推动项目在设计和施工过程中全方位实施BIM技术。

上海中心项目的方案&扩初设计总包为美国Gensler建筑设计事务所，负责建筑设计。上海中心大厦塔楼设计采用螺旋双曲面玻

3.2 信息量大，有效传递难度大

上海中心项目的规模非常庞大，涉及的设计、顾问、施工、供应商、监理等单位众多，彼此之间的信息传递线路极为复杂、沟通困难。产生的文件和数据数量惊人，图纸、说明书、分析报表、合同、变更单、施工进度表

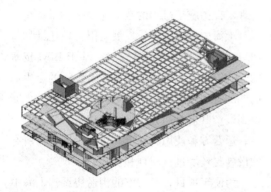

璃幕墙，形体空间很复杂，Gensler 设计公司会同其结构设计分包 TT，采用 BIM 设计理念，不仅解决了复杂曲面的平立面定位的问题，而且基于 BIM 技术的三维设计协调，确保了建筑与结构专业的协同工作。

在扩初阶段结束后，Gensler 将生成的 BIM 设计模型传递给了负责项目施工图设计的同济大学建筑设计研究院。同济建院在着手进行施工图设计之初就充分认识到在如此复杂的工程中应用 BIM 的重要性，特别成立了 BIM 工作小组，利用 BIM 的所见即所得的设计方式，来配合施工图的设计。

在传统二维绘图方式中，很多空间碰撞的问题被忽视，设计师们基于二维图纸的沟通费时、费力、还无法保证图纸质量，而三维设计方式可以立体直观地展示空间的变化，基于 BIM 的工作方式通过三维模型的冲突检测，快速发现问题并予以解决，保证了设计图纸的质量，提高了设计效率。

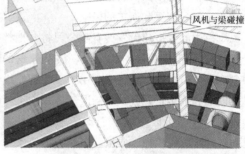
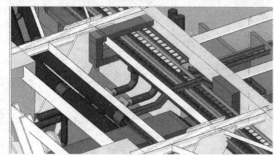
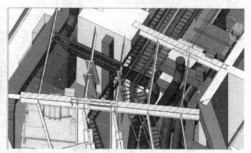

同济建院在设计上海中心项目地下室的过程中，应用 BIM 工具创建了地下室建筑和结构模型，并通过模型的碰撞检测，发现了数以百计的二维图纸各专业设计冲突的问题，如在 3# 坡道出地面部分，就可以轻易地发现坡道和梁的碰撞以及柱帽在坡道中所占空间的问题。

这些设计问题的及时解决，确保了提交的施工图的质量。最终，地下室 17 万平方米的建筑结构施工图，在施工方进行施工深化的过程中没有发现一个专业不协调的问题，这在使用传统 CAD 技术的项目中几乎是不可能做到的。

同时，上海中心项目的机电部分系统复杂，设备管道数量众多，设计协调工作显得尤为重要。同济建院已开始应用 BIM 技术进行

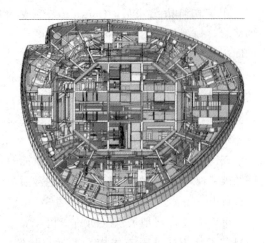

机电设计,通过三维设计手段解决管线综合的问题。

BIM技术解决了长久以来需要花费许多资源去解决的施工阶段出现的设计图纸错误的问题,将施工图纸的低级错误降低到最少,大大减少了项目变更和返工的风险。

上海中心大厦建设发展有限公司将会把整个BIM设计模型传递给施工方,模型数据的重复利用,可以省却在各方应用中重新创建模型的时间和成本,并且减少错误。进入施工阶段,BIM模型可以继续用于支持施工的方案优化、四维施工模拟、质量监控及施工现场的管理,提高施工过程的数字化水平。

上海中心大厦建设发展有限公司还计划将BIM模型应用到运营阶段时,基于BIM技术的运营管理方案更加关注资产及设施的全生命周期的管理,保证业主投资的有效回报,不断得到资产升值,而且实现可视化管理,方便业主、运营方和使用者从不同角度出发,对所有的设施与环境进行规划和优化。

为便于项目各参与方的沟通协调,上海中心大厦建设发展有限公司建立了项目跨企业边界的网上文档协同管理平台,保证项目所有信息的准确传递和版本一致,提高各参与方交流沟通和协同工作的效率,实现建筑全生命周期管理。

从建筑的全生命周期管理这个角度出发,在上海中心项目上应用基于BIM的工程信息管理系统将帮助建设单位更好地控制工程质量、进度和费用,保证项目的成功实施,得到完整的BIM数据库,达到项目全生命周期内的技术和经济指标最优化。上海中心大厦建设发展有限公司相信上海中心项目必将成为国内BIM技术应用的典范,为促进行业技术进步和科技创新发挥巨大的作用。

4. 商业地产 BIM 实施策略建议

4.1 信息不能互用的成本-业主占 85%

2004 年美国标准和技术研究院（NIST-National Institute of Starndards and Technology）发布了一个关于工程建设行业由于信息互用问题导致成本增加的专门研究报告 "Cost Analysis of Inadquate Interoperability in the U.S. Capital Facitilies Industry"，该报告指出，即使按照非常保守的数据统计，2002 年美国商业建筑、工业建筑和公共建筑（不包括住宅和基础设施）由于信息不能互用而带来的额外成本增加高达 158 亿美元，其中的 85% 发生在业主身上。如下图所示：

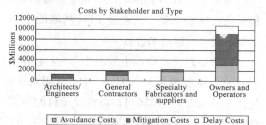

Figure 1：Cost by Stakeholder and Type

Figure 2：Cost by Stakeholder and Phase

该图分别按成本类型和项目阶段对信息不能互用的成本进行了统计，其中成本的三个类型分别为：

● Avoidance Costs：为防止或最小化信息不能互用的影响而产生的成本；

● Mitigation Costs：应对信息不能互用问题发生的成本；

● Delay Costs：处理由于信息不能互用而导致延迟完工或设施不能正常使用需要的成本。

而麦克格劳·希尔（McGraw-Hill Construction）又在 2007 年发布了一个关于建筑业互用问题的研究报告 "Interoperability in the Construction Industry"，根据该报告，数据互用性不足给整个项目平均带来 3.1% 的成本增加和 3.3% 的工期延误。

关于互用问题导致成本增加的统计资料如下图所示，参加调研的人 48% 认为数据缺乏互用导致整个项目的成本增加小于 2%，31% 的人认为成本增加在 2%～4% 之间，13% 的人认为有 5%～10% 的成本增加，2% 的人认为数据不能互用引起的成本增加超过 10%。

下面这张图则说明了受访者对互用问题引起的项目总体工期延误的看法，其中 53% 的人认为影响小于 2%，23% 的人认为数据互用问题影响 2%～4% 的工期，14% 的人认为有 5%～10% 的工期影响，另有 2% 的人认为影响超过 10%。

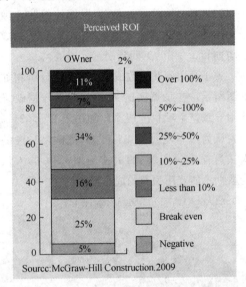

4.2 应用 BIM 的价值-70%业主 BIM 投资获得回报

McGraw Hill（麦克格劳·希尔）在 2009 年发布的市场调研报告 "The Business Value of BIM - Getting Building Information Modeling to the Bottom Line" 中对美国市场业主投资 BIM 应用的回报结果如下：

资料显示，70%的业主在 BIM 技术的投资上获得了正向回报，正是由于这个原因，越来越多的业主要求为他们工作的设计、施工等企业在工作中使用 BIM 技术。

4.3 业主 BIM 实施策略建议

BIM 技术能够为企业带来明显的价值回报。BIM 实施之前制定正确的策略能够明确总体目标，分解步骤，少走弯路，并产生最大化效益。

BIM 实施策略的内容包括：包括 BIM 实施的战略目标与阶段性目标；如何利用 BIM，使项目取得利润回报以及企业成长；如何组建具有领导力的 BIM 管理团队；如何架构 BIM 应用环境；如何设立合同条款来管理协调 BIM 实施的设计方、施工方、运营方；如何制定 BIM 标准流程与数据标准；如何审核 BIM 实施过程和提交成果等；

BIM 实施是个因地制宜、因材施教的工作。根据不同企业的业务定位，根据现有团队素质和应用基础，根据合作参与方的能力特点，找到 BIM 应用的切入点，循序渐进地应用于项目并改进现有流程，直至达到战略目标。

BIM 实施取得成功的重要因素是坚持。有些业主往往在面临投入时会犹豫，在没有看到快速回报时会退缩，缺乏远见地认为 BIM 只是现有流程的累赘，而导致整个实施半途而废，这也是业主的领导力的体现。

4.3.1 制定企业 BIM 战略

企业 BIM 战略需要考虑是如何在若干年之内拥有专业 BIM 团队、改造企业业务流程、提升企业核心竞争力。企业 BIM 战略的实施一般来说会分阶段来进行。

所谓"大处着眼，小处着手"，企业 BIM 战略的具体实施要从项目的 BIM 应用入手。从技术层面来讲，BIM 可以在建设项目的所有阶段使用，可以被项目的所有参与方使用，可以完成各种不同的任务和应用，因此，BIM 战略规划就是要根据建设项目的特点、项目团队的能力、当前的技术发展水平、BIM 实施成本等多个方面综合考虑得到一个对特定建设项目而言性价比最优的方案，从而使项目和项目团队成员实现如下价值：

● 所有成员清晰理解和沟通实施 BIM 的战略目标；

● 项目参与机构明确在 BIM 实施中的角色和责任；

● 保证 BIM 实施流程符合各个团队成员已有的业务实践和业务流程；

● 提出成功实施每一个计划的 BIM 应用

所需要的额外资源、培训和其他能力；
- 对于未来要加入项目的参与方提供一个定义流程的基准；
- 采购部门可以据此确定合同语言保证参与方承担相应的责任；
- 为衡量项目进展情况提供基准线。

对BIM实施初期，要特别注意考虑对现有企业流程的影响，并循序渐进地进行改变。

4.3.2 建立 BIM 管理团队

BIM管理团队要包括项目主要参与方的代表，包括业主方、设计方、施工总包和分包、主要供应商、物业管理，其中业主的BIM管理团队必须在项目中起到领导核心的作用，也是项目BIM成功实施的关键，在项目参与方还没有较成熟的BIM实施经验的情况下，可以委托专业BIM咨询服务公司帮助建立、培训和代理BIM管理团队的职责。

一般来说，业主的BIM管理团队要包括如下人员：
- 企业级别的BIM经理，其职责
  * 制定战略规划和负责阶段目标
  * 制定BIM培训
  * 制定BIM流程标准和数据标准
  * 协调公司高层以及相关部门如设计部、采购部、建设部等，以获得最大支持
- 项目级别的BIM技术主管，其职责
  * 管理项目BIM模型
  * 保证BIM实施的流程标准和保证数据标准
  * 审查其他项目参与方的BIM数据
  * 负责协调项目BIM数据的具体应用
- 单工种级别的BIM工程师，或具备一定技术水准和协调能力的建模员，工种包括：建筑、结构、给水排水、暖通、电气、施工、运维。单工种级别的BIM工程师往往在专业团队里面比较多，有时候业主BIM管理团队也会需要。其职责：
  * 负责本专业的BIM实施
  * 协调其他团队的本专业BIM实施

4.3.3 建立 BIM 应用环境

团队需要决定实施BIM需要的硬件、软件、空间和网络等基础设施，其他诸如团队位置（集中还是分散办公）、技术培训等事项也需要讨论。

实施BIM的硬件和软件：团队需提供BIM系统运行所必需的、相匹配的硬件及软件环境，所有团队成员必须接受过BIM软件的应用培训，具备相应的BIM工作能力。为了解决可能的数据交互问题，所有项目参与方必须对使用什么软件、用什么文件进行存储等达成共识。

协同工作环境：团队需要考虑一个在项目生命周期内可以使用的物理环境用于协同、沟通和审核工作以改进BIM规划的决策过程，包括支持团队浏览模型、互动讨论以及外地成员参与的协同工作环境。

4.3.4 设立 BIM 合同条款

BIM实施可能会涉及建设项目总体实施流程的变化，例如，一体化程度高的项目实施流程如"设计-建造 Design-Build"或者"一体化项目实施 Integrated Project Delivery（IPD）"更有助于实现团队目标，BIM规划团队需要界定BIM实施对项目实施结构、项目团队选择以及合同战略等的影响。

在选择项目实施方法和准备合同条款的时候需要考虑BIM要求，在合同条款中根据BIM规划分配角色和责任。

BIM合同语言：在项目中实施BIM不仅仅可以改进特定的项目进程，而且还可以提升项目的协同程度。业主和团队成员在起草有关BIM合同要求时需要特别小心，因为它将指导所有参与方的行为。可能的话合同应该包含以下几个方面：
- BIM模型开发和所有参与方的职责
- 模型分享和可信度
- 数据互用/文件格式
- 模型管理
- 知识产权

除了业主自身和各项目总包签署的合同以外，项目总包和分包以及供货商的合同中也应

该包含对其 BIM 工作的要求。BIM 团队可能需要分包和供货商创建相应部分的模型做 3D 设计协调，也可能希望收到分包和供货商的模型或数据并入协调模型或记录模型。需要分包和供货商完成的 BIM 工作需要在合同中定义范围、模型交付时间、文件及数据格式等。

4.3.5 审核 BIM 实施过程和提交成果

审核 BIM 实施过程，检查各个参与方提交的 BIM 成果，是业主 BIM 团队最重要的日常工作。

通常在 BIM 实施之前，业主团队就要确定提交 BIM 模型的软件、版本、数据标准、图纸标准等。

在审核 BIM 实施过程中要非常注意把握建筑模型信息的特点。BIM 用数字化手段虚拟建造建筑物，因此，当设计师把构件放到 BIM 模型中去的时候必须做出与设计、施工、运维有关的完整判断。数据集中提供的基本构件库没有想要也不可能包括所有类型的构件，其目的只是建立一个很好的可以继续发展的基础。设计师必须理解基本构件在 BIM 模型中的应用以便为特定项目需求做扩展。

因此，作为最终提交成果的 BIM 模型，其构件、部件、族库的组织方式要考虑以下因素：

- 工程量统计和相应施工活动的成本
- 提取信息创建合同要求的图纸
- BIM 模型的效果图用于和客户沟通设计
- 支持施工模型数据提取
- 构件查询以便根据设计需要做出修改
- 数据提取过程构件的符号表示重新设置
- 层级管理
- 设计计划

4.4 业主 BIM 实施的商业模式

跟业主完成项目设计、施工、运营维护工作的模式一样，在项目中实施 BIM 也有以下几种商业模式：

- 业主建立自己的 BIM 管理和实施团队
- 业主建立自己的 BIM 管理团队，BIM 实施委托专业 BIM 服务公司
- BIM 实施分别由业主的设计、施工、运维管理团队完成，委托专业 BIM 咨询服务公司负责管理

4.5 业主 BIM 应用路线图

企业 BIM 应用和 BIM 能力的建设可以从两个维度展开：

（1）从专家 BIM 到全员 BIM

- 第一步：请企业外部的 BIM 专家
- 第二步：建立企业内部的 BIM 专家队伍
- 第三步：逐步实现企业内部的所有相关人员使用 BIM

（2）从孤立 BIM 到集成 BIM

- 第一步：一个项目的其中一个工作由 BIM 完成（如碰撞检查）
- 第二步：一个项目的所有工作由 BIM 完成，或者，所有项目的一个工作由 BIM 完成（如 4D 模拟）
- 第三步：所有项目的所有工作由 BIM 完成

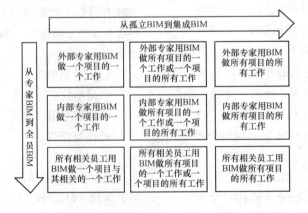

5. 附　录

5.1 调研方法

本报告调研方法以面对面访谈调研为主，主要调研地区为北京、上海、广州、深圳、成都。

本次调研共收集调查问卷65份，客户类型如下：

调研客户类型

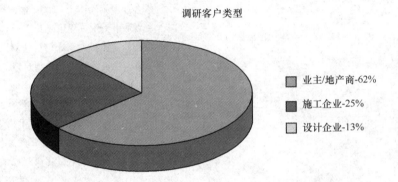

5.2 专家委员会

本报告专家委员会委员资料如下：

姓　名	工作单位	职务职称	简　　历
李云贵	中国建筑科学研究院软件所	副所长/研究员	中国建筑科学研究院研究员，现任软件所副所长、建设部信息化专家等职。多年来一直从事建筑结构计算机辅助设计、信息技术在建设领域应用等研究。获国家科技进步二等奖三项，省部级科技进步奖多项，在国内外发表学术论文90余篇，1997年入选国家"百千万人才工程"（第一、二层次），1998年获政府特殊津贴。
马智亮	清华大学土木工程系	教授、博导	日本名古屋大学博士，现任清华大学教授、博导。一直从事土木工程信息技术的教学和科研工作。曾经或正在负责国家科技计划项目、国家自然科学基金项目、国际合作项目以及横向合作项目共计30多个。在国家"十五"和"十一五"计划的项目中，均担任课题级负责人。迄今为止，共编、著书7部，发表各种学术论文100余篇。获省部级科技进步奖一等奖、二等奖、三等奖各1次，还获"首届全国信息化研究成果奖提名奖"、北京市教育教学成果二等奖、"北京市优秀教师"称号各1次。
王国俭	上海现代建筑设计（集团）有限公司	集团副总工程师、教授级高级工程师	毕业于复旦大学数学系计算数学专业，长期从事建筑设计行业信息化技术开发与研究工作，曾获建设部先进科技工作者称号；1992年获得国务院"政府特殊津贴者"奖励。在日新月异的计算机技术领域能较全面地把握其发展趋势，长期的积累，在工作中取得不少研究成果并发表20余篇学术论文及书刊，并个人获得国家工程设计计算机优秀软件二等奖项。
葛　清	上海中心大厦建设发展有限公司	设计总监高级工程师	1993年毕业于同济大学建筑学专业，同年进入上海核工程研究设计院参加工作，任建筑设计部主任。2003年加入上海城投新江湾城工程建设指挥部，任总工程师，负责新江湾城开发建设的技术工作。2006年任上海城投置地（集团）有限公司总工程师。2007年进入上海中心建设发展有限公司，至今。国家一级注册建筑师，国家注册城市规划师。

续表

姓　名	工作单位	职务职称	简　历
何关培	优比咨询	CEO	1986年开始推广普及CAD技术，2003年开始推广普及BLM/BIM技术，曾经在国企、民企、外企从事过工业建筑设计、民用建筑设计、房地产、建材、软件、咨询服务等工作。参与的软件开发和设计项目多次获原建设部、原国家建筑材料工业总局和中国建筑学会奖项。
于晓明	上海市安装工程有限公司	副总工程师、设计管理部经理	多年来一直从事建筑机电安装工程的施工管理、工程咨询以及设计工作。近年来，在多个项目的施工管理、机电深化设计过程中应用到BIM理念，并建立了BIM设计团队，在一系列重大工程的实践运用中，积累了丰富的经验。
李　刚 (Elvis)	香港BIM学会	创会会员	负责BIM及相关讯科技于建筑行业的应用、研发及推广工作。在房地产发展领域拥有十五年的专业经验。至今，已为在中国台湾、中国香港、中国大陆、日本及印度等地超过50个的发展项目提供全生命周期的BIM顾问服务，并取得卓著效果。同时也是香港中文大学BIM课程的讲师及香港BIM学会的创会会员。
叶燕勇 (Y. Y. Yip)	香港恒基兆业地产有限公司	地产策划（一）部助理总经理	香港特别行政区政府认可人士名册中的认可人士；亦是香港注册专业建筑测量师。在从事16年的专业工程经验里，对策划管理、设计、部门审批、投标、施工等，都能掌握其中效益要点、运作流程以及特性。在2006年，他将BIM的技术运用于北京环球金融中心世界级写字楼项目，从而提升了设计的协调能力及施工质量。在2008年，更创立了香港建筑信息仿真学会，致力把BIM的技术标准化提升以及推高业界水平。

5.3 调查问卷

第一部分： 单位基本资料

单位名称：_____

通信地址：_____

联 系 人：_____

参与人员：_____

电　　话：_____

邮　　箱：_____

邮　　编：_____

第二部分： 项目设计、 施工、 运营过程中希望得到的改进

作为发展商或业主，您在项目的设计、施工和运营过程中，希望在哪些方面可以利用先进的电脑和信息技术得到改进：

1. 设计阶段

a) 在设计阶段有否因图纸的不清或混乱而引至项目或投资上的损失？

☐　是　请估计此项损失占项目建造投资的比例：_____%

☐　否

b) 您认为采用比 CAD 和渲染图更直观和更智能的三维信息化数字模型（类似制造业的数字样机）或是 BIM 技术是否能让发展商和业主更容易了解和参与设计方案的探讨论证？

☐　是　请说明：_____

☐　否

c) 您认为对设计的物业性能（如结构、视线、日照、采暖通风、空调、消防、疏散、照明、材料消耗、能源消耗、绿色认证等）是否需要有更深入和科学化的分析？

☐　是　请说明您最关注的物业性能（请自行填写，不一定需要在上面内容中挑选）：

1. _____
2. _____
3. _____

☐　否

d) 后期项目参与方（如施工方、设备供应方、物业的商家和用户）是否应该在设计的早期介入及提供意见？

　　□　是　请说明您认为应尽早介入的参与方：_____

　　□　否

e) 您认为在设计阶段引入独立的 BIM 咨询服务进行设计审计对项目的整体投资效益（包括质量、工期、造价等）是否有帮助？

　　□　是　请说明您的想法：_____

　　□　否

　　□　不清楚

f) 其他在设计阶段期望得到的改进，请说明：_____
_____

2. 施工招标阶段

a) 在过去的项目中，是否有招标图纸中存在重大错误（改正成本超过 100 万元人民币）的情况？

　　□　是
有多大比例的项目招标图纸存在上述重大错误：_____%
目前招标图纸的主要错误有哪些：
1. _____
2. _____
3. _____

　　□　否

b) 您认为在施工招标阶段引入综合管线图、结构预留孔洞图及施工方案 4D 模拟对整体的项目风险控制有帮助吗？

　　□　是　请说明您想法：_____
_____

　　□　否

c) 贵单位有提供综合管线图（CSD）吗？

　　□　是　目前贵单位有多少百分比的项目有综合管线图：_____%
由谁提供：□业主　□设计　□施工　□咨询服务机构

☐ 否

d) 贵单位有提供结构预留孔洞图（CBWD）吗？
☐ 是　目前贵单位有多少百分比的项目有预留空洞图：＿＿＿＿％
由谁提供：☐业主　☐设计　☐施工　☐咨询服务机构

☐ 否

e) 贵单位有用形象化和量化手段对投标施工方案进行模拟、分析、优化吗？
☐ 是　目前贵单位有多少百分比的项目做这个工作：＿＿＿＿％
由谁提供：☐业主　☐设计　☐施工　☐咨询服务机构

☐ 否

f) 其他在招标阶段期望得到的改进，请说明：＿＿＿＿＿＿＿＿＿＿＿＿＿＿＿＿

3. 施工阶段

a) 您认为利用现场动态跟踪技术如 RFID 做实际进度和计划进度的比较，是否会减低施工延误等风险？
☐ 是　☐ 否

b) 您认为利用动态记录技术如智能手机做重点环节和隐蔽工程记录是否会帮助日后维护及管理工作？
☐ 是　☐ 否

c) 您认为利用动态收集和记录技术如 RFID 及智能表格作检查及记录，是否会加强对施工质量的管理？
☐ 是　☐ 否

d) 您认为利用收集和记录技术如 RFID 及智能表格掌握每天工程量完成情况和成本费用数据是否有利于加强成本控制？
☐ 是　☐ 否

e) 其他在施工阶段期望得到的改进，请说明：＿＿＿＿＿＿＿＿＿＿＿＿＿＿＿＿

4. 运营阶段

a) 您认为是否需要从设计和施工成果中自动获取项目信息，为项目运营维护服务？
☐ 是　目前运营维护的项目信息如何获取：

☐ 人工重新输入
☐ 软件自动转换
☐ 否

b）其他在运营阶段期望得到的改进，请说明：_____
_____

第三部分： 对 BIM 的了解程度

1. 作为发展商或业主，您对 BIM 的了解程度

a）从未听说过：☐ 是 ☐ 否

b）听说过（信息来源：☐媒体 ☐市场活动 ☐项目设计方 ☐项目施工方 ☐供应商 ☐项目其他咨询服务方）

c）曾经在项目中使用过（哪一方或几方使用过：☐发展商 ☐设计 ☐施工 ☐供应商 ☐咨询公司）

d）经常在项目中使用（由哪一方或几方使用：☐发展商 ☐设计 ☐施工 ☐供应商 ☐咨询公司）

e）您听说过或使用过的 BIM 软件有哪些：_____
_____

2. 如果您对 BIM 有所了解，请列出您认为 BIM 能够帮助发展商和业主解决的主要问题或带来的主要价值

a）解决问题或提供价值 1：_____
b）解决问题或提供价值 2：_____
c）解决问题或提供价值 3：_____
d）解决问题或提供价值 4：_____
e）解决问题或提供价值 5：_____

第四部分： BIM 的应用计划或期望

1. 贵单位 2010 年内有使用 BIM 的可能吗？

a）☐有（主要理由：☐BIM 投资能够得到回报，☐有 BIM 人才，☐有紧迫性，☐其他请说明：_____）

b）☐没有（主要理由：☐没有 BIM 人才，☐费用太高，☐没有紧迫性，☐其他请说明；

_____)

2. 在具备什么主要条件的情况下，贵单位会在项目中使用 BIM？

a) 条件1：_____

b) 条件2：_____

c) 条件3：_____

3. 如果贵单位在项目中使用 BIM，最希望得到哪 3 个方面的价值？（不超过 3 项）

a) 提高预测能力，减少突发变化

b) 缩短工期，提高计划的准确率

c) 控制建造成本，提高预算的准确率

d) 提高物业性能，减少物业运营成本

e) 为物业租售提供支持

f) 为绿色认证提供支持

g) 集成项目所有信息，为运营或出让服务

h) 提升企业品牌形象

i) 其他请说明：_____

答案：1._____ 2._____ 3._____

4. 您理想中发展商或业主的 BIM 使用方式应该是什么样的？

a) 发展商或业主自己建立队伍（原因：_____）

b) 委托设计方（原因：_____）

c) 委托施工方（原因：_____）

d) 委托专业 BIM 咨询服务公司（原因：_____）

e) 自己建立管理队伍，委托有 BIM 能力的机构（原因：_____）

f) 其他请说明：_____

第五部分： 结尾

1. 您希望收到该报告的进展情况和报告成品吗？

☐ 是　　☐ 否

2. 请您对 BIM 技术和本报告的做法发表意见和建议：_____

_____

_____

_____

_____

第三部分

BIM 大讲堂（见赠送光盘）

第一讲　BIM 在建筑业的位置
第二讲　如何理解 BIM
第三讲　BIM 评价体系
第四讲　BIM 的 25 种应用
第五讲　BIM 应用的第一个维度：项目阶段
第六讲　BIM 应用的第二个维度：项目参与方
第七讲　BIM 应用的第三个维度：BIM 应用层次
第八讲　BIM 应用环境：软件、硬件、网络
第九讲　BIM 应用的开局：第一个子
第十讲　BIM 应用的发展：中国商业地产 BIM 应用研究报告

参 考 文 献

[1] National Institute of Building Sciences, United States National Building Information Modeling Standard, Version 1-Part 1.

[2] buildingSMART alliance of National Institute of Building Sciences, BIM Project Execution Planning Guide, Version 1.0.

[3] National Institute of Building Sciences, United States National CAD Standard, Version 4.0.

[4] buildingSMART International Modeling Support Group, IFC 2x Edition3 Model Implementation Guide Version 2.0.

[5] ISO TC184/SC4, EXPRESS Language Reference Manual, ISO 10303 Part 11 [P]. 1997-06-07..

[6] Dana K. Smith, Michael Tardif, Building Information Modeling, A Strategic Implementation Guide, 2009.

[7] National Institute of Standards and Technology, General Buildings Information Handover Guide, 2007.

[8] The Construction Users Roundtable: Collaboration, Integrated Information and the Project Life Lifecycle in Building Design, Construction and Operation.

[9] Finith Jernigan; BIG BIM little bim; 2007.

[10] Willem Kymmell; Building Information Modeling: Planning and Managing Construction Projects with 4D CAD and Simulations; 2008.

[11] Chuck Eastman, Paul Teicholz, Rafael Sacks, and Kathleen Liston; BIM Handbook: A Guide to Building Information Modeling for Owners, Managers, Designers; 2008.

[12] Eddy Krygiel, Brad Nies; Green BIM: Successful Sustainable Design with Building Information Modeling; 2008.

[13] Brad Hardin; BIM and Construction Management: Proven Tools, Methods and Workflows; 2009.

[14] McGraw Hill Construction, The Business Value of BIM-Getting Building Information Modeling to the Bottom Line, 2009.

[15] USA rmy Corps of Engineers, Building Information Modeling-A Roadmap for Implementation, 2006.